样地调查（邹滨、吴仲民提供）

冰雪灾害实景（吴仲民提供）

翻蔸

断干

断干

断梢

倒伏

压弯

冰雪灾害树木主要机械损伤类型（邹滨、吴仲民提供）

2008 年 8 月

2010 年 6 月

2009 年 8 月

2011 年 5 月

广东乐昌十二度水省级自然保护区受损常绿阔叶次生林自然恢复过程（一）（邹滨提供）

2012 年 7 月

2013 年 6 月

2014 年 8 月

2017 年 8 月

广东乐昌十二度水省级自然保护区受损常绿阔叶次生林自然恢复过程（二）（邹滨提供）

2008 年 8 月

2009 年 9 月

2010 年 6 月

广东乐昌灾后滑坡及自然恢复（一）（邹滨提供）

2011 年 7 月

2013 年 9 月

2016 年 8 月

广东乐昌灾后滑坡及自然恢复（二）（邹滨提供）

2007 年 10 月

2008 年 12 月

2009 年 2 月

2009 年 6 月

2010 年 6 月

2011 年 6 月

广东南岭自然保护区海拔 1200m 冰雪灾害前后林相（杨昌腾提供）

灾前（2007 年）

灾后 1 年（2009 年）

灾后 7 年（2015 年）

南岭九重山冰雪灾害前后林相（杨昌腾提供）

灾前（2007年）

灾害当年（2008年）

灾后 7 年（2015年）

南岭矿山顶冰雪灾害前后林相（杨昌腾提供）

灾害前（2006年）

灾害当年（2008年）

灾害8年（2016年）

南岭西南面山坡冰雪灾害前后林相（杨昌腾提供）

2007 年 7 月   2009 年 6 月

2010 年 4 月

南岭国家级自然保护区针阔混交林冰雪灾害前后林相（一）（杨昌腾提供）

2011 年 4 月

2013 年 5 月

2015 年 5 月

南岭国家级自然保护区针阔混交林冰雪灾害前后林相（二）（杨昌腾提供）

2009 年 1 月   2009 年 4 月

2010 年 1 月

南岭国家级自然保护区受损次生林自然恢复过程（一）（杨昌腾提供）

2012 年 1 月

2013 年 2 月

2015 年 4 月

南岭国家级自然保护区受损次生林自然恢复过程（二）（杨昌腾提供）

冰雪灾害前（2007 年）

冰雪灾害中（2008 年）

冰雪灾害对华南五针松活立木与死立木的影响（杨昌腾提供）

冰雪灾害对南岭森林的影响及其恢复重建研究

王 旭等 著

中国林业出版社
China Forestry Publishing House

图书在版编目（CIP）数据

冰雪灾害对南岭森林的影响及其恢复重建研究／王
旭等著．—北京：中国林业出版社，2021.6
ISBN 978-7-5219-1094-0

Ⅰ．①冰⋯　Ⅱ．①王⋯　Ⅲ．①南岭-森林-雪害-研
究②南岭-森林-冰害-研究③南岭-森林生态系统-生
态恢复-研究　Ⅳ．①S761②S718.57

中国版本图书馆 CIP 数据核字（2021）第 055288 号

中国林业出版社风景园林分社
策划、责任编辑：贾麦娥
电　　话：（010）83143562

出版发行　中国林业出版社（100009　北京市西城区刘海胡同 7 号）
　　　　　　http：//www.forestry.gov.cn/lycb.html
经　　销　新华书店
印　　刷　河北京平诚乾印刷有限公司
版　　次　2021 年 6 月第 1 版
印　　次　2021 年 6 月第 1 次印刷
开　　本　889mm×1194mm　1/16
印　　张　10.5；彩插：1
字　　数　400 千字
定　　价　88.00 元

主 著 者　王　旭　吴仲民

副主著者　李家湘　赵厚本　何功秀　周光益　罗鑫华
　　　　　　曾庆圣

其他著者　(以姓氏拼音为序)
　　　　　　胡文强　李兆佳　骆土寿　邱治军　肖以华
　　　　　　余光灿　张春生　赵　霞　邹　滨

　　2008 年发生于中国南方的冰雪灾害，范围之广、强度之大、持续时间之长、灾害影响之严重，属历史罕见，很多地区为 50 年一遇，部分地区为百年一遇，使得当时的城乡交通、电力、通信等遭受重创，百姓生活受到严重影响，经济损失巨大，让人记忆犹新。

　　在全球气候变化的大背景下，有专家预测，未来极端气候和恶劣天气对生态系统的干扰将呈现不断加剧的趋势，对此开展广泛深入的研究，帮助人们了解自然生态系统、做好风险防范、降低各种灾害损失，非常必要。

　　森林是陆地生态系统的主体，它在守护人类福祉中发挥着重要作用，同时它也深受极端天气的严重影响和干扰。一般说来，冰雪灾害主要发生在温带地区，其对森林生态系统影响的相关研究也主要集中在温带地区，如对 1998 年发生在北美的特大冰雪灾害对森林生态系统影响的研究，从冰雪灾害对树木个体、群落结构、森林景观、林下植被、生物多样性、森林病虫害、林产品供给的影响以及灾害评估等方面开展了大量的研究，推动了冰雪灾害对森林影响研究的发展。2008 年之前，涉及冰雪灾害对森林的影响之研究，在我国只有零星的报道和孤立的研究，缺乏系统性，基础十分薄弱。而 2008 年 1~2 月发生在我国南方的被人们称为"巨灾"的特大冰雪灾害，为国内外有关研究者提供了重要的研究课题。灾后多年，开展冰雪灾害对森林生态系统的影响成为了林业和生态学研究的热点，把我国冰雪灾害对森林影响的研究推上了快车道，并产生了较大的国际影响力。但有关研究专著却鲜见系统出版。

　　有幸读到王旭等著的《冰雪灾害对南岭森林的影响及其恢复重建研究》书稿，备感欣慰。作者以我国南岭山地为研究区，以南岭常绿阔叶林、针阔混交林、山顶矮林等森林类型为研究对象，从森林受损评价、灾后森林自然恢复、抗冰雪灾害树种选择等方面开展系列研究，并把植物区系的研究方法运用到森林对冰雪灾害响应评价中，体现了研究内容的系统完整性和技术方法的创新性，同时还填补了冰雪灾害对天然林影响研究的不足。

　　南岭山地是国际生物多样性保护中心之一；是中亚热带与南亚热带分界线，珠江与长江流域的分水岭；是我国南方最大的山脉，在阻挡北方寒冷气流南下和南方暖湿气流北上方面发挥着重要作用，成为岭南地区重要的生态屏障；同时也是 2008 年冰雪灾害的主要受灾区，典型性较强。

欣赏作者及所在研究团队，在冰雪灾害过去不久的当时，及时筹措资金、组织团队，克服各种困难和险阻，深入受灾林区开展调查，取得宝贵的第一手资料，为系列研究奠定基础。在冰雪灾害已渐行渐远开始淡出人们记忆和视野的今天，能居安思危，重拾起研究成果进行系统整理和总结，抛砖引玉。

相信该著作的出版，能够吸引国内更多同行加入到极端气候对森林生态系统影响的研究队伍中，提升我国应对气候变化的研究水平和国际地位，更好地发挥林业在国家生态安全建设中的作用。同时也相信，本书的出版，能为今后开展受灾林区森林管理和可持续经营提供技术借鉴和参考方法；为读者了解 2008 年我国南方冰雪灾害提供了可靠的资料和分析结果。

中 国 工 程 院 院 士
中国林业科学研究院研究员
2021 年 5 月

全球气候变化暖成为不争的事实，由于全球变化而引发的极端灾害天气发生的频度不断增加，范围不断扩大。2008 年 1~2 月发生在我国南方的雨雪冰冻灾害天气就是极端灾害天气的主要表现形式之一，受影响人数高达 1 亿多，灾害夺去了 129 人的生命，大规模的电网故障引发了其他生命线系统故障的连锁反应；受损森林面积占全国的 13%，直接经济损失 1111 亿元。抵御频发的自然灾害将会是一项经常性的而又艰难的工作。2008 年的雨雪冰冻灾害对森林生态系统产生怎样的影响？森林生态系统如何适应气候变化？人类如何应对这种气候变化？由于以前这种自然灾害为偶发现象，极少开展相关的研究和技术储备，截至目前，国内未有冰雪灾害对森林影响的专著出版。

南岭是我国南部最大山脉、重要自然地理界线和极重要的生态屏障，是具国际意义的生物多样性中心及保护热点地区，是 2008 年雨雪冰冻灾害最严重受损区之一，海拔 450~1100m 的森林整体受到毁灭性破坏，连片森林被毁损。当年冰雪未消，中国林业科学研究院热带林业研究所组织专家进入南岭山区进行实地考察，及时确定调查方案、组织人员、筹集研究经费，从水、气、土、生等方面开展系统的调查和研究，为取得灾害评估和恢复重建第一手资料赢得了宝贵的时间。本书以南岭山地 2008 年雨雪冰冻灾害受损森林为研究对象，利用多点实地样地调查和监测资料，从主要森林类型（常绿阔叶林、针阔混交林、山顶矮林等）群落结构特征、地理区系组成、灾害对森林的机械损伤、凋落物生态过程、林隙、林下自然更新和萌生更新、树种选择等方面进行分析和总结，经过团队成员共同努力，形成了 2008 年冰雪灾害对南岭森林生态系统影响成果。本书内容即为研究成果的体现之一。

本书共分 12 章。第 1 章为国内外冰雪灾害对森林影响的研究进展，由王旭执笔，主要内容包括极端气候与极端天气事件概述，自然干扰对森林的影响，冰雪灾害对森林影响的调查方法，冰雪灾害对森林的影响以及冰雪灾害的生态学意义等。第 2 章为南岭山地概况及研究价值，由王旭、张春生执笔，主要内容包括南岭山地的范围、地质地貌、水文气候、动植物资源以及其在生态学研究中的地位等。第 3 章为 2008 年雨雪冰冻灾害的成因，由何功秀、王旭、邱治军执笔，主要内容包括产生极端气候现象的主要因素，冰雪灾害的定义，2008 年冰雪灾害的特征及成因等。第 4 章为南岭中段森林地理区系组成及保护生物学意义，由李家湘、王旭、邹滨执笔，主要内容包括南岭中段维管束植物物种组成、地理成分组成、地理成分在群落中的结构特征，以及保护生物学意义。第 5 章为冰雪灾害对南岭常绿阔叶林机械损伤规律研究，由王旭、赵霞、周光益执笔，主要内容包括冰雪灾害对常绿阔叶次生林的机械损伤特征、对常绿阔叶老龄林的机械损伤特征等。第 6 章为冰雪灾害对南岭针阔混交林和山顶矮林的影响，由王旭、胡文强、罗鑫华执笔，主要内容包括冰雪灾害对南岭针阔混交林的机械损伤特征，南岭山顶矮林和树种组成、结构、年龄及区系特征。第7章为冰雪灾害对堇菜属等多年生草本的影响，由李家湘、王旭、李兆佳执笔，主要包括种类组成，生境特征，不同海拔梯度的分布，并评价讨论冰雪灾害对多年生草本植物的影响。第8章为"非正常凋落物"及其生态学意义，由余光灿、吴仲民、肖以华、骆土寿执笔，主要内容包括非正常凋落物的定义、冰雪灾害造成的非正常凋落物量、非正常凋落物的分解特征和对土壤碳的影响、非正常凋落物的其他意义。第9章为受损常绿阔叶林林隙特征及生物多样性影响，由赵厚本、王旭执笔，主要内容包括林隙研究概述，冰雪灾害形成林隙数量、大小及对物种多样性的影响。第10章为冰雪灾害受损常绿阔叶林萌生规律研究，由王旭执笔，主要内容包括常绿阔叶次生林与老龄林萌生能力比较，受损木树种、胸径对萌生率的影响，萌条数与萌条高度的关系等。第11章为不同区系成分树种对冰雪灾害的响应，由李家湘、王旭执笔，主要内容包括群落中主要地理成分组成，不同地理成分的受损特征、萌生特征、林下更新特征等。第12章为抗冰雪灾害树种选择，由王旭、胡文强、曾庆圣执笔，主要内容包括基于冰雪灾害野外调查数据，构建筛选构型，确定筛选因素，单因素评价和综合因子评价，筛选出抗冰雪灾害树种。全书由王旭统稿。

本书首次运用植物地理学对南岭常绿阔叶次生林对冰雪灾害响应进行研究，探讨了植物地理方法对冰雪灾害受损群落评价的可行性，进一步揭示了不同地理起源植物对冰雪灾害的适应性，为冰雪灾害干扰森林生态系统演替趋势预测提供理论依据。系统定义了"非正常凋落物"的概念，摸清了冰雪灾害造成的"非正常凋落物"的凋落量，阐明了"非正常凋落物"在灾后的生态学意义。运用多维价值理论进行树种选择，为树种筛选提供有力的理论支撑。分享了我们团队冰雪灾害调查的第一手资料。

本书的出版不仅凝结了全体编写人员的智慧和心血，还得到中国林业科学研究院张星耀研究员、卢琦研究员、傅峰研究员，中国林业科学研究院海外创新团队成员顾连宏研究员、彭长辉教授、李迈和研究员，中国林业科学研究院热带林业研究所领导和职能部门精心指导和鼎立支持。在野外调查过程中，还得到了广东乐昌杨东山十二度水省级自然保护区梁荣华、沈孝清、张国平、张日光等，广东乐昌大瑶山省级自然保护区曾繁助、余伟盛等，广东南岭国家级自然保护区龚粤宁、游章平，湖南莽山国家级自然保护区欧阳村香、陈军、肖小军等的大力支持，在此一并表示衷心的感谢！感谢所引文献作者为本研究提供良好的基础所作出的贡献！本书出版得到了中国林业科学研究院中央级科研院所基本科研业务专项资金项目 CAFYBB2008004、CAFYBB2017ZX002、CAFYBB2017SY017 及南岭北江源森林生态系统国家定位观测研究站等项目和平台资助。

本书从雨雪冰冻灾害成因、南岭不同森林类型的响应、灾后恢复重建等方向进行系统分析总结，以期丰富我国在雨雪冰冻灾害对森林影响的研究内容，为从事群落生态学、全球变化生态学以及森林管理人员和政策制定工作者提供理论支撑，为森林经营和管理者提供参考。

由于著者水平有限，书中错误和疏漏难以避免，因受研究经费限制，有些内容只是阶段性成果，还需要在实践中进一步检验和深化研究，殷切期盼有关专家和读者批评指正。

著者

2021 年 1 月于广州

目录

第一章 绪论

联合国政府间气候变化专门委员会(IPCC)第四次报告显示,全球极端气候事件发生的频度将不断增加,并且分布格局将发生变化,由于天气和气候灾害造成的经济损失将继续增加,加强极端气候和灾害风险的有效管理需不断加强,尤其是极端温度事件和热浪、强降水事件增加的区域。极端事件发生的频率以及它的严重程度和脆弱性、暴露程度可能会导致灾害风险的增加。IPCC第五次报告指出,气候系统的变暖是毋庸置疑的,气候变化将影响地球的水循环,使地球更加干湿分明。世界气象组织(WMO)分析表示,过去十年的特点是冰的消融、创纪录的海平面上升、海洋升温和酸化加剧,以及极端天气增多。世界经济论坛发布的《全球风险报告》显示,未来十年内,按照发生概率排名的全球五大风险首次全部为环境风险,其中可能带来财产损失、基础设施损失及人命丧失等重大损害的极端气候事件排名第一。位于前五位的风险还包括气候变化缓和与调整措施的失败、人为环境破坏及灾难、生物多样性损失及生态系统崩溃以及地震、海啸、火山喷发等自然灾害。因此,加强极端气候和极端天气事件及其影响的研究越来越重要。

第一节 极端气候与极端天气事件

一、极端气候

极端气候是指当某地出现的统计学小概率天气、气候"异常"现象,或者说当某地的天气、气候严重偏离其平均状态时,即意味着发生"极端气候"。世界气象组织规定,如果某个(些)气候要素的时、日、月、年值达到25年以上一遇,或者与其相应的30年平均值的"差"超过了2倍均方差时,这个(些)气候要素值就属于"异常"气候值,出现"异常"气候值的气候就称为"极端气候"。

二、极端天气事件

极端天气事件是一种在特定地区和时间(一年内)的罕见天气事件。极端天气事件的罕见程度一般相当于观测到的概率密度函数小于第10个或第90个百分位点。极端天气事件的主要表现形式有强对流天气、冰冻灾害、大面积干旱、高温天气等。极端天气和气候事件虽然是小概率事件,但对人类环境和社会经济影响很大。

自1951年以来我国南方地区(34°N以南、105°E以东)极端寒冷事件发生在1954—1955、1956—1957、1967—1968、1976—1977、1983—1984年冬及2008年初。这些极端冷冬在南方地区都发生了如下现象:① 大范围、持续性(至少10天)的严重雨雪冰冻灾害;② 江淮地区的大河、大湖(如淮河、汉水、洞庭湖、鄱阳湖、太湖等)及长江以南河湖出现冻结;③ 大范围柑橘及其他亚热带、热带果蔬发生严重冻害(郑景云 等,2014)。

为应对全球气候变化,国内外从不同角度开展了相关的研究。除火灾、火山、病虫害等外,极端气象事件是自然干扰的主要形式。由于增温、干旱、强降雨等事件的发生易于模拟,有关此方面的研究报道的量和深度较多，而对于雨雪冰冻灾害这种极端气候事件难以模拟，所以研究深入不够，研究内容较少。开展雨雪冰冻灾害对生态系统影响的研究，既要提早准备，还要抓好机遇。

第二节　自然干扰对森林的影响

在传统生态学中干扰被认为是影响群落结构和演替的重要因素，是种群、群落和生态系统变化的驱动力，并常常成为决定物种组成和群落结构的决定性因素（洪伟 等，1999；郝占庆 等，1994；谢晋阳和陈灵芝，1994）。干扰的生态影响主要反映在景观中各种自然因素的改变，其次，干扰的结果还可以影响到土壤中的生物循环、水分循环、养分循环，进而从促进景观格局的改变。因此干扰已成为景观生态学研究的重要内容和生态学研究的热点（傅伯杰 等，2006；肖笃宁 等，2007），了解植物对干扰的响应对理解和管理植物十分重要（Peter et al.，2004）。

干扰是自然界中无时无处不在的一种现象（Hobbs，1991；1992；魏斌 等，1996），直接影响着生态系统的演变过程。干扰导致倒伏木、枯立木、断干木或断梢木以及林间空地的出现，形成新的景观格局。一般认为，低强度的干扰可以增加景观的异质性，而中高强度的干扰则会降低景观的异质性（Turner，1998）。这种异质生境为森林苗木更新提供了主要场所，成为森林演替中一个重要的阶段（Hubbell and Foster，1986）。

一、干扰对生物多样性的影响

干扰在维持生物多样性方面扮演着重要的角色（Connell，1978；Tilman，1996；Jentsch et al.，2002）。适度干扰下生态系统具有较高的物种多样性，在较低和较高频率的干扰作用下，生态系统中的物种多样性均趋于下降（刘志平，卢毅军，2007；Connell，1978）。美国生态学家康奈尔（J. H. Connell）等人于1978年提出一个假说，认为中等程度的干扰频率能维持较高的物种多样性。如果干扰频率过低，少数竞争力强的物种将在群落中取得完全优势；如果干扰频率过高，只有那些生长速度快、侵占能力特强的物种才能生存下来；只有当干扰频率中等时，物种生存的机会才是最多的，群落多样性最高。其理由是：在一次干扰后少数先锋种入侵缺口，如果干扰频繁，则先锋种不能发展到演替中期，因而多样性较低；如果干扰间隔期较长，使演替过程能够到达顶极期，多样性也不很高；只有中等程度的干扰使多样性维持较高水平，它允许更多的物种入侵和定居。在同样干扰条件下，反应敏感的物种在较小的干扰时，即会发生明显变化，而反应不敏感的物种可能受到较小影响，只有在较强的干扰下，反应不敏感的生物群落才会受到影响。石胜友等（2002）对缙云山风灾迹地生态恢复过程中物种多样性研究后提出，风灾迹地人工混交林生态恢复过程中物种的周转率相对较快，一些人工种植的针叶树种被常绿阔叶树种代替，风灾迹地人工混交林有向地带性植被常绿阔叶林的发展趋势。

二、干扰对森林结构与动态的影响

自然干扰在森林的结构与动态变化中具有重要的作用。自然干扰一方面对原有森林结构的破坏，如产生倒木、断干和折枝等，另一方面为森林自然更新创造条件。显著干扰发生后，首先表现在对森林结构的改变，由于结构的变化，导致环境因子发生相应的变化，从而改变系统的生态过程（朱教君，2002）。在台风受损森林中不同树种间对台风的抵抗能力不同，受损木的物种组成与其在当地森林群落中的优势度有很大相关性（杨玲 等，2006）。如2005年"麦莎"和"卡努"两次强台风对天童国家森林公园木荷（*Schima superba*）+栲树（*Castanopsis fargesii*）群落的破坏中，所有倒木中，栲树和木荷所占比例最大，其次为米槠（*C. carlesii*）、檫木（*Sassafras tzumu*）、南酸枣（*Choerospondias axillaris*)、苦槠(*C. sclerophylla*)和小叶青冈(*Cyclobalanopsis myrsinaefolia*)等。张尚炬(2007)等对亚热带 3 个不同森林类型对不同干扰强度的响应研究,结果表明:干扰强度大的群落(针叶林)中,种群密度很不均匀,其中以马尾松(*Pinus massoniana*)的密度最大,乔木树高在各层次的分布很不均匀,种类也比较少。而在干扰强度中等的群落(针阔混交林)中,物种分布较均匀、随机,没有占优势的树种,只有几个共建种。在干扰强度小的群落(阔叶林)中,植物种类丰富,层次明显,有许多藤本层间植物。随着干扰强度的增大,群落乔木层物种数逐渐减少,各层物种多样性基本上呈下降趋势,干扰强度中等的针阔混交林中灌木层种类最多。

三、干扰对森林更新的影响

干扰对森林产生的最直接最明显的影响是生物量的损失和林隙(Gap)的形成。林隙是森林更新、物种共存和森林物种多样性维持的主要空间(Thoma and Jerry,1989;Aguilera and Lauenroth,1993;Kneeshaw,1998;Morgan,1998)。林隙(Watt,1947)作为森林更新的阶段,对更新幼苗的定居和存活以及森林的结构、功能和多样性维持有着重要影响,已成为现代生态学中非常活跃的一个研究领域,近年来已引起国内外学者的重视(昝启杰,1996;臧润国 等,1999;陶建平 等,2004;Runkle,1982;Brokaw *et al.*,1989;Brett *et al.*,1989)。林隙的形成方式主要有 3 种:折断、枯立和树倒。林隙又可分为林冠空隙或冠林隙(canopy gap)和扩展林隙(expanded gap)(Runkle,1981;1982)。林隙一方面改变了生境的光照条件,另一方面也改变了水热条件。Chazdon and Fetcher(1984)在哥斯达黎加的研究表明,一般林下的光合有效辐射是全光照的 1%~2%,而在 200m² 的林窗中心则为 9%,在 400m² 的林隙中则为 20%~35%。林隙大小、季节的不同造成林隙内土壤特征的变化与不同,从而增加了森林中微地形的多样性。林隙的形成导致微环境的变化,使林下植物种类及其数量发生变化,从而影响森林树种组成(Miles,1974),并且影响到非耐阴树种和耐阴树种的比例。林隙有利于先锋树种的萌发生长,而对耐阴顶极物种可能压制幼苗生长(Canham and Marks,1985)。在林隙早期,灌木最繁茂;发育期,中小乔木树种最繁茂;发育晚期,大乔木树种最繁茂(Spies,1989)。林隙内树种数量变化(更新密度)一般大于其在非林隙林分下的密度,树种更新密度随林隙大小的变化呈现出单峰的反应。臧润国 等(1999)在海南霸王岭热带山地雨林的研究中指出,主要树种的更新密度随林隙年龄阶段的变化曲线有单峰型和双峰型两大类。林隙大小是林隙的重要特征,直接影响着林隙内的小气候状况和微环境特征,对林隙内物种更新的种类、数量及分布产生重要的影响,许多树种都需要特定大小的林隙来完成更新(陶建平 等,2004;刘庆等,2002;Whitmore,1989;Brokaw *et al.*,1987)。大多数研究者将其范围确定为 4~1000m²。林隙大小能够引起森林树种组成的差异(Brokaw *et al.*,1989)。如巴拿马的 Barro Colorado 岛热带林中,林隙大小造成了森林树种组成的不同,并且先锋树种组成的变化比顶极树种大,大林隙(>150m²)中先锋树种密度首先达到很高的水平,然后经历很高的死亡率;顶极种的密度却不随林隙的大小而变化(Brokaw,1985)。在亚热带次生林中,以小林隙为主,林隙的填充主要是通过林冠的扩张来完成的,小林隙主要是单株树的倒伏或断干形成的。(Justin *et al.*,2009)。台风形成的林隙以小林隙为主(杨玲 等,2006)。刘庆(2002)对滇西北亚高山针叶林林窗大小与更新关系的初步分析中发现:林窗的大小对林窗内植被的多样性、结构、密度以及云杉、冷杉更新苗的空间分布都有不同程度的影响,小林窗的多样性比大林窗、中林窗高。林隙不仅对森林中的乔木树种具有重要的作用,而且还对林中灌木和草本植物的组成、结构、生长和动态具有重要的影响(Canham and Marks,1985;Collins *et al.*,1985;Denslow *et al.*,1990)。林隙内的草本植物种类多样性和均匀度指数均高于林冠下的草本层(张艳华 等,1999;吴刚 等,1999)。

萌生更新和有性繁殖(种子)是森林自然更新的两个重要途径,萌条更新是植物适应各种干扰胁迫的有效更新方式之一(Cecília *et al.*,2007)。在土壤种子库缺乏的情况下,大多木本植物利用干扰后残留下的枝干活体的萌条迅速恢复森林植被结构和功能,成为木本植物应对干扰的有效适应机制（Miami *et al*.，1991；Cecília *et al*，2007）。常绿阔叶树种通常具有休眠芽和不定芽，在受到外界干扰刺激后，有大量萌条的出现，这为保持原有林分组成和林冠结构发挥着重要作用（叶镜中，2007；Bond and Midgley，2001；Peter *et al*.，2009）。优势种的萌条利用干扰形成的空间，迅速占据林冠上层，加速演替进程（Angela *et al*.，2004）。因此萌条的生态学研究已成为当前研究的热点。一些学者已经对不同自然干扰后森林的萌条进行研究，研究对象主要是温带风雪干扰后的萌条反应（Angela *et al*.，2004），热带、亚热带台风和龙卷风等（Walker，1991；Miami *et al*.，1991；Bellingham *et al*.，1994；Glitzenstein & Harcombe，1988；Peterson & Rebertus，1997）干扰后林木的萌条反应，以及刀耕火种后林木的萌条反应（Williamson *et al*.，1986；Kauffman，1991；Sampaio *et al*.，1993；Miller & Kauffman，1998）。

不同的森林类型表现不同的萌条响应，不同树种、不同树龄、同一树种不同胸径及残桩高度对萌条数量和生长量有着不同的影响。其残桩的萌芽能力与树种、干扰强度和频率有关（Bond and midgley，2001；Bellingham and Sparrow，2000；Klimeľov ÁJ and Klime ÍL，2003），也与残留体的特征、径级大小（Espelta *et al*.，2003；Louga *et al*，2003）和高度（Kruger *et al*.，1997；2001；Hodgkinson K C，1998）等因素密切相关，萌条的长度及萌发能力依赖于断桩的高度。还与当地的生境条件，如光照（Kabeya *et al*.，2003；Mccarthy *et al*.，2001）、水分（Marod *et al*.，2002）、营养状况（Omari *et al*.，2003；Yuehua *et al*.，1998；Cruz *et al*.，2002）等相关。大多数林木表现在幼年阶段萌芽能力强，而在成年阶段丧失萌芽能力（Everham，1996；Bellingham，2000）。萌芽种与未萌芽种相比，萌芽种通常有较少的种子、较小种子库、慢的生长和成熟率、较少的幼苗存活（Bond，1996）。在牙买加受气旋干扰的森林恢复中幼苗量与萌芽树的量之间呈负相关（Bellingham *et al*.，2000）。Cecília（2007）对巴西的大西洋雨林萌条更新在不同演替阶段中的作用研究结果表明，中龄林萌条更新现象比幼龄林和成熟林更普遍。干扰是影响萌株产生的重要因素，萌株种群生物量的构成和分配因其所受的干扰程度不同而不同，表现为中度干扰对构树（*Broussonetia papyrifera*）生物量影响最大，强度干扰次之，弱度干扰的影响较小（魏媛，2007）。

Huddle 等（1999）认为，在火烧后，栎属植物红槲栎（*Quercus rubra*）比槭树属植物红花槭（*Acer rubrum*）萌芽率和萌条生长率高。P. M. Miller（1998）等对刀耕火种后自然恢复情况研究后发现，树木径级越大，根幅越大，产生萌芽所需的营养物质——淀粉等储存量就越多，庞大的根系存在，有利于养分和水分的供给，因此，采伐后，残桩径级越大萌条数越多（Luoga *et al*.，2004）。林分光照条件好，有利于养分的积累，这为萌芽发生创造了有利条件（Kabeya *et al*.，2003；Peter *et al*.，2009）。土壤作为植物生长所需养分和水分的主要提供源泉，其肥力和 pH 对萌条的生长产生着一定的影响。Moser 等（2007）的研究结果表明，在热带山地雨林，土壤中可利用的磷（P）和氮（N）是限制萌条存活和生长的重要因子。为了揭示干扰强度和频率对植物萌枝能力的影响，Bellingham 等（2000）依据干扰对木本植物造成的损害程度将干扰强度分为 4 个等级，依照强度从小到大排序为：叶子丧失、枝丧失、树冠丧失和树干丧失；与此相对应萌条的响应模式依次为：叶腋萌枝、枝萌、树干萌枝和树基萌枝。在干扰过后，阔叶树种会有大量的萌条出现，但 1 年生萌条中随时间的推移会有大量萌条死亡（Kanmesheirlt，1999；Rijks *et al*.，1998）。Ahgela G（2004）等对 1998 年发生在加拿大冰雪灾后林分萌生特性进行研究，结果表明：枝条的萌芽率与树木受损程度具有相关性，但不同的种两者的相关程度不同。树冠丧失率高的种其萌芽率也高（$r = 0.498$，$P = 0.01$），但也存在一些特例，如山毛榉（*Fagus grandifolia*）。在 Ahgela G 等（2004）的研究中发现，25%冰雪灾害受损木有萌条产生。而 Stéphanie（2001）在加拿大 Montréal 附近样点对 1998 年灾后调查，发现 53%的受损木有萌条产生。这说明不同的林分组成其受损木萌条率也不相同。

Bellingham（1994）对台风受损森林萌条能力的研究结果表明：断干树萌条率高于未受损树，完全落叶树高于不完全落叶树，胸径大于 10cm 无论是萌条率还是单株萌条数均高于胸径小于 10cm 的树木，但翻蔸与直立木的萌率能力没有差异。Miller Kauffman 对刀耕火种后林木的萌条研究发现：

所有萌条植物中，86%的萌条是由乔木产生的，灌木产生的萌条占13%；林下幼苗中38%起源于乔木种，59%起源于灌木种，2%起源于藤本；在实验处理后一年，29%的幼苗和13%的萌条死亡。许多木本植物都有萌芽的特性，并且很多生态系统也是由萌芽更新形成的。

第三节　冰雪灾害对森林的影响

中国属大陆季风性气候，冬、春季时天气、气候诸要素变率大，导致各种冰雪灾害每年都有可能发生。在全球气候变化的影响下，冰雪灾害成灾因素复杂，致使对雨雪预测预报难度不断增加。拉尼娜现象是造成低温冰雪灾害的主要原因。1951年以来，我国范围大、持续时间长且灾情较重的雪灾，就达10多次，对工程设施、交通运输和人民生命财产造成直接损害，是比较严重的自然灾害。

一、雨雪冰冻灾害表现形式

1. 凝冻灾害

凝冻是指在低温潮湿气象环境下空气中过冷雨滴、雾滴或湿雪在物体表面凝附冻结或混合冻结形成覆冰的现象。凝冻灾害是广义的冰冻灾害的一种类型，是低温潮湿气象条件下空气中过冷雨滴、雾滴或湿雪在物体表面凝附冻结或混合冻结形成覆冰而导致输电线路垮塌、建筑物损坏、农林植物折损等重大灾害，称为凝冻灾害（陈百炼 等，2020）。美国国家气象局对冰灾（Ice Storm）的定义是：在暴露的表面上聚集至少0.625cm的冰凝冻，树木茎上的冰积累的直径一般在2.5cm左右，极端情况下茎上会被20cm的冰包围。冰的累积会使树枝的重量增加10~100倍。破坏的严重程度随着冰的累积而增加（Richard *et al.*，2006）。灾害有多种覆冰机制，凝冻过程会在物体表面形成包裹或覆盖物体表面的覆冰层，包括雨凇、雾凇、湿雪（雪凇）、雨雾及雨雪混合冻结。美国气象学会专门定义了凝冻降水（Freezing Precipitation），并将凝冻降水分为冻雨（Freezing Rain）、冻毛雨（Freezing Drizzle）和冻雾（Freezing Fog）三类（Glickman，2000）。

2. 雪灾害

雪灾害是当附加在树冠和树干上的雪压达到树木承受的极限时，树木的特定部位不能支持这些负荷而造成的树干弯曲、树冠和树干折断以及连根拔起等危害（Petty and Worrell，1981）。

雪灾害的程度取决于降雪量和降雪类型，而降雪量和降雪类型又决定于天气情况，主要是风速和温度（Solantie，1994）。较高的空气湿度和较低的风速是造成降雪大量积累的主要气象条件。雪被树木阻截是一个复杂的过程，涉及雪在整个降落过程中的许多因子：包括黏附、凝聚、风吹、滑落、融化和汽相输送等。降雪中的水分含量很大程度上依赖于温度。降雪密度决定于空气的湿度和降雪形式，其变动范围在0.05~0.4g/cm³（Nykänen *et al.*，1997）。长时间积雪的密度大于新雪，湿雪密度大于干雪。

二、冰雪灾害对森林危害的类型

1. 树干弯曲

树干弯曲是森林冰雪灾害危害最轻的一种，一般情况下小径级林木更趋向于弯曲。树干弯曲的类型又可分为上部树干弯曲和根际树干弯曲（又称倒伏）（赵霞 等，2008）两种，其中根际树干弯曲带来的危害较大。据统计，日本柳杉（*Cryptomeria japonica*）根际弯曲使日本木材利用的损失率达20%以上（贺庆棠，2001）。林木弯曲可能持续数年或只持续几个月，甚至在一些极端的情况下，林木可能无法恢复直立。林木恢复的程度取决于弯曲的角度，一些松科类树木弯曲达40°时也可恢复得很好，但当树干弯曲超过60°时便无法恢复，并且当弯曲的树木多次受压后，将会使树木无法恢复直立甚至造成断裂（Nyknen *et al*.，1997）。树干弯曲不仅降低了林木的生长，同时也容易导致林木从弯曲点处倾斜或倾倒（Megahan and Steele，1987）。

2. 断干或断梢

断干或断梢是冰雪灾害最常见的类型，尤其是在中龄林和成熟林中表现更为突出（Petty and worrell，1981；Rodgers *et al*.，1995；Kohnle and Gauckler，1999），这种损害多发生在树干抗折断能力低于根土盘固着力（root ancho rage strength）时（Valinger and Lundqvist，1992b）。其中，树木抗折断的能力与胸径（DBH）和断裂系数（MOR）呈正相关（Petty and Swain，1985；Petalo and Kellom，1993；Petty and Worrell，1995；Ptalo *et al*.，1999；Chilba，2000；Peltola *et al*.，2000），而断裂系数因树种、木材质地的不同而不同。另外，树木的弹性系数也是影响树木折断的一个重要因子，它主要是影响结冰或雪压下树干的偏转程度，进而决定了作用在林木上的扭转力矩，并且弹性系数也因树种不同而不同（Petty and Worrell，1995；Peltola *et al*.，1997a）。树木折断可发生在不同高度处，但距树干基部大约为树高的25%～30%高度处折断较为常见（Chilba，2000）。折断点不同是由于树种和年龄的不同引起的。例如，在挪威云杉（*Picea abies*）中折断的危害一般发生在树冠上部，而欧洲赤松（*Pinus sylvestris*）和桦树（*Betula* sp.）的折断损伤在树冠的上部、中部和树干的基部都有发生（Valinger *et al*.，1994）。实际上，折断点也取决于树木的尖削度（胸径/树高）、木材强度和诸如枝节（knots）、轮枝（whorls）和腐烂（rot）等有缺陷的地方（Chilba，2000）。但到目前为止这些不同因素对折断点影响的研究尚没有明确的结论。损伤后受影响的部分决定于折断发生的部位，如果折断在整个活立木的下部，林木将死亡；如果折断发生在活立木的上部，树木的优势减弱，生长量降低。尽管有些损伤的林木可以恢复得很好，但损伤仍会造成直接的木材损失。特别是对那些经过多次损伤的林木，树干极易弯曲、分杈和多顶枝（Nyknen *et al*.，1997）。此外，树冠和树干破损后也容易受病虫害的感染（Megahan and Steele，1987）。

3. 翻蔸（或掘根）

当冰/雪压力作用在树体时，如果茎干抗弯折能力大于根土盘固着力，那么林木就发生翻蔸。树木抵抗翻蔸的能力与DBH呈正相关（Gardiner *et al*.，1997），因此在土壤未冻结的情况下翻蔸比断干更容易（Ptalo *et al*.，1999）。而当土壤处于冰冻状态时，断干危害发生的可能性要高于翻蔸，这是由于冰冻的土壤其根土盘固着力较大（Peltola *et al*.，1997b）。所以一般情况下翻蔸多发生在雨水多的季节和土壤松散的地方。此外，根的发育状况和土壤条件也影响树木翻蔸危害的程度。例如，生长在陡坡地、岩石地和水湿地的树木由于其根系浅而不均衡，所以在这些地方树木翻蔸的危害比较严重（Solantie，1994）。

4. 冻害

植物细胞内生物膜系统是冰冻伤害的初始位置（Levitt，1977；Steponkus and Wiest，1978；Stout *et al*.，1980；Steponkus，1984；Chen *et al*.，1987），而植物细胞内膜系统的伤害主要是由严重的冰冻脱水引起的（Steponkus，1984；1993）。细胞内结冰对于植物总是致命的。遭受细胞内结冰的植物往往在冰晶融化之后很快表现受害症状，随即死亡。植物种类不同，其抗冻性也不同。

5. 次生灾害

由于冰雪灾害对森林的破坏，改变原有森林结构与环境、食物链、天敌等，从而产生次生灾害发生。遭受冰雪灾害后的林分容易被病虫害侵袭，同时也会造成更新困难（Schroeder and Eidmann，1993）。如，失去多半树冠的欧洲赤松和挪威云杉林分在遭受了虫害的袭击后，其林木的生长速率和木材质量均有大幅度下降，并且虫害也广泛地蔓延于未受灾的林分中（Nyknen and Peltola，1997）；风/雪灾害后遭受真菌侵染的挪威云杉和桦树比欧洲赤松更为常见。灾害致使木材等级和质量下降，此外，受灾后的森林不仅增加了采伐的费用，同时也使再生群体的建立变得困难（Valinger and Lundquvist，1992b）。

由于冰雪灾害的破坏，产生大量的非正常凋落物。如魁北克冰雪灾害导致温带落叶森林凋落物在每年正常的基础上增加了 10～20 倍（Hooper et al.，2001）。2008 年我国南方的冰雪灾害造成粤北森林的非正常凋落物的量相当于南岭地区地带性森林植被 5～10 年正常凋落物量的总和（吴仲民 等，2008）。大量的非正常凋落物增加了可燃物的量，进而提高森林火灾的风险（王明玉 等，2008；张思玉，2008）。森林树冠受损减少树冠截留，树木翻蔸使土层松软，导致森林保持水土能力减弱，增加了泥石流发生的概率，尤其对南方地区表现更凸出。

三、冰雪灾害调查方法

灾害评估是灾后人们首先关注的问题。国内外对冰雪灾害影响评估常采用地面调查评估和利用空间技术（梁天刚 等，2004；王明玉 等，2008；金秋亚 等，2009）的方法。利用空间技术对灾害评估是一个快捷的方法，对大面积灾害发生的区域和程度十分有效（Lloyd，2000），但不能对个体受损情况评估。实地踏查或样地法是评价个体受损的有效方法。实地调查方法有多点小样地、样带法和样线法等。如：Angela 等（2004）对 1998 年发生在北美的特大冰雪灾害的研究中，在安大略 80km 长 3000km² 的范围内设置了 164 个 12.5m×25m 的样地，调查胸径（DBH）>10cm 的木本植物，来评价冰雪灾害对木本植物的破坏。还有采用连续样带进行评价调查，Lafon（2004，2006）在对 1998 年发生在北美特大雪灾（ice storm）进行研究时，沿坡面设置了 3 条 100m 长的连续样带进行研究，调查胸径（DBH）≥20cm 的木本植物。佛蒙特大学 Steven（2002）在对 1998 年北美暴雪对森林的影响时，采用样线法调查。

林木个体受损程度的划分方法，不同的研究者所采用的方法不同。Lafon and Charles（2004）把受损类型划分为未受损木（U＝undamaged）：树冠受损<10%；断梢（C＝canopy damage）：树冠受损≥10%；压弯（B＝bending of bole）；树干严重受损（S＝severe bole damage）：包括树干倾斜、劈裂和翻蔸类型。Steven（2002）对 1998 年发生北美雪暴对森林的影响研究时，对受损林木划分为断枝（broken branch）、断干（broken main stem）、压弯（bent tree）和翻蔸（uprooted tree）；树冠损失分为 1%～10%、11%～25%、26%～50%、51%～75% 和 76%～100% 五个层次。中国林业科学研究院热带林业研究所在 2008 年中国南方雨雪冰冻灾害对林业的影响调查时，把受损个体划分断梢、压弯、断干、翻蔸、倒伏、死亡等类型，并给出具体的定义（赵霞 等，2008；王旭 等，2009），断梢：从树木的梢（冠）部被压断，危害稍轻，只是影响树木的生长量；压弯：危害最轻的一种，呈 2 种结果，一种是冰雪积压直接导致的树干弯曲，随着生长的重新开始，林木一般可自行恢复，恢复的程度和时间取决于树种和弯曲的角度，另一种是被其他倒下的树木或折断的树枝压弯，这种情况的恢复需要人工的清障辅助；断干：从树木的树干处被压断，危害较大，严重的会导致树木死亡；翻蔸：指树木连根拔起，林木几乎没有生还的可能；倒伏：压弯的部位在根际处，导致部分树干及树冠倒在地上，危害较压弯大；死亡：指树木个体已表现出树皮干枯、无萌发迹象。广东省林业勘查设计院在对灾后调查时，对树木和竹子建立不同的划分方法，①林木受损类型：Ⅰ冻死；Ⅱ翻蔸及腰折（树冠以下折断）；Ⅲ断梢（主梢折断）；Ⅳ折枝一（折枝比例≥50%）；Ⅴ折枝二（20%≤折枝比

例<50%)折枝不计算损失株数(蓄积);断梢的4株折算1株损失株数(蓄积)。损失株数(蓄积)=Ⅰ类株数(蓄积)+Ⅱ类株数(蓄积)+Ⅲ类株数×1/4。②竹子受损类型:Ⅰ冻死;Ⅱ爆裂;Ⅲ翻蔸。损失株数=Ⅰ类株数+Ⅱ类株数+Ⅲ类株数。损失程度等级:损失比例≥60%时,损失程度等级为重;损失比例≥30%且损失比例<60%时,为中;损失比例<30%且损失比例≥10%时,为轻;损失比例<10%时,为微。

四、影响森林受损程度的因子

1. 气象因子

较高的空气湿度和较低的风速是造成降雪大量积累的主要气象条件。雨夹雪或先降雨后降雪,温度又迅速下降到0℃以下时,树木遭受雪害的危险更趋严重(Megahan and Tobert, 1987)。Cannell等对北美云杉(*Picea sitchenssis*)雪荷载的测量表明,在新抽出枝条上积4~8cm的湿雪,其重量达0.9~2.1g/cm,是树枝鲜重的3.1~3.5倍;若为结晶雪,其重量达2.3~4.3g/cm,是树枝鲜重的7.2~11.7倍。冰雪灾害的形成与温度关系密切,日最低气温小于1℃可作为出现冰冻天气的温度阈值(彭贵芬 等,2012),也有研究表明温度在-5~3℃时可能是造成雪害的适宜条件(Worrell,1979);如果温度超过0.6℃并持续3h以上时,可减轻或避免雪灾的形成(Solantie,1994),当降水初期无风或微风且温度在0℃以上,而后温度又降至0℃以下时,使得降雪更高效地黏附于树冠上,这样雪害的危险将会加剧;如果温度低于-5℃时,雪片易分散且很难大量积累在树冠上,可避免雪害发生(Schmidt,1990)。

2. 地形及土壤因子

坡度、坡向和坡位在冰雪灾害中对树木也有着重要的影响。坡度越大林木受灾越严重;有研究发现生长在坡向为西北或东北向的植物,其受害情况较西南、东南向的严重;迎风坡比背风坡受害严重。坡度较大的毛竹林损失严重(李苇洁 等,杨灌英 等,2008;肖复明 等,2008)。原因可能是阴坡林木生长状况没有阳坡好,且阴坡由于得不到充足的光照,致使林木枝叶上的冰雪不能及时融化,累积了更厚重的冰雪。迎风坡的树冠多生长不对称,且风口极易发生冰冻,再加上风本身对林木就有一定的冲击作用,使得迎风坡受灾惨重。在日本落叶松(*Larix kaempferi*)对冰雪灾害响应的研究中,发现不同坡向和不同坡向类型的受灾程度具有显著或极显著差异,其中东坡受灾程度最为严重,而半阴半阳坡>阳坡>阴坡(许业洲 等,2008)。Oliver等(1974)研究指出欧洲赤松(*Pinus sylvestris*)抵抗掘根的能力以生长在砂土中的为最小,棕壤土次之,泥炭土最大。生长在不同的土壤厚度和土壤含水量下的林木抵抗灾害的能力是不同的,土层薄、湿度高的土壤比干旱的地方容易遭到破坏(李秀芬 等,2004),一般来说在湿地中生长旺盛的林分内主要的破坏类型是掘根,在干旱土壤中大部分的受灾林木是断干。土壤湿润且肥力丰富地段的灾害情况比土壤干燥且肥力较低地段要严重,原因是土壤湿润时,水分供应充足,植物体内含水量较高,易结冰冻害。土壤肥沃地植物生长茂盛,枝、叶嫩软,易受冻害。

3. 海拔

海拔因子是影响林木受害的一个重要因子。通常,随着海拔高度的升高而加重,但到一定海拔高度后不再有变化。如:2008年冰雪灾害时,南岭保护区海拔500m以下和1400m以上受损较轻,700~1200m受损严重。广西银杏产区海拔100~400m的断裂损伤轻微;海拔401~600m的银杏大树断裂损伤率为100%,单株主侧枝断裂损伤在50%以上的植株占银杏大树的30.46%,银杏幼树断裂损伤率为75%~100%,单株主侧枝断裂损伤在50%以上的占银杏幼树的13.17%;海拔601m以上的断裂损伤严重,断裂损伤率达100%,银杏大树单株主侧枝断裂损伤在50%以上占该株数的96%,

银杏幼树单株主侧枝断裂损伤均在80%以上，为28.34万株，占该海拔株数的100%。湖北宣恩雪落寨海拔1350m的油松人工林林木受害率、平均受害级和受害指数比海拔1100m的油松人工林分别高73.9%、83.2%、47.8%。在对湖北日本落叶松的研究中，海拔对受害程度具有极显著影响，以海拔1800m为区分线，上下区域受灾程度存在显著差异，高海拔区域受灾程度是低海拔区域的2倍（许业洲 等，2008）。也有学者认为海拔与受损类型无显著相关性（吴道东 等，2009）。

4. 树种组成

同一地区的不同树种抵抗冰雪灾害的能力存在差异。通常，乡土树种的抗灾能力强于外来树种（温庆忠 等，2008），落叶树种比常绿树种抗压性强（吴际友 等，2008），慢生树种比速生树种受害轻（李苇洁 等，2008），耐阴树种和中性树种在冰雪灾害中受损程度较轻，阳性树种受损严重（Charles，2006），纯林往往比混交林受灾严重（汤景明 等，2008；张建国 等，2008），衰老的、树干受损的、树体结构差的、有病虫侵染的个体在冰雪灾害到来时更易受到损伤（Zhou B Z. et al，2010）。2008年冰雪灾害中，湖北省的调查中发现，鄂东南常绿树种受害率、受害级和受害指数分别比落叶树种高177.0%、260.0%、117.2%，而鄂西南常绿树种比落叶树种分别低23.4%、33.0%、33.0%；针叶树种的受害率、受害级和受害指数分别比阔叶树种高14.7%、46.7%、48.2%；引进树种的受害率、受害级和受害指数分别比乡土树种高54.4%、95.5%、92.6%（汤景明 等，2008）。在江西省井冈山-吉泰盆地-于山山脉-武夷山支脉样带作为研究区，发现湿地松林>马尾松林>混交人工林>杉木林，在受损样本中湿地松林的实际受损比例高达61.3%。此外，树木个体特性影响其受害程度，如枝干与树干的连接程度、腐烂或枯死枝条、树高和直径、大的侧枝、宽阔树冠、树冠的不平衡、根系分布的不平衡、浅根性等。越高大的林木发生翻蔸的几率越高，越矮小的林木则更趋向于压弯和折断。小径级的个体受灾较重，植株易于断干和掘根，甚至冻死。有研究得出了相反的结论：胸径越大的林木受灾的几率越高，可能的原因是胸径越大其冠幅相对较大，承载的冰雪也就更多，因此树木所受的压力也就越大，导致其更易受损（赵霞 等，2008）。

5. 经营管理

森林经营过程中，除树种选择外，种植密度、抚育间伐、经营目的等与林木受损程度有关。林分密度过大或过低均会使林木受灾程度加重，纯林比混交林受灾严重。如2008年冰雪灾害造成湖北咸宁潜山密度为650株/hm²的木荷（Schima superba）人工林的林木受害率、平均受害级和受害指数比密度为1650株/hm²的木荷人工林高6.6%、2.5%、35.3%，人工杉木纯林的林木受害率、平均受害级和受害指数比人工杉木混交林高70.9%、131.2%、85.0%，纯林中的杉木也比混交林中的杉木分别高97.8%、164.9%、58.9%（汤景明 等，2008）；四川的楠竹林，立竹度大于3000株/hm²的受损率为12.0%，立竹度小于3000株/hm²的受损率为19.3%（杨灌英 等，2008）；日本落叶松密度超过2000株/hm²的林分受灾程度极为严重，是密度1000株/hm²以下的林分的近3倍（许业洲 等，2008）。采取上层间伐方式，间伐的优势木被移走，使得留下的林木易遭到雪灾（Valinger et al.，1994），对高密度林分采取重度间伐更容易使林木受灾（Nykanen et al.，1997），但施肥后的最初几年，由于肥料（特别是氮肥）先促进树冠生长，使树冠承载冰雪面积增加，林分比较容易遭受冰雪危害（Valinger et al.，1992），因此适当的间伐时期、间伐方式和间伐强度是增强林木抗冰雪灾害能力的关键。湿地松（Pinus elliottii）、马尾松（Pinus massoniana）为用材和生产松脂兼用树种，在2008年冰雪灾害中割脂树受损害严重，受损类型以断干为主，而未割脂树受损较轻（邵全琴 等，2009，Zhou et al.，2011）。此外修枝对树木受损程度也有影响。已有研究发现，树干的尖削度越大，其抗风和雪压的能力越强，而尖削度小的林木抗雪压的能力较弱。受灾较轻的林木表现为仅断大枝，其树干尖削度最大，达0.015，尖削度小的林木受灾后表现为断冠、断干和掘根等。枝下高与树高的比值越大，受灾程度越轻，断冠和未受害林木枝下高与树高的比值分别达到0.719和0.714，其余的均在 0.700 以下；断干和掘根的林木，其树冠不均匀程度较高，均达 3.000 以上，其余的均在 2.500 以下（张志祥 等，2010）。因此进行适当修枝可减少冰雪灾害对树的伤害。钩梢可减轻冰雪灾害对毛竹（*Phyllostachys heterocycla*）的破坏程度（李伟成 等，2008；毕德贵，2017），如：在 2015 年冬安徽雪灾后调查中，发现 2011 年钩梢处理的毛竹几乎未受损失，而翻蔸、爆裂的几乎全部为 2013 年和 2015 年生长的未钩梢新竹，择伐可降低毛竹受损率13% ~ 27%。

五、冰雪灾害对动植物的危害

1. 树木机械损伤和生理伤害

很多研究已表明冰雪灾害对不同树种有明显不同的损伤（Whitney and Johnson，1984；Boerer *et al.* 1988）。Gregg and Kenneth（2004）对 1998 年北美特大雪灾对北美短叶松林的影响研究表明：灾害产生的林木残枝（干）平均为 18t/hm²，最高达 4018t/hm²。雪暴使林冠减少了 43.7%，翻蔸使 3.5% 林地土壤受到干扰（Charles，2006）。2008 年发生在中国南方的冰雪灾害使南岭山区 90% 以上的树木受损（王旭 等，2010），人工林几乎全部受损，如杉木、桉树、毛竹等，大大降低了木材的利用价值。2007 年 4 月美国东部的冻害，推迟了植物的物候期，MODIS 影像资料显示，受灾区绿度明显下降，并对植物的叶、萌芽、花、果等产生严重的伤害（Gu *et al.*，2007）。

2. 破坏动物栖息地和食物链

冰雪灾害对森林大面积的破坏，使野生动物栖息地被破坏，给野生动物的活动、觅食、隐蔽带来困难，同时危及食物链的稳定性，进而改变动物群落的组成结构。如：2008 年冰雪灾害使南方灾区 3 万只（头）国家重点保护野生动物被冻死、饿死。灾后可能还有更多的野生动物死亡。灾后，广东大瑶山自然保护区的初步调查，冻死冻伤的野生动物达上千只（头），其中国家二级保护动物白鹇（*Lophura nycthemera*）约 20 只，其他种类主要集中在赤麂（*Muntiacus muntjak*）、野猪（*Sus scrofa*）、油獾（*Meles meles*）、华南兔（*Lepus sinensis*）、蛇（*Serpentiformes* spp.）、竹鸡（*Bambusicola thoracica*）以及小型鸟类（孔凡前 等，2008）。由于冰雪灾害使树冠受损、大量的枯枝落叶等，从而对蝴蝶越冬的卵、幼虫等产生损害，阻止幼虫到达寄主植物，在南岭自然保护区 2008 年冰雪灾害前后蝴蝶种类的调查分析中发现，冰雪灾害使蝴蝶种类和数量急剧下降，尤其是热带分布种（Wang *et al.*，2016），凤蝶科种群下降了 62.5%（陈仁利 等，2008）。

六、冰雪灾害的生态学意义

1. 形成大小不同林隙，增加森林的异质性

林隙大小是林隙的重要特征，直接影响着林隙内的小气候状况和微环境特征，对林隙内物种更新的种类、数量及分布产生重要的影响，使森林的异质性增加。在冰雪灾害期间，树木大量的枝干折断、倒木，为森林生态系统提供了更多的额外养分输入，影响森林的养分循环。研究表明：林隙的大小对森林的树种组成、密度及生长速率等都有影响（Edward *et al.*，1989；Barden，1996；Naidu and Delucia，1997；Stephanie *et al.*，1997）。许多树种都需要特定大小的林隙来完成更新（Brokaw *et al.*，1987；Whitmore，1989；刘庆 等，2002；陶建平 等，2004）。此外，冰雪灾害产生林隙大小，对土壤动物种类和数量以及土壤理化性质有着不同的影响（Xu *et al.*，2016a；Xu *et al.*，2016b）。Xu（2013）等报道，冰灾通过光照强度对不同尺寸林隙的气温、水分和土壤温度的影响具有差异性，但都能促进地表枯落物的分解过程，导致杉木林土壤有机物含量高低排序为郁闭森林>小林隙>大林隙。

2. 产生大量非正常凋落物，增加了土壤养分和水分

冰雪灾害后林冠残体积累于地表，2008 年冰雪灾害导致树冠受损，并产生大量的非正常凋落物（骆土寿 等，2008；吴仲民 等，2008），从而引起灾后凋落物量的减少（张磊 等，2011）。雨水被林冠凋落物和树干残体拦截，减少地表径流，增加了土壤水分。大量非正常凋落物分解，增加了土壤有机质和养分。Rustad（1994）的实验发现，凋落物的大量增加可以提高土壤 C 和 N 的含量。田大伦等（2008）发现冰灾 1 个月后的栾树（*Koelreuteria paniculata*）、杜英（*Elaeocarpus decipiens*）混交林的土壤全 P、全 K 含量显著增加，而速效 N、速效 P、速效 K 含量明显减少，微量元素 Cu、Pb、Co 含量增加，Fe、Zn、Mn、Cd、Ni 含量减少。2008 年冰雪灾害对中国南方杉木林土壤理化性质影响的研究表明：灾后土壤有机质、全 N、全 P、全 K、碱解 N、速效 P 含量增加，但速效 K 含量下降，土壤容重和毛管孔隙减小。但从长期来看，冰雪灾害后增加了森林地表和大气之间的辐射交换，林冠残体分解后，凋落物输入减少，土壤物理性质恶化，例如出现土壤紧实度增加和孔隙度减少。在寒冷的半干旱环境中，即使降雪量低于年降水量的 50%，高于 80% 的年河流水量来源于雪场，同时雪融水为土壤和部分水体提供了重要的短期热通量、水、化学物质。

3. 改变群落的物种组成和结构，加速群落的演替

Charles（2006）对 1994 年发生在美国弗吉尼亚州两次雪暴对森林的影响研究结果表明：雪灾使少数树种从森林中消失，减少了树种的丰度。由于冰雪灾害对森林的破坏，产生大小不同的林隙，林隙的形成导致微环境的变化，使林下植物种类及其数量发生变化，从而影响森林树种组成（Miles，1974），并且影响到非耐阴树种和耐阴树种的比例。林隙有利于先锋树种的萌发生长，而对耐阴顶极物种可能压制幼苗生长（Canham and Marks，1985）。在林隙早期，灌木最繁茂，发育期，中小乔木树种最繁茂，发育晚期，大乔木树种最繁茂（Spies，1989）。林隙内树种数量变化（更新密度）一般大于其在非林隙林分下的密度，树种更新密度随林隙大小的变化呈现出单峰的反应。先锋树种比演替后期种更易遭受冰雪灾害的损伤，因此冰雪灾害可能加速森林的演替进程（Whitney and Johnson 1984，Lemon，1961）。改变野生动物的栖息地，有利于新栖息地形成。粗木质残体数量的增加和早期茎、枝的腐烂，为发展洞穴提供了有利条件。冰积累降低果实和种子的产量，间接影响野生动物，环境条件的改变对土壤动物和微生物也产生明显的影响（Ou et al.，2009）。禹飞等（2017）通过对模拟 2008 冰雪灾害凋落物输入对土壤固碳微生物群落结构的研究，林冠受损后，林冠开度和凋落物输入量增加，导致土壤固碳微生物数量降低，多样性增加。

4. 降低了森林的固碳能力

冰雪灾害对森林最直观的影响是机械损伤。由于机械损伤而产生的断枝、断干、压弯以及生理伤害等，一方面影响植物的光合能力，二是植物固定的生物碳返回大气和土壤中。2008 年中国南方的雨雪冰冻灾害，使江西千烟洲森林物候推迟 10 天，植物对碳的吸收能力下降了 17%（Zhang et al.，2011），使森林大量碳从乔木层碳库转移到死生物量碳库，占乔木层碳储量的 18.28%，灾害 4 年的恢复，森林净初级生产力（NPP）和碳利用效率（CUE）达到了 92%（王静 等，2014）；肖以华等研究表明：灾后 3 种森林群落中不同深度土壤的有机碳质量分数和储量持续增加，同一深度土壤有机碳质量分数和碳储量在不同年份之间差异显著；灾后 2 年，0～10cm 土壤有机碳提高了 0.7%～8.2%，土壤微生物生物量碳含量明显下降，土壤可溶性有机碳含量随受害程度增加而显著下降，下降了 11.6%～30.6%（谢昕云 等，2014）。冰雪灾害使毛竹的初级生产力（GPP）下降了 3%，在冰雪灾害期间，光合有效辐射接近 0。虽然冰雪灾害产生的大量的枯枝落叶增加了凋落物的量，但有研究表明，这些非正常凋落物中超过 77% 的碳以 CO_2 的形式释放（Yu et al.，2020），暗含了冰雪灾

害可增加大气中 CO_2 的量。

5. 减少了森林的水文功能

冰雪灾害对森林林冠、树木的破坏，减少了树冠截流，增加树干流和壤中流，从而引发林内降雨强度和降雨量的增加，森林涵养水源、保持水土等生态功能大为降低。如：广西壮族自治区林业局专家实地调研后认为，由于漓江源头猫儿山地区森林严重受损，漓江水源可能受到威胁，水位将不稳定，泥沙含量增加。李力等(2014)通过对模拟 2008 年南方冰雪灾害受损样地水质的影响，结果表明：受损林分穿透雨中，硝酸根离子、硫酸根离子、钙离子、镁离子、钾离子的含量下降，而氨离子、氯离子、钠离子的含量增加，树干流中各阳离子浓度与未受损林分相比呈现明显增加趋势。冰雪灾害产生的枯落物，增加了林地的持水量(邱治军 等，2011；王栋栋，2011)。在 2008 年冰雪灾害后，毛竹林的树干径流率、穿透雨率和树冠截留率变化幅度最大，分别为 2.1%、2%、-3%；其次是杉木林的变化幅度为 0.9%、1%、-2%；常绿阔叶林的变化幅度最小，分别为 0.8%、0.9%、-1.8%；各林型的最大持水量变化大小顺序杉木人工林>毛竹人工林>常绿阔叶林，增幅依次是 57.23%、33.77%、30.00%。

第二章　南岭山地概况与研究价值

提及 2008 年中国南方雨雪冰冻灾害，不得不提及南岭。南岭山脉为东西走向山脉，平均海拔1000m 左右，对南下寒潮起到一定的阻挡作用，使南下的寒冷气流与北上的暖湿气流长时间滞留在南岭地区，对南岭南北两侧造成巨大的影响。

一、南岭山地的范围

南岭山脉的众多山岭中，以越城、都庞、萌渚、骑田和大庾 5 个山岭最有名，故南岭又称五岭。有关南岭山地的边界和范围历来众说纷纭。李四光（1945）认为南岭是长江流域和东本江流域之间断断续续的山脉的统称。《中国自然地理》编委会编写的《中国自然地理·总论》（1985）定义南岭的范围，是东起武夷山南端，西抵雪峰山以南的八十里大南山，东西长超 600km，南北宽约200km，构成长江与珠江水系的分水岭。中国科学院国家计划委员会自然资源综合考察委员会南岭山区科学考察组根据对南岭南部山区重点考察，并根据现有文献资料，以地质构造与山形为基础，兼顾地（市）级、县级行政区的完整性，确定了以五岭为主体，西抵雪峰山以南的八十里大南山，东越武夷山南岭，北与万洋、诸广等山相邻，东西绵延 640km，南北宽约 320km，其地理位置大致位于 23°50′N（英德）~26°55′N（祁阳），109°36′E（龙胜）~115°35′E（龙川）。也有将南岭分为狭义与广义的范围，即狭义的南岭山区指五岭所在的区域，即桂东北山区、湘南山区、赣南山区及粤北山区，而广义的南岭山区还包括粤南地区及闽粤沿海（徐先兵 等，2020）。目前学界比较认可的范围，南岭位于广东、广西、湖南、江西和福建五省（自治区）的交界地带，土地面积 164039km²，包括赣南、粤北、湘南、桂东北和闽西南等地区，由一系列东北-西南走向的山岭组成，东西绵延 800km（陈振明 等，2015）。

二、南岭山地地质与地貌

南岭山地是在上—中地壳有大规模花岗岩基的独立的板内造山带（杨文采，2016），南岭构造带位于华南板块中部，在大地构造上属于华南地台的华夏陆台和扬子陆台的一部分，呈近东西向横跨在华南大陆扬子地块、江南造山带以及华夏地块之上，其南、北界大致以梧州-四会隐伏断裂和茶陵—广昌隐伏断裂（舒良树 等，2006）为界。南岭的形成与 1 亿年以前特提斯洋俯冲和亚欧板块与加里曼丹地体的陆岛碰撞直接有关，其基底由加里东运动形成。地层发育从老至新依次由下古生界寒武系、上古生界泥盆系、石炭系、第四系和燕山期侵入岩组成。核心为花岗岩体，上覆岩层多为泥盆纪硬砂岩和石炭纪灰岩，其中硬砂岩多形成尖削的峰岭，如帽子峰、象牙仙等；但硬砂岩被侵蚀后，花岗岩体完全出露，常形成浑圆的山峦，如骑田岭、香花岭等。山体走向或呈东北—西南，如萌渚岭、都庞岭、越城岭；或呈正东西，如大庾岭；骑田岭则为块状山，山纹已不清晰，但就宏观而言，南岭仍不失为东西走向的山地。南岭山地其地质历史可以追溯到元古代的震旦纪甚至更早。除震旦系外，南岭地区前寒武纪地层不太发育。在位于南岭山地西端边缘相当于"江南古陆"的南端，距今约 1 亿年的四堡运动，代表着本区最早一次地壳运动。四堡运动以后，南岭山地西端附近局部曾一度升起，经过一段时间后又再次沉降。震旦系的雪峰运动代表着南岭地区的另一次地壳运动。雪峰运动以后，地壳相对上升，南岭山地西部附近地区成为陆地，气候转冷，出现了冰川或滨海冰水沉积。进入古生代以来，南岭地区经历了多次地壳运动和海侵。早古生代志留纪末的加里东运动，将南岭地槽褶皱回返，部分地区隆起成陆。这一时期的地壳运动相当频繁。广西运动是早古生代地壳运动的最后一幕，花岗岩活动相当广泛强烈，影响遍及整个南岭地区。晚古生代——三迭纪的地壳运动比早古生代更加频繁，海进海退反复交替发生。随着海西运动的进行，南岭山地在泥盆纪、石炭纪和二迭纪普遍发生海侵，粤北、湘南及桂东北的石灰岩就是这一时期的海相沉积形成的。三迭纪末期的印支运动使地壳普遍抬升，海水退出，整个南岭地区上升成陆。中晚中生代燕山运动，伴随着广泛强烈的花岗岩侵入，产生了一系列轴向为东北——西南的带状山脉，逐渐形成了南岭山地的基本轮廓，再经始于新生代第三纪中新世喜马拉雅运动进一步改造，才形成现代南岭山地的地形和地貌。

南岭山地以山地丘陵地貌为主。西段的盆地多由石灰岩组成，形成喀斯特地貌；东段的盆地多由红色砂砾岩组成，经风化侵蚀后形成丹霞地貌。由于本区地处山字型、新华夏式和东西褶皱带三种构造的交汇地带，整个山地在地形上表现为走向各异、互不连续的山岭，从东到西横亘的主要山岭有大庾岭、骑田岭、萌渚岭、都庞岭和越城岭，海拔通常为500~1200m，最高峰为越城岭主峰猫儿山，海拔2141.5m。南岭山地虽然是一条东西向的构造带，但除大庾岭等近东西走向外，其余各山体多呈东北——西南走向，以花岗岩、变质岩和砂岩为主，其间夹有大小不等的低谷和盆地，普遍堆积了红色岩系和石灰岩岩系，分别构成南岭山地各具特色的花岗岩地貌、红层地貌及石灰岩地貌。南岭山地的成土母岩多为花岗岩等酸性岩类，在中亚热带山地温暖多雨的季风气候和生物因子的作用下，形成的土壤普遍呈酸性反应，pH一般为4.5~5.5。土壤类型除水平地带性的红壤之外，由于南岭各地的海拔高度、生物气候和成土母质的不同，还有黄红壤、黄壤、黄棕壤、山地灌丛草甸土以及紫色土、石灰土等垂直地带性和泛地带性土壤类型。红壤是中亚热带的水平地带性土壤，也是南岭山地分布面积较广的土壤类型，一般分布于海拔700~800m以下的山地和丘陵；黄红壤是红壤向黄壤过渡的一种山地土壤，分布于海拔440~800m的低山和丘陵高地上；黄壤主要分布于海拔750~800m至1100~1300m的中山；山地黄棕壤是介于黄壤和山地灌丛草甸土之间的垂直地带性土壤，一般分布于海拔1000~1200m以上的中山上部；山地灌丛草甸土一般间断分布于海拔1000~1800m以上的中山山顶和山脊。

三、南岭山地的气候特征

南岭山地属中亚热带季风气候区，年平均气温为18~21℃，1月平均气温为5~10℃，绝对最低气温为-2~-6℃，北部局部可达-7~-9℃，7月平均气温为23~29℃，≥10℃年积温为5700~6800℃，无霜期为260~325天，年平均降水量1203.19~2019.56mm。南岭山地作为华南与华中、华东气候的天然界线，使其成为中亚热带和南亚热带过渡带，南北坡气候差异显著。在气温方面于春、秋、冬季差异显著，而夏季明显减弱。月降水量的变化趋势亦反映出明显的季节波动，降水方面于夏、秋两季显著，并在11月达到峰值（王钰莹，董玉祥，2018）。通过对南岭14个站点48年降水聚类分析，南岭山地降水呈春、秋季下降，夏、冬季上升的趋势，降水量变化主周期为13年（宗天韵 等，2020）。西部稍低于东部；北部冬季有降雪。南北坡气候差异明显，如北坡年平均气温在15~18℃，降水量1200~1600mm，冬季最冷可达-15℃，常有降雪；南坡，年平均温度16~24℃，年降水量在1500~2000mm。根据本研究组在南岭中段的广东南岭国家级自然保护区和湖南莽山国家级自然保护区海拔1200m设置的气象站3年的连续观测数据，处于南岭南坡广东南岭国家级自然保护区年降水量高于北坡的湖南莽山国家级自然保护区，年均降水量分别为2130.73mm和1632.93mm，月平均气温、最高气温和最低气温均表现为南坡高于北坡。

表 2-1 南岭南北坡降水分布

Tab. 2-1 Distribution of precipitation on the south and north slop in Nanling mountains （mm）

月份		1	2	3	4	5	6	7	8	9	10	11	12	年降水
2013	莽山	1.20	1.50	3.00	55.00	252.10	162.50	65.00	605.60	211.40	17.70	90.10	121.30	1586.40
	南岭	42.80	41.90	184.90	285.40	321.00	220.30	87.00	643.10	303.20	17.80	93.70	138.30	2379.40
2014	莽山	15.40	52.20	127.30	142.80	264.10	242.70	120.80	182.00	62.60	16.20	107.30	53.00	1386.40
	南岭	15.20	77.40	166.00	131.40	340.60	266.70	236.50	243.80	96.40	15.20	125.10	66.10	1780.40
2015	莽山	59.50	118.80	96.70	77.00	333.80	145.50	143.40	127.80	208.20	188.40	216.60	210.30	1926.00
	南岭	57.40	95.70	129.70	95.20	390.40	214.40	276.60	153.20	147.30	199.80	263.70	209.00	2232.40
平均	莽山	25.37	57.50	75.67	91.60	283.33	183.57	109.73	305.13	160.73	74.10	138.00	128.20	1632.93
	南岭	38.47	71.67	160.20	170.67	350.67	233.80	200.03	346.70	182.30	77.60	160.83	137.80	2130.73

注：数据来源于南岭北江源森林生态定位站位于广东南岭国家级自然保护区和湖南莽山国家级自然保护区海拔1200m的气温站2013—2015年所采集的数据。

表 2-2 南岭南北坡月平均气温

Tab. 2-2 Average temperature on the south and north slop in Nanling mountains （℃）

月份		1	2	3	4	5	6	7	8	9	10	11	12	月平均
2013	莽山	5.67	9.85	10.83	12.16	16.28	17.59	18.05	18.79	17.15	12.76	10.33	3.39	12.74
	南岭	5.07	9.60	12.96	14.71	19.22	21.28	22.25	22.01	19.28	14.98	11.20	3.88	14.70
2014	莽山	5.53	5.15	10.83	13.64	16.25	18.55	19.61	18.91	17.48	14.04	10.56	4.52	12.92
	南岭	6.47	5.52	10.82	16.07	19.25	21.62	22.85	21.53	20.60	16.78	11.83	4.73	14.84
2015	莽山	6.46	7.47	10.89	12.98	16.92	18.08	17.55	18.21	16.55	13.90	11.96	6.31	13.11
	南岭	6.19	9.28	11.74	14.80	19.93	22.17	20.79	21.31	19.67	16.46	12.86	6.37	15.13
平均	莽山	5.89	7.49	10.85	12.93	16.48	18.07	18.40	18.64	17.06	13.57	10.95	4.74	12.92
	南岭	5.91	8.13	11.84	15.19	19.47	21.69	21.96	21.62	19.85	16.07	11.96	4.99	14.89

注：数据来源于南岭北江源森林生态定位站位于广东南岭国家级自然保护区和湖南莽山国家级自然保护区海拔1200m的气温站2013—2015年所采集的数据。

表 2-3 南岭南北坡月最高气温

Tab. 2-3 Maximum temperature on the south and north slop in Nanling mountains （℃）

月份		1	2	3	4	5	6	7	8	9	10	11	12	年平均
2013	莽山	19.73	21.03	22.26	23.33	25.06	25.22	25.65	28.61	25.49	24.20	24.07	19.03	23.64
	南岭	19.66	20.79	23.46	27.08	28.40	29.52	30.11	31.20	28.61	27.18	26.57	18.90	25.96
2014	莽山	20.34	21.38	21.60	23.75	23.45	25.50	26.30	27.00	27.17	26.66	24.95	18.02	23.84
	南岭	20.02	21.85	23.25	25.13	27.17	29.26	29.95	28.84	29.50	26.28	22.66	16.47	25.03
2015	莽山	20.62	20.35	21.34	24.44	24.95	25.32	25.61	26.18	25.29	24.64	22.95	18.19	23.32
	南岭	18.89	20.83	23.97	27.14	27.26	29.68	30.29	31.26	27.66	27.46	23.57	18.92	25.58
平均	莽山	20.23	20.92	21.73	23.84	24.49	25.35	25.85	27.26	25.98	25.17	23.99	18.41	23.60
	南岭	19.52	21.16	23.56	26.45	27.61	29.49	30.12	30.43	28.59	26.97	24.27	18.10	25.52

注：数据来源于南岭北江源森林生态定位站位于广东南岭国家级自然保护区和湖南莽山国家级自然保护区海拔1200m的气温站2013—2015年所采集的数据。

表 2-4　南岭南北坡月最低气温

Tab. 2-4　Minimum temperature on the south and north slop in Nanling mountains　　　（℃）

月份		1	2	3	4	5	6	7	8	9	10	11	12	年平均
2013	莽山	-4.50	-3.26	0.02	0.33	8.73	9.79	15.11	14.67	10.74	4.13	-2.37	-6.40	3.92
	南岭	-5.18	-3.37	-0.38	3.39	10.28	12.88	17.99	16.85	10.40	6.24	0.28	-4.89	5.37
2014	莽山	-6.56	-8.97	1.66	6.67	7.82	14.84	15.41	14.82	10.59	6.39	3.03	-5.81	4.99
	南岭	-4.33	-6.10	1.77	9.54	10.81	14.76	17.34	16.99	14.10	8.41	4.66	-3.78	7.01
2015	莽山	-1.57	-5.10	-0.23	1.99	7.95	14.78	12.39	13.75	11.78	4.78	-0.75	-7.27	4.38
	南岭	-2.62	-2.33	-0.47	3.96	8.01	16.33	15.18	16.08	14.73	8.89	-0.58	-2.63	6.21
平均	莽山	-4.21	-5.77	0.48	3.00	8.17	13.14	14.30	14.41	11.04	5.10	-0.03	-6.49	4.43
	南岭	-4.05	-3.93	0.30	5.63	9.70	14.66	16.84	16.64	13.08	7.85	1.45	-3.77	6.20

注：数据来源于南岭北江源森林生态定位站位于广东南岭国家级自然保护区和湖南莽山国家级自然保护区海拔 1200m 的气温站 2013—2015 年所采集的数据。

四、南岭山地水文特征

虽然对南岭山地的范围定义不同，但南岭山地作为长江流域和珠江流域的分水岭得到一致的认同。发源于南岭以北，属于"长江水系"，主要是位于长江干流以南的洞庭湖水系和鄱阳湖水系，包括洞庭湖水系中的资江和湘江，还有鄱阳湖流域的赣江，有长江流域的潇江、湘江、资水上游夫夷水，湘水支流春陵水、耒水，赣江上游的章水等，总体流向为自南向北流动，最终汇入长江。南岭以南属于"珠江水系"，珠江是我国的第三长河，发源于云贵高原，全长约为 2320km，总体流向为自西北向东南流动，珠江是我国年径流量仅次于长江的第二大河，流域面积约为 45 万 km²。珠江水系十分庞大，大小河流总数达 774 条，包括西江、北江和东江三大水系，其中西江是珠江的干流。珠江的北江水系，以及西江的支流，有珠江流域的桂（漓）江、贺江、连江、武水、浈水等。

南岭山区多年平均水资源总量为 266.2 亿 m³，占广东、广西、湖南、江西 4 省（自治区）水资源总量的 3.7%（总量为 7177 亿 m³）。人均占有水资源量为 2079m³，低于全国平均水平（2210m³）。湘江流域水资源总量为 696 亿 m³，年平均产水模数为 81.6 万 m³/km²；赣江为 638 亿 m³，年平均产水模数为 76.4 万 m³/km²；北江为 432 亿 m³，年平均产水模数为 92.5 万 m³/km²；西江为 2300 亿 m³，年平均产水模数为 64.8 万 m³/km²；东江为 331 亿 m³，年平均产水模数为 92.9 万 m³/km²。

五、南岭山地动植物资源

南岭及岭南以及邻近地带，从化石孢粉组合分析所反映的只是干湿变化，保持了热带亚热带气候条件。在严寒的冰期，一些北方生物向南继续生长，原来生长于亚热带或热带的喜温生物也生长于更南方。间冰期气温回升，这些生物又向北方迁移，于第四纪冰川期间成为喜温生物的避难所，不仅影响欧亚大陆，同样对北美也产生密切的生物地理联系。南岭历史上位于东亚绿色走廊的一部分，至今还保存较为丰富的生物资源和较为完整的生物区系。我国华南热带地区在末次冰盛期（LGM）全球大降温背景下，热带植被消失，其地带性植被为亚热带常绿阔叶林（刘金陵、王伟铭，2004）。南岭山地植物区系较为古老，保存有种系较为贫乏的古老蕨类。从植物化石和孢粉的研究表明，南岭山区最早的微古植物化石出现在距今 6 亿年的震旦纪和寒武纪，古生代志留纪（距今 4 亿~4.4 亿年）的末期，南岭植物开始了一个新的发展阶段，由绿藻进化为第一批陆生植物——裸蕨；泥盆纪（距今 4 亿~3.5 亿年），早期裸蕨繁荣，中期蕨类出现，原始的裸子植物开始形成。石炭纪（距今 3.5 亿~2.85 亿年），真蕨、木本石松、芦木、种子蕨、科达树繁荣。二迭纪（距今 2.85 亿~2.3 亿年），裸子植物繁盛，木本石松、芦木、种子蕨、科达树衰落。中生代三迭纪（距今 2.3

亿～1.95 亿年），裸子植物进一步发展。侏罗纪（距今 1.95 亿～1.37 亿年），真蕨、苏铁、银杏和松柏类繁荣。白奎纪（距今 1.37 亿～0.67 亿年），被子植物大量出现。第三纪开始，南岭山地的被子植物迅速发展，形成茂密的森林。第四纪冰期使南岭以北喜温植物大量死亡，冰期结束，南岭保存下来的喜温植物向北扩展，对东亚温带植物群落产生重要的影响（庞雄飞，1993；杨龙 等，2017）。

南岭山地是我国亚热带植被类型比较复杂的地区，自山地的西段向东段，植被类型有逐渐复杂的趋势。亚热带典型常绿阔叶林是南岭山地的水平地带性植被类型，在中段和东段海拔 500～700m 以下的沟谷地区，常见有沟谷亚热带雨林（林英，1965），标志着其亚热带植被与热带植被的过渡特征，具有明显的垂直变化。丘陵低山常绿阔叶林分布于海拔 800m 以下山地；中山山地常绿阔叶林分布于海拔 800～1600m 中山山地中上部；在海拔 300～500m 以下的一些沟谷中，常见有小块的亚热带季风常绿阔叶林或其层片的发育；山地常绿落叶阔叶混交林分布于海拔 800～1400m 的中山山地上部；山地针叶阔叶混交林分布于海拔 1300～1800m 山地上部；在海拔 1200～1900m 以上的山顶和山脊上，分布有山顶矮林和灌丛草甸，地表常有一松软的苔藓层（陈涛 等，1994）。此外，还有毛竹（*Phyllostachys pubescens*）、苦竹（*Pleioblastus amarus*）、阔叶箬竹（*Indocalamus latifolius*）、南岭箭竹（*Sinarumdinaria basihirsuta*）等组成的竹林，片状散布于南岭山地的不同海拔高度。竹林是东亚亚热带常绿阔叶林中的特有层或层片，是特征性的植被类型。

南岭山区植物资源丰富，杨汝荣（2000）研究结果表明：南岭山区维管植物 271 科 1206 属 3262 种，属珍稀、濒危保护树种的 129 种，如国家一级保护植物银杉（*Cathaya argyrophylla*）、秃杉（*Taiwania flousiana*）、桫椤（*Alsophila spinulosa*）；二级保护植物（*Abies fabri*）、钟萼木（*Bretschneidera sinensis*）、观光木（*Tsoongiodendron odorum*）、银杏（*Ginkgo biloba*）、福建柏（*Fokienia hodginsii*）、香果树（*Emmenopterys henryi*）、伞花木（*Eurycorymbus cavaleriei*）、杜仲（*Eucommia ulmoides*）、篦子三尖杉（*Cephalotaxus oliver*）、木瓜红（*Rehderodendron macrocarpum*）、白豆杉（*Pseudotaxus chienii*）、鹅掌楸（*Liriodendron chinense*）、合柱金莲木（*Sinia rhodoleuca*）、金钱松（*Pseudolarix amabilis*）、粗榧（*Cephalotaxus sinensis*）、野茶树（*Camellia sinensis*）、马蹄参（*Diplopanax stachyanthus*）、胡桃（*Juglans regia*）、山蜡梅（*Chimonanthus nitens*）、水青树（*Tetracentron sinense*）等 20 多种；三级保护植物主要有沉水樟（*Cinnamomum micranthum*）、天竺桂（*Cinnamomum japonicum*）、穗花杉（*Amentotaxus argotaenia*）、长苞铁杉（*Tsuga longibracteata*）、华南椎（*Castanopsis concinna*）、华南五针松（*Pinus kwangtungensis*）、八角莲（*Dysosma versipellis*）、红色木莲（*Manglietia insignis*）、半枫荷（*Semiliquidambar cathayensis*）、瘿椒树（*Tapiscia sinensis*）、红楠（*Machilus thunbergii*）、绒毛润楠（*Machilus velutina*）、楠木（*Phoebe zhennan*）、木莲（*Manglietia fordiana*）、桂南木莲（*Manglietia chingii*）、乐东拟单性木莲（*Parakmeria lotungensis*）、银钟花（*Halesia macgregorii*）、东方古柯（*Erythroxylum sinensis*）、凹叶厚朴（*Magnolia officinalis*）等 30 多种。属南岭山区特有的珍贵树种有 15 种，如江南油杉（*Keteleeria cyclolepis*）、长苞铁杉（*Tsuga longibracteata*）、白桂木（*Artocarpus hypargyreus*）、乳源木莲（*Manglietia yuyuanensis*）、亮叶含笑（*Michelia fulgens*）、沉水樟（*Cinnamomum micranthum*）、香桂（*Cinnamomum subavenium*）、细柄阿丁枫（*Altingia chinensis*）、两广梭罗（*Reevesia thyrsoidea*）、毛花猕猴桃（*Actinidia eriantha*）、石笔木（*Tutcheria championi*）、木竹子（*Garcinia multiflora*）、贵定山柳（*Clethra cavaleriei*）等。陈涛等（1994）研究结果，南岭山地有 248 科 1184 属 3831 种 14 亚种 384 变种和 14 变型；其中蕨类植物约有 48 科 112 属 476 种，以亚热带分布科属为主，主要分布区类型为世界广布、热带分布、亚热带分布和温带分布；裸子植物 8 科 20 属 32 种，多数是地史早期残留下来的古老孑遗属种和中国特有成分；被子植物约 192 科 1052 属 3323 种，拥有亚热带至热带分布的表征科，如山茶科（Theaceae）、壳斗科（Fagaceae）、安息香科（Styracaceae）、樟科（Lauraceae）、大戟科（Euphorbiaceae）等，但缺乏专性的热带科，如棕榈科（Plmaceae）、露兜树科（Pandanaceae）等，主要分布区类型有：世界分布、热带分布、热带至温带分布、亚热带至热带分布、亚热带分布、亚热带至温带分布、温带至亚热带（高

山)分布、温带至热带分布、温带分布，以亚热带至热带分布类型的科数最多。

杨汝荣(2000)调查统计，南岭山区有两栖类38种，爬行类51种，鸟类约200种，兽类85种，共374种。其中，属国家一级保护动物的10种，有华南虎、金钱豹、云豹、梅花鹿、河鹿、黑鹿、黄腹角雉、红腹角雉、斑羚、苏门羚等。二级保护动物12种：有金猫、猕猴、小爪水獭、短尾猴、穿山甲、鹿、水鹿、毛冠鹿、水獭、白鹇、大鲵、蟒蛇等。三级保护动物2种：有大灵猫和小灵猫。在这些动物中不仅有很多古老成分，如大灵猫、小灵猫。杨龙等(2017)对广东南岭自然保护区调查结果表明：保护区内有脊椎动物555种，隶属31目100科339属，其中，兽类有9目25科71属98种；鸟类有14目41科155属261种；爬行类有2目13科49属94种；两栖类有2目7科20属44种；硬骨鱼类有4目14科44属58种。昆虫2233种，其中蝶类538种，蛾类1252种，鞘翅目昆虫584种。其中国家重点保护动物有金斑喙凤蝶、云豹、黄腹角雉、蟒蛇、短尾猴等74种，列入中国濒危动物红皮书的有华南虎、豹、金猫、三线闭壳龟、莽山烙铁头等82种。两者研究尺度不同、时间不同，后者范围小于前者，但种群高于前者，虽然结果有较大差异，总体上一致反映了南岭山区不仅具有丰富的植物资源，还有丰富的动物资源。

六、南岭山地在生态学研究中的特殊地位

1. 重要的地理分界线

南岭山地是南亚热带和中亚热带的分界线。南岭与秦岭相比，南岭的这5座山岭都不算高，平均海拔只有1000m左右，但是却足以对冷空气南下起到明显的阻挡作用，也直接决定了南北气候的差异。南岭北面的稻米作物只能两年五熟，对越冬气温相对要求不高的果木栽种较为普遍；但在岭南地区，稻米作物能一年三熟，龙眼、荔枝、菠萝、杧果等南亚热带水果栽种普遍，生长良好。

南岭山地是珠江流域和长江流域的分界线。在南岭南坡有12条比较大的河流汇入珠江，北坡有8条河流汇入长江。西端的越城岭山脉：北方是洞庭湖水系里的资江的东源夫夷水，南方是洞庭湖水系里的湘江在广西桂林市兴安县的源头，同时，越城岭山脉西南角的南方所在的兴安县和灵川县又是珠江水系里的西江在广西桂林市的几支的发源地。骑田岭为湘江支流耒水和珠江水系里的北江西源武水的分水岭。东端的大庾岭山脉是鄱阳湖水系里的赣江源头与珠江水系里的北江的分水岭。

2. 国际上重要的生物多样性保护中心

南岭山地为各种动植物的繁衍生息提供了理想环境，也是许多孑遗植物和温带动植物最南端的避难所，也是热带亚热带动植物的基因宝库，是中国具有国际意义的陆地生物多样性关键地区之一(陈灵芝，1993)和十大生物多样性热点地区之一(Tang et al.，2006)，属于生物多样性特丰产地(庞雄飞，1997)，也是原国家林业部与世界自然基金会选定的40处A级保护地点(李超荣 等，2012)。南岭山区已建立各种自然保护区21处，总面积约21.55万hm²。其中：有药用价值的植物1247种、油料植物260多种、芳香植物100多种、纤维植物60~70种、鞣料植物30多种、淀粉植物50多种、蜜源植物60多种、饮料植物20多种。在诸多植物中，属珍稀、濒危保护树种的129种。研究价值很高的木莲、南五味子等是第三纪古热带植物区系的直接后裔，水青树是第三纪的孑遗植物。具有历史渊源的木兰科、樟科、壳斗科、槭树科、杜鹃花科的一些种在南岭山区森林生态系统中占有主导地位。仅广东南岭国家级自然保护记录到的陆栖脊椎动物累计已达31目100科339属555种，占全国陆栖脊椎动物种数(2638种)的21%(杨龙 等，2017)。；国家I级重点保护动物10种，国家II级重点保护动物63种；国家性受危种(在中国物种红色名录中被列为极危、濒危、易危等级的物种)74种(汪松 等，2004)；国际性受危种(在国际自然保护联盟(IUCN)物种红色名录中被列为极危、濒危、易危等级的物种)30种；被列入《濒危野生动植物种国际贸易公约》(CITES)附录的有75种。截至2011年，南岭山地共建立了国家级自然保护区12处，国家森林公园22处，国

家湿地公园 3 处，国家级风景名胜区 2 处，世界文化自然遗产 1 处，国家地质公园 2 处，保护区域总面积达到 70.8 万 hm^2，占区域总面积的 10.5%，为开展生物多样性研究提供良好的研究场所。

3. 动植物区系价值

南岭的形成与 1 亿年以前特提斯洋俯冲和亚欧板块与加里曼丹地体的陆岛碰撞直接有关，属于华夏陆台、燕山运动所形成的一系列山脉。从植物化石和孢粉学研究中，南岭山地植物区系古老，属于泛北极植物区的中国、日本植物亚区的中国南部亚热带湿润森林植物区系，以亚热带、亚热带性以及热带性的区系成分为主，具有热带至亚热带过渡的性质。既有华夏植物区系的主要代表科，还拥有大量的古老、孑遗、原始和特有的华夏植物区系成分。此外，南岭东段与西段植被也存在差异，东段和中段山地以常绿阔叶林占绝对优势，常绿落叶阔叶混交林（原生型）所占面积很少，西段越城岭中山以上常绿落叶阔叶混交林分布面积大，温带区系的落叶阔叶树种类多；西段石灰岩植被分布面积大，植物区系受滇黔桂区系、中越区系影响较大，东段华南热带区系植物较丰富，且分布界线向北延伸。南岭山地的生物群落是与陆生生物进化和发展同步形成的，经历了近 4 亿年的长期地质演替。近年来不断发现古生代泥盆纪以来的植物化石和中生代白垩纪以来的脊椎动物化石，以及中国目前发现的最晚期的恐龙和恐龙蛋化石，位于南岭山地的南雄盆地有保存完好的白垩系—古近系界线剖面的地层层序，并含有丰富的恐龙蛋和古新世哺乳动物化石，是研究非海相白垩系—古近系界线和恐龙灭绝问题的重要区域。南岭山地植物区系类型丰富，以及在生物进化中具有特殊地位，是研究古生物学、进化生物学和植物地理的关键地区，对动植物区系研究具有重要的地位。

4. 生态系统和全球变化生态学价值

南岭山地由于古老的地质起源、复杂的地形地质地貌、多样的土壤类型以及优良的水热条件，孕育了高度多样化的生态系统类型。生态系统内各因子的相互作用关系到生态系统的安全。南岭山地不仅仅是重要流域分界线、气候分界线和地理分界线，还是国家重要的生态屏障。因此要发挥好其生态屏障作用，需要对水、气、土、生各生态要素进行长期的观测和研究（周国逸 等，2018）。南岭是《全国主体功能区划》中 8 个水源涵养型的生态功能区之一，区域内生态系统水源涵养量为 98.9 亿 m^3，其中森林生态系统水源涵养量 97.2 亿 m^3，草地生态系统水源涵养量 0.5 亿 m^3，湿地生态系统水源涵养量 1.2 亿 m^3。已有研究表明，有林地可暂时截留降水量的 60%~70%。加强南岭山区生态系统，尤其是森林生态系统的研究对保障国土安全具有重要的意义。有必要对南岭山地进行长期监测并重点开展常绿阔叶林生态系统结构、功能以及动态规律研究，常绿阔叶林生态系统结构和物质循环对区域环境变化的响应特征与机制研究，森林生态系统退化机理及生态恢复技术研究和示范。

由于南岭山地的阻挡作用，对南下冷空气的阻滞，使得冷季南岭两侧地域差异十分显著，南岭北坡冬季常有降雪、寒潮侵袭，时常形成冰凌、雨淞，使林木断梢，幼苗冻拔；而南坡冬季一般无雪，植物全年生长。在全球变化背景下，极端气象事件发生的强度和频度不断增加，如 2008 年、2011 年发生在南岭山区的特大雨雪冰冻灾害天气，1991 、1992 、1997 年赣江流域连遭 50 年和百年不遇的大旱和水灾，对当地经济、社会造成严重的损失。因此加强对该区域生态系统结构、功能以及动态规律研究的同时，更需加强生态系统对极端气象事件的研究，开展灾害致害机理、灾后恢复重建、灾害预警等方面的研究。

5. 生态文化价值

南岭山区群山之间有许多低谷和盆地，历来为南北交通要道。20 世纪 80 年代费孝通先生把中华民族聚居地区划分为"六大板块"（北部草原区、东北高山森林区、青藏高原区、云贵高原区、沿海区、中原区）和"三大走廊"（西北走廊、藏彝走廊、南岭走廊），板块之间以走廊相连接（王元林，

2006)。费孝通先生提出的民族学上的"南岭走廊",是广义的南岭,除狭义的南岭区域外,还包括武夷山区南端、赣南山区、粤北山区、湘南山区、桂东北山区、桂北—黔南喀斯特区、滇东高原山区,东连闽粤沿海,西接横断山脉("藏彝走廊"区域)及东南亚山区等地(麻国庆,2013)。南岭走廊是我国中南和西南民族交流的重要地区,也是我国中南民族与部分西南民族的交汇和融合的地区。

"南岭无山不有瑶",瑶族被认为是南岭走廊众多少数民族中的"中心"。长期以来,瑶族人民的生产生活对其所处的生态环境具有很强的依赖性,逐渐形成了地方性生态知识和环境伦理(梁安,2011;李晓明和贺璇,2012)。第一,天人一体的宇宙观。人与自然同母同源。这种认识和思想是瑶族人民关于人与自然共生共存、和谐相处等环境伦理思想的生动体现,他们对动植物充满畏惧、好奇和崇敬之心,因而非常注意保护他们所赖以生存的生态环境。这在客观上起到了保护南岭瑶山自然生态环境的积极作用。第二,"均衡和谐"的环境观。瑶族"食过一山,又徙一山"的独特"游耕"生计方式,是为维持一定的生活水平而理性地选择的一种生产方式。瑶族人民为了保持自然生态的平衡,形成了许多"山规禁约",如:从每年三月开始,瑶族对青山与溪流实行多种封禁,在封禁区入口挂上"草标"。南岭瑶山各村寨几乎都有春夏季节封山、封滩,禁伐、禁渔、禁牧,以便育林、休渔、育草的习俗,在某种程度上,体现了瑶族人民朴素的生态环境保护智慧。第三,"万物有灵"的信仰。南岭瑶族认为万物有灵,山有山神、水有水神、家有家神、树有树神、土有土地神,世间万物各有其神灵掌管,人力无法抗拒的,人们只有顺从它们、敬奉它们,才能得到它们的体谅、恩赐和保护。他们把自然化为神,是对人与自然关系的朴素理解。第四,"自给自足"的生存理念。除平地瑶外,大多数瑶族过着靠山吃山、勤劳俭朴的生活。过山瑶男女终日耕作在大山深处,平地瑶终年忙碌在田间地头。

虽然科技的进步,正改变人们的生活方式,但南岭瑶族"天人一体"的宇宙观、"均衡和谐"的环境观、"万物有灵"的信仰和"自给自足"的生存理念,对南岭瑶山自然资源与生态环境的保护起着重要的作用,对现代社会仍有很好的借鉴意义。借鉴瑶族人民利用自然、保护自然、补偿自然,按自然规律办事,与自然和谐相处。

虽然国家和地方对南岭山地在社会、经济、生态文明建设等方面的作用给予重视,但仍然存在森林质量不高、林地生产力低、水土流失严重、石漠化和沙化加剧、自然灾害频发、矿区开采对地表和植被破坏加剧、生物多样性减少等问题,故此生态保护和建设显得尤为必要和迫切(李恒凯等,2017)。南岭山地复杂地貌下独特的地质构造格局与丰富而特有的矿质元素在高强度的水热环境驱动下必然与多样化且高生产力的生物群落相互作用,产生垂直方向上高通量的物质迁移,其优势为开展关键带科学(近年来提出的一门交叉学科)综合研究提供了理想场所(周国逸等,2018),同时也是解决南岭山区生态问题的有效方法。需要古生物学、进化生物学、生物群落学、生态系统生态学、自然地理学、生物地层学、古地磁学、沉积学、地球化学、社会学、经济学等跨学科和多学科的综合研究支撑。

第三章　2008 年雨雪冰冻灾害的成因

2008 年初我国南方广大地区出现了历史罕见的持续低温雨雪冰冻天气，造成了极其严重的冰冻灾害，该次特大雨雪冰冻灾害天气过程的影响范围很大，主要受灾区域自西向东包括西南、华南、华中及江南地区，灾害期间各地出现的天气现象十分复杂，包括冻雨、冻雾、雨夹雪、暴雪等。受灾地区西段即云贵高原及周边地区包括贵州全省、湖南西部以及云南东北部、广西北部，主要是由于冻雨、湿雪造成的凝冻灾害；而湖南以东的湖北、江西、安徽、浙江等长江中下游地区，除降雨外普降暴雪，主要是以雪灾为代表的冰冻灾害。正是因为灾害期间各地出现的天气现象十分复杂，故中国气象局将该次特大灾害天气过程统称为"低温雨雪冰冻天气"。

对于这次雨雪冰冻灾害，各界学者都纷纷关注，并对灾害过程中各项数据分析、各种环流特征和天气动力因素进行了详细的分析，在定量评估低温雨雪冰冻灾害、建立低温雨雪综合过程指数计算模型、日极端气温对冰冻强度的重要影响、南方低温雨雪天气成因分析等多方面取得了进展，为我国南方地区低温雨雪天气防灾、减灾工作提供了理论基础和科学依据。

第一节　产生极端气候现象的主要因素

在中国气象局编定的《地面气象观测规范》中，将可观测到的物理现象分为降水现象、地面凝结现象、视程障碍现象、雷电现象和其他现象等 5 类计 34 种。这些天气的起因是由于地球自身气候现象所造成的，产生常见的气候现象的主要原因有以下几类：

一、厄尔尼诺与拉尼娜现象

厄尔尼诺和拉尼娜是对考虑天气影响最为重要的环节。厄尔尼诺现象就是西班牙语的 El Nino，译为"圣婴"。19 世纪初，在南美洲的厄瓜多尔、秘鲁等西班牙语系的国家，每隔几年，从 10 月至翌年的 3 月便会出现一股沿海岸南移的暖流，使表层海水温度明显升高。南美洲的太平洋东岸本来盛行的是秘鲁寒流，随着寒流移动的鱼群使秘鲁渔场成为世界三大渔场之一，但这股暖流一出现，性喜冷水的鱼类就会大量死亡，使渔民们遭受灭顶之灾。由于这种现象最严重时往往在圣诞节前后，于是遭受天灾而又无可奈何的渔民将其称为上帝之子——圣婴，用以理解厄尔尼诺现象的出现是上帝的旨意。热带太平洋区域的季风洋流是从美洲走向亚洲，使太平洋表面保持温暖，给印度尼西亚周围带来热带降雨。后来，在科学上"El Nino"词语用于表示在秘鲁和厄瓜多尔附近几千公里的东太平洋海面温度的异常增暖现象。当这种现象发生时，大范围的海水温度可比常年高出 3~6℃。太平洋广大水域的水温升高，改变了传统的赤道洋流和东南信风，导致全球性的气候反常。厄尔尼诺事件，每隔 3~5 年出现一次，或者以时间尺度为 3 年量级的周期变化振荡及其具有 2~10 年宽度的谱峰。

而另一种现象与之相反，叫做拉尼娜现象，也就是西班牙语的"La Nino"，译为"圣女"。拉尼娜现象出现时，会明显加强该地区的气候特征，如果将太平洋比作一个巨大水池，由于地球自转和赤道效应，赤道附近的信风通常由东向西吹，就像我们向茶杯吹气一样，赤道信风十分强劲，以至于印度尼西亚附近海平面通常比秘鲁高半米，海面上被太阳加热过的水向西移动后，东部深海里的冷水将会上升，形成西暖东寒的局面。如果东南信风的风势减弱，引起南赤道暖流减弱，温暖的水正好停留在南美洲海岸的附近，那么西太平洋温度就会下降，东太平洋的温度就会升高，我们称其为厄尔尼诺现象。相反，如果赤道信风吹得更厉害，温暖的水大量往西流动，那么西太平洋温度就会比正常情况更高，东太平洋的温度就会更低，我们称其为拉尼娜现象。

厄尔尼诺现象产生的因果链由太阳黑子、大气环流、火山爆发、行星运动、天文周期、大气角动量、地壳运动等多种因素构成，产生时通常包含着巨大能量。1997年的厄尔尼诺给东太平洋带去了35兆兆亿焦耳的能量，这相当于16万t炸弹，是地球上一年中所有人使用的能量的100倍，是灭绝恐龙陨石能量的1/14。当如此巨大的能量发生在大气中时，就会对世界产生巨大影响。1997—1998年北半球冬天的厄尔尼诺现象是有记录以来最强的，秘鲁、加利福尼亚的雨水和泥石流造成数十人死亡，数千人无家可归。肯尼亚的年降雨量比正常情况下高1016mm，在太平洋的另一侧，印度尼西亚遭受了严重的干旱，蒙古的气温达到60℃。虽然厄尔尼诺现象通常伴随着大西洋飓风的减少，但这可能意味着太平洋地区的风暴越来越多。

典型厄尔尼诺事件会对我国降水产生巨大影响，通常是将一个地区的气候特征给打乱，即该是多雨的季节或地区雨水却明显偏少，该是低温的季节或地区温度却异常地偏高。研究表明厄尔尼诺年春季除黄河、海河外，长江、淮河、珠江、松辽、太湖及浙闽等大部分流域降水偏多几率高，特别是1992、2010和2016年，长江、太湖及浙闽地区降水偏多2~6成；夏季长江、黄河、海河、辽河及浙闽流域降水偏多的几率较高，特别是1998、2010和2016年，长江流域、海河流域以及辽河流域降水偏多1~4成。南方易发生早春汛，根据典型厄尔尼诺事件结束年春夏两季洪水事件统计，结果表明南方地区均发生了不同程度的早春汛，其中长江中下游地区两湖水系、闽江等河流均发生过较大洪水，如1998年3月上旬洞庭湖水系湘江、鄱阳湖水系赣江均发生了历史同期最大洪水；夏季长江、松辽、西江以及闽江等流域经常发生流域性或区域性大洪水，其中长江、西江及闽江均发生了流域性大洪水，如1998年夏季长江发生了全流域性大洪水，西江和闽江发生了特大洪水；2016年长江发生2次编号洪水、太湖发生了1954年有记录以来历史第2高水位的流域性特大洪水、海河流域南系发生了1996年以来最大洪水(李磊 等，2019)

但拉尼娜并非如此，它不会扭曲某个地区的气候特征，但是会明显加强该地区的气候特征。研究表明：拉尼娜的到来会改变由于厄尔尼诺造成的许多反常气候，起着与厄尔尼诺大致相反的作用，与台风(飓风)、大暴雨和严寒关系密切。如，拉尼娜年使美国沿海受到两次或两次以上飓风袭击的可能性上升到66%，而在厄尔尼诺年这种可能性仅有28%；澳大利亚东部可能发生洪水；南美洲和非洲东部地区可能出现干旱；南亚会出现猛烈的季风雨；英国的气温会降低，大西洋西岸会提前出现大范围的暴雨和大雪，并使这一地区主要产粮地遭受破坏性旱灾。拉尼娜对我国气候的影响也是全方位的。具体地说，拉尼娜期间，我国的雨带会往北移动，尤其是秋冬季节北方雨水会偏多，气温会偏低；台风活动及登陆我国东南部地区的几率增大，会出现东部地区大面积的洪涝灾害(骆高远，2000)。

二、大气环流

大气环流是指具有世界范围内的大气运行现象，其水平尺度在数千千米以上，垂直尺度在10km以上，时间尺度在数天以上。大气环流是形成各种气候类型和天气变化的主要因素，是大气中热量、水汽等输送和交换的重要方式。太阳辐射、地球自转、海陆分布和地形差异等是大气环流形成和维持的因子。大气环流的表现形式有行星风系、季风环流、海陆风、山谷风等，通常人们说的大气环流指的是行星风系。

地球有7个气压带，分别为2个极地高气压带、2个副极地低气压带、2个副热带高气压带、1

个赤道低气压带；6个风带，分别为2个极地东风、2个盛行西风、1个东北信风、1个东南信风。以北半球为例，赤道附近接受的太阳辐射最多，近地面空气受热膨胀上升，气压降低。这样在赤道附近就形成了赤道低气压带。赤道地区上升的暖空气，在气压梯度力的作用下，在赤道上空向北流向北极上空，形成南风。受地转偏向力的影响，南风逐渐向右偏转成西南风。最后，在30°N附近上空时偏转成了西风。这样，来自赤道上空的气流在这里不断地堆积下沉，使近地面气压升高，形成副热带高气压带。从副热带高气压带流出的气流，向南的一支流向赤道低气压带，在地转偏向力的影响下，北风逐渐右偏成东北风，成为东北信风。这样，在赤道与30°N之间，形成一个低纬度环流圈。不同的风带天气的气候特征也不同。信风带控制地区风向、风力几乎常年稳定，风力一般为3~4级，最大不超过5级，天气一般比较干燥晴朗，能见度良好；北半球西风带地区由于海陆分布和地形差异等因素影响，西风带内多锋面和气旋活动，风向、风力多变，经常有大风、云雨天气，冬季大洋西北部这种天气更为突出。在南半球因海洋广大，西风带内风向较稳定，风力强，古称咆哮西风带；在北半球东北信风和南半球的东南信风在赤道地区辐合，产生上升气流，这里风力微弱，称为赤道无风带。在赤道无风带中，气温高，湿度大，对流旺盛，天空多对流云，夜间常有阵雨或雷雨，降雨时能见度不高；在纬度30°~35°副热带高压东西向脊线两侧，微风和静风频率高，气流下沉增温，天气晴朗、温暖，成为副热带无风带，在国外又称为"马纬度"；极地东风带气候偏冷少云偏东风。

季风环流是由海陆热力差异引起的风向随季节明显改变的大气环流，全球海陆季风最强的区域多在热带和副热带海陆热力差异最明显的地区，主要分布在南亚、东亚、东南亚和赤道非洲，此外，在大洋洲、北美东南沿岸、巴西东部沿海也有一些季风。在亚洲东部，世界最大的海洋——太平洋与世界最大的大陆——亚欧大陆之间巨大的海陆热力差异，导致冬季和夏季海陆气压分布的季节变化，形成了世界上最典型的季风。冬季陆地比海洋温度低，大陆气压高于海洋，气压梯度力自大陆指向海洋，风从大陆吹向海洋；夏季则相反，陆地很快变暖，海洋相对较冷，气压陆地低于海

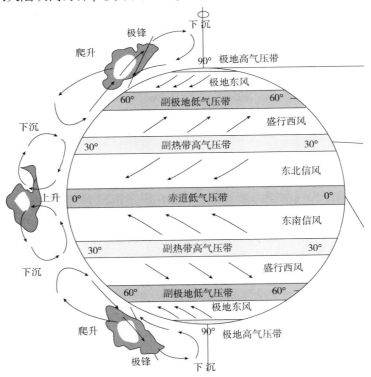

图3-1 全球气压带分布示意图
Fig. 3-1 Sketch map of global pressure band distribution

洋，气压梯度力由海洋指向大陆，风从海洋吹向大陆。我国青藏高原面积广阔，占我国陆地面积的1/4，平均海拔在4000m以上，对周围地区产生明显的热力作用和动力作用。在冬季，高原上温度较低，周围大气温度较高，这样形成下沉气流，从而加强了地面高压系统，使冬季风增强；在夏季，高原相对于周围自由大气是一个热源，加强了高原周围地区系统，使夏季风得到加强。另外，在夏季，西南季风由孟加拉湾向北推进时，沿着青藏高原东部的南北走向的横断山脉流向我国的西南地区。

三、太阳黑子

太阳黑子的活动对气候产生重要影响，在黑子活动11周年的谷峰期，一些地区会明显产生干旱或洪涝灾害，此外近11年、22年、33年和83年左右的10年尺度的活动周期也会对气候变化产生巨大影响（赵娟和韩延本，2002）。我国史书上有着丰富的黑子目视记录，仅正史上就有100多次。现在公认的世界第一次明确的黑子记录是公元前28年我国汉朝人所观测到的。在《汉书·五行志》里记载："成帝河平元年三月乙未，日出黄，有黑气，大如钱，居日中央"。太阳活动影响欧亚地区产生极端气温的两个主要地方，分别是西西伯利亚和中国南方地区。在太阳活动峰值（谷值）产生后1年时间里，西西伯利亚地区极端暖事件增多（减少）而极端冷事件减少（增多），极端冷暖事件频率之和变化不大。而在东亚，尤其是中国南方地区，在滞后太阳活动峰值（谷值）年1年时，极端气温事件总频率显著减少（增多），其中极端冷事件的减少（增多）更为显著（马鹤翟，2018）。

第二节　冰雪灾害定义及特征

一、冰雪灾害定义

冰雪灾害，是指日最高温度小于等于1℃，地表温度持续低且持续天数大于等于6天，长时间大量降冻雨或降雪造成大范围积雪结冰成灾的自然现象，冰雪灾害是低温潮湿气候下空气中的冷雨滴、雾滴和湿雪在地面物体表面凝结成冰而造成的灾害，形成过程中有液态水向固态冰转换的过程。冰冻是一个比较宽泛的概念，广义上讲冬季冰天雪地、河面冻结叫做冰冻。覆冰机制通常在−10℃产生雾凇、3℃产生雨凇、0~1℃产生湿雪，进而产生冰雪灾害。我国南方地区与北方地区由于气候原因，有很大差异。北方冬季寒冷干燥，主要的降水形式是降雪，降雪到达地面然后囤积，很难造成大的灾害；而南方天气潮湿、环境温度较高，很难达到0℃以下，造成冰冻的主要是雨凇、雾凇以及雨雾或雨夹雪，在这种环境下，空气中冷雨滴或者雨夹雪在降落地面物体表面凝附冻结或在物体上覆冰，其在性质上与北方地区形成的冰冻现象有很大不同。此外，南方山区气候复杂、地形特殊，多种覆冰机制可能交替出现，导致更为严重的冰雪灾害。历史上，我国贵州省是冰雪灾害发生最为频繁、严重的地区。在2008年初南方特大冰雪灾害出现时，受灾地区涵盖西南、华南、华中和江南地区，不同地区主要产生的天气现象也不相同：贵州、湖南西部、云南东北部、广西北部位置所处云贵高原天气主要以冻雨和湿雪造成冰冻灾害；湖北、江西、安徽、浙江等位处长江中下游的天气主要为降雨和降暴雪。

严重的冰雪灾害会导致输电线路损坏、建筑物倒塌、农林植物大量死亡，造成交通、农业、电力、林业直接经济损失，并伴随后续效应对多领域产生巨大间接影响。我国属于季风大陆性气候，冬季春季气候变化大，发生冰雪灾害较为频繁。由于全球气候变化，精准地提前预测冰雪灾害较为困难，导致我国财产和基础建设损失严重。我国东起渤海，西至帕米尔高原；南自高黎贡山，北抵漠河，在纵横数千公里的国土上，每年都受到不同程度冰雪灾害的危害。历史上我国的冰雪灾害数不胜数。1951年至今我国出现范围大、影响严重的冰雪灾害有数十次。

二、2008年雨雪冰冻灾害的特征

2008年，我国遭遇了前所未有的自然灾害，暴雪和降温席卷而来，损失惨重，尤其是南方地区造成严重的冰冻灾害，城市供电受到不同程度的影响，部分地区电力设施受灾损坏极其严重；对林业发展造成了巨大的经济损失，其中严重的是造成森林生态系统功能的严重退化或丧失，大量野生动物死亡，大牲畜死亡，对于交通运输的影响会造成路面封冻，导致道路交通受阻、车辆拥堵和人员滞留现象；冰冻灾害给我国经济带来了巨大的损失，据数据显示高达1100亿元以上，其范围之广、持续时间之长、影响程度之深十分罕见。具体特征如下（王颖 等，2008；陈百炼 等，2020）：

1. 灾害面积范围大、持续时间长

2008年1月初南方持续的雨雪冰冻灾害大致可分为4个阶段，第一个阶段（1月10～16日）：在冷空气影响下，长江中下游及以北地区先后出现降雨、雨夹雪转降雪天气，13日在湖南中南部、贵州西部和南部出现冻雨。第二个阶段（1月18～22日）：雨雪范围增大，长江中下游地区出现大到暴雪，安徽南部、湖南大部、贵州全省和广西东北部继续出现冻雨。第三个阶段（1月24～29日）：暴雪和冻雨最强，河南、湖北、山东、江苏、浙江均出现大到暴雪，贵州、湖南、江西大部冻雨灾害异常严重，广西、广东和福建部分地区出现雨雪冰冻天气。第四个阶段（1月31日至2月2日）：降水主要位于江南、华南，浙江、江西部分地区出现暴雪，贵州、湖南、江西等地冻雨持续（王颖 等，2008）。冻雨最初在河南地区发生，然后向湖南方向延伸，至1月28日，江南北部和江淮地区均出现了较强的暴雨天气。

2. 降水量大

2008年1月10日至2月2日，我国南方大部分地区降水严重，主要集中在江淮、江汉东部和华南等地，降水量为50～180mm，雨雪降水量排历史同期第三。其中部分省份降水量达1951年来最大值，如四川、陕西、甘肃和青海。湖北地区最大积雪可达27cm，安徽省、江苏省部分地区降雪持续时间为历史最长，积雪深度也破历史记录。四川东部、重庆、贵州、湖南、湖北等地降水量相对较少。

通过2008年1月26～28日沿110°E的剖面图分析，可知水汽沿着锋面爬升，中心均位于对流层中低层。由1月26～28日（图3-2），水汽聚集在500～800hPa之间。垂直方向上有两个水汽通量中心，分别位于1000～900hPa和800～600hPa。通过对水汽通量散度分析，水汽通量散度辐合中心由北向南随高度增加而增加，且辐合主要在600hPa以下，表现为低层水汽辐合，高层水汽辐散，水汽通量中心与水汽通量散度辐合中心吻合。2008年1月水汽通量散度辐合中心由南向北可延伸至32°N，这样的水汽分布有利于水汽的垂直输送，产生强降水（图3-3）（胡钰玲 等，2017）。

3. 温度低

研究表明2008年1月10日至2月2日湖北、湖南、贵州和广西大部分地区的气温低于往年同期约4℃，安徽、江西、浙江、江苏、广州等地相比往年同期气温低2℃。贵州、江苏、山东温度达到近50年最低，河南、陕西、甘肃、青海地区为近百年来最低。

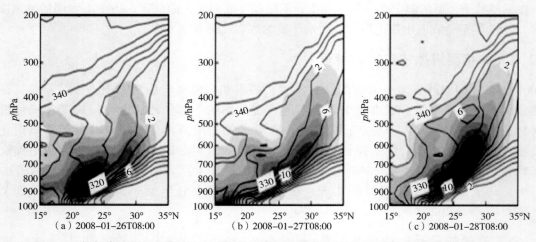

图 3-2　假相当位温（实线）沿 110°E 的垂直剖面和水汽通量（阴影）（胡钰玲 等，2017）

Fig. 3-2　**Vertical cross section of thepsendo temperature（solid）and moisture flux（shaded） along 110°E at 08：00 on 26th（a），27th（b），28th（c）January，2008**

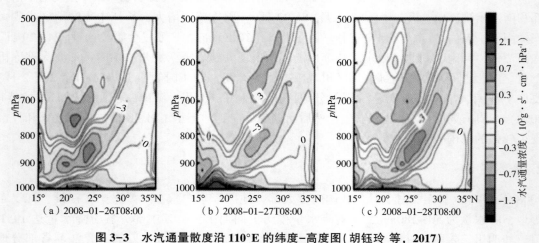

图 3-3　水汽通量散度沿 110°E 的纬度-高度图（胡钰玲 等，2017）

Fig. 3-3　**Latitude-altitude sections of the moisture flux divergence along 110 °E at 08：00 on 26th（a），27th（b），28th（c）January，2008**

4. 冰厚度大，积雪厚度深

在广阔的降水区，雨水以降雪、冻雨、雪淞、降雨等多种形式在不同省份发生，例如在湖南、贵州的部分地区冻雨和雪交替发生，在江苏则以降水的方式。冰雪灾害波及 21 个省（自治区、直辖市），自 1 月 10 日至 2 月 2 日，大部分南方地区基础建设处于瘫痪状态。交通运输、农业生产、通讯设备、电力网络，都面临巨大考验，受灾人群生活物资无法运送，无法与外界联系，人民遭受重大生命和财产威胁。其中贵州省电线等基础设施损害严重，结冰厚度自记录气象数据以来最低，省内 49 个县（市）的冰雪灾害持续时间突破了历史记录；江西省 60 多个县市出现了冻雨天气，是自 1959 年记录气象数据以来最严重的一次，冻雨持续时间同样也破了历史记录。

第三节　2008年雨雪冰冻灾害成因

2008年发生的冰雪灾害，成因复杂，过程中形成了异常且稳定的环流，多种气候因素相互作用促成了历史罕见的冻雨灾害。经各界学者分析，从行星尺度与中尺度天气系统、动力与热力情况、上升运动与水汽辐合等多元素相结合，造成了此次强度大、范围广、持续时间长的低温雨雪天气。文献研究将灾害的成因主要归结为以下几点：稳定的中高纬阻塞异常，西太平洋副热带高压位置偏北，活跃的南支槽活动携带充沛雨水，从低层到中层的不同层次辐合产生降水，华南准静止锋波动，锋面逆温层产生冻雨等。自2007年8月，赤道中东太平洋海温进入拉尼娜状态后迅速发展，至2008年1月，已连续6个月海表温度较常年同期偏低0.5℃以上，且1月热带太平洋海温综合指数为-1.52℃，成为此次事件截至1月的峰值。从表3-1历次拉尼娜事件统计可以看到，此次事件前6个月赤道中东太平洋海表温度（SSTa）较常年同期平均偏低1.2℃（高辉 等，2008）。1951年有资料记录以来历次拉尼娜事件前6个月平均强度之最。2008年初冰雪灾害就是一次由于较强拉尼娜引发的现象。

表3-1　1951年至今历次拉尼娜事件开始时间(年/月)及前6个月平均热带太平洋海温综合指数(℃)（高辉 等，2008）
Tab. 3-1　All La Nina events start time（Year/Month）and average NINO Z index inthe first 6 months from 1951 to the present

拉尼娜事件开始时间	1954/04	1962/09	1964/03	1967/08	1970/06	1973/05
前6个月 SSTa 平均	-0.88	-0.58	-0.83	-0.64	-1.03	-0.94
拉尼娜事件开始时间	1974/09	1984/1	1988/04	1995/09	1998/09	2007/08
前6个月 SSTa 平均	-0.69	-0.8	-1.11	-0.59	-0.97	-1.2

SSTa：赤道中东太平洋海表温度。

通过以上几点分析此次灾害的主要成因：

一、西太平洋副热带高压位置偏北

我国冰雪灾害发生时西太平洋副热带高压位置比平时更加偏北，西太平洋副高压呈带状维持在南海附近，2008年1月，西太平洋副热带高压脊线位置平均达到17°N，为1951年以来之最，远远高于多年平均的13°N。副高压脊线只有2天位于13°N以南（高辉，2008）。我国东南沿海的暖高压脊稳定少变，并与南海副高压脊叠加，形成明显的"东高西低"形势。1月10日8：00至2月1日20：00，成都与汉口三层高度差之和除15日8：00和17日8：00ΔH＝4位势什米外，其他时间ΔH≤2位势什米，且多数为负值，14日20：00最大高度差ΔH＝-18位势什米。表明在整个雨雪天气期间，我国中东部地区暖高压脊稳定，强度偏强；高原东部高度明显偏低，多低槽（低涡）环流发展。这种环流异常型持续日数达20天以上，是多年平均出现日数的3倍多，为1951年以来该环流型持续日数最长的一次。在这样的环流形势下，冷空气从西伯利亚地区连续不断自西北方向沿河西走廊南下入侵我国，有利于西南低涡和切变线的形成；有利于南支槽前西南气流和沿海脊后西南气流的进一步加大，动力抬升作用的加强。为我国自北向南出现大范围低温、雨雪、冻害天气提供了冷空气活动条件（邹西和，2008）。东南沿海高压与西北方向的冷空气交汇，使得西太平洋温暖湿润的空气源源不断地向我国华南等地运输，最终在长江中下游地区产生降雨。

二、大气环流异常

乌拉尔山以东经线方向形成的阻塞高压十分明显，在中高纬地区，300hPa上的环流显示，乌拉尔山阻塞高压和阿留申低压异常稳定，属于单阻型，大气环流表现为两槽一脊形式，在脊前不断有冷涡生成，槽后脊前冷空气频繁东移南下，亚洲地区有两股高空急流在移动，北支方向上的急流自北冰洋的新低岛开始向东南延伸到日本，而南支急流在里海切断低压的南侧，从地中海地区向东延伸到135°E的大气上空，并与北支急流会合。500hPa上环流显示乌拉尔阻塞高压线将西风阻挡为两个方向，其中一个分支向北极延伸，途经巴尔喀什湖和鄂霍茨克海及蒙古地带，在此处稳定的环流条件下，西北气流不断分裂低槽，携带大量西伯利亚冷空气，这些寒冷气流进入了塔里木盆地，没有了山地的遮挡，可以直接向中国东部侵袭，从蒙古南下回到我国南部。再进入我国东部和南部后受到横断山脉、南岭和乌蒙山脉的阻挡，聚集在长江中下游区域。经各地统计的资料，湖南、贵州于第一阶段(1月12日)开始并基本一直持续低温雨雪天气；第二阶段(18~22日)，雨雪区范围扩大，湖北、江西、安徽、江苏出现雨雪天气；第三阶段(25~29日)出现了强度最大、范围最广的一次强降雪，天气环境与气流行径相符。

另外一个分支途经孟加拉湾为雨雪天气带来了充足的降水。南支低槽活动频繁，孟加拉湾地区的西南气流异常活跃，低槽稳定少变，高原南支低槽活动频繁。受乌拉尔阻塞高压线影响的一部分西风向南延伸，途经帕米尔山脉和喜马拉雅山脉，携带孟加拉湾充足的水汽向我国华南地区移动，在我国中东地区700hPa左右高空形成风速达20m/s的气流，为雨雪天气提供了充足的水源，在遇到副热带高压后形成降雨。

三、充足的水汽运输

持续的强降水的产生必须有急流的辅助和充足的水汽运输。在第三阶段(1月25~29日)存在急流自南向北倾斜向上并长期保持，这种现象在梅雨季节也同时存在，但此次现象坡度要远远小于以往。有相关数据表明，从急流850hPa到200hPa，每层都存在急流区，其中850hPa高度的急流中心速度达到16m/s。与2007年梅雨季节典型特征相对比，往年急流明显存在于700hPa以下的中低层和高层200hPa，在500hPa的中层不明显，此现象说明梅雨季节通常水汽来源是在大气底层，而2008年1月雨雪天气水汽运输在多个地区不同的层次。在850hPa水汽通量图上，20°N至25°N存在水汽输送通道，水汽的源头是来自南海，中心值约为0.18g/(cm·s·hPa)，在700hPa和500hPa水汽通量图上，水汽通道北侧分别达到28°N和32°N，由来自孟加拉湾和南海的水汽构成，并在广西地区集结，然后驶入江南。中心值约为0.21g/(cm·s·hPa)和0.12g/(cm·s·hPa)，各层次的水汽通量在一个数量级上(俞剑蔚 等，2008)。与梅雨期不同的是，500hPa以上水汽量迅速减小，水汽范围包含低层、中层。从水汽通量散度来看，辐合中心呈自南向北倾斜，850hPa的辐合中心在20°N至25°N的两广地区，对应区域的降水类型是雨；700hPa和500hPa的辐合中心位置比较一致的在25°N至30°N的长江中下游地区，该地区对应的降水类型是冻雨和降雪。因此得出结论，此次降雪的水汽输送带是在南向北沿着锋面上升，两广地区的水汽来源是通过低层的水汽辐合，不同于江苏、安徽、湖北等地的水汽，是来自于中层的水汽辐合。

此次雨雪天气降水远大于往常，这也是导致此次降雪过程的强度和范围大的重要原因。根据前人总结的数据统计和结论，得出四次降雪的水汽来源和降雪停止的原因。计算垂直积分的水汽通量，设在p坐标系中单位时间内通过垂直于风向整层大气柱的面积上总的水汽通量为Q[单位：kg/(m·s)]，则有

$$Q_x = -\frac{1}{g}\int_{p_s}^{P_{top}} qudp \qquad Q_y = -\frac{1}{g}\int_{p_s}^{P_{top}} qudp \qquad (1)$$

其中：p_s 为地面气压；p_{top} 为大气柱柱顶气压(取为200hPa)；q 为比湿(单位：kg/kg)；g 为重力加速度(取为9.8m/s^2)。

根据(1)式定义，绘制四次降雪灾害过程整层积分水汽通(图3-4)，可见此次雨雪冰冻灾害的

四次过程的水汽来源是阿拉伯海、孟加拉湾和西北太平洋，但就不同过程而言水汽的来源存在差异。（a）（b）可见1月10~22日的前两次过程的水汽主要来源于阿拉伯海沿西风带东传的水汽。（c）可见第三次过程的水汽的来源主要是西北太平洋，水汽输送主要由副热带高压决定，副高压南侧的东风转向输送通过一个反气旋式的水汽输送形式将西北太平洋的水汽卷入我国华东，给这次降雪过程提供了良好的水汽条件。此外，也有部分阿拉伯海和孟加拉湾的水汽输入，这次水汽输送也是四次过程中最强的一次。（d）中显示第四次过程的水汽输送主要来自西北太平洋。从水汽输送量上看要少于第三次过程。可见水汽输送的最终减少是导致持续性降雪最后消亡的原因之一（王颖 等，2008）。

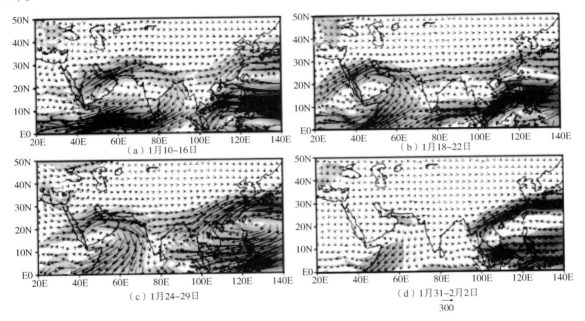

图3-4 雨雪冰冻灾害期间的大尺度水汽输送场分布（王颖 等，2008）

单位：kg/（m·s）阴影区表示水汽输送大于200kg/（m·s）

Fig. 3-4 Distribution of large-scale Water Vapor Transportation Field during snow and

rain freezing disaster, unit: kg/（m·s）

四、准静止锋波动

华南准静止锋波动是当地降水的直接原因，静止锋锋区宽广，坡度小，温度梯度适中，中低层有锋面逆温，南方强烈的温暖湿润气流在坡上缓慢爬升，形成稳定持久的降水。对2008年1月27日20：00大气层环流数据进行分析，由地面到高空200hPa上高空急流区中心位处于长江中下游地区，高空辐散中心处在急流入口区的右侧；700hPa在江淮之间存在明显的辐合线；850hPa的切变线位置在降水区北侧边界附近。从孟加拉湾到长江中下游地区近地面气流活跃，水汽通量辐合区及切变线与降水区吻合（俞剑蔚 等，2008）。

黄淮地区上空东西方向上等温线密集，显示存在高空锋区，在20~30°N，70~80°E范围内的中印接壤区存在南支槽，我国江南华南等地受槽前气流的控制。而我国贵州、湖南、江西、浙江等地处于地面2m温度零线以北，但是850hPa和700hPa温度零线向北偏移，表明在700hPa和距地面2m温度零线间大气中存在冷垫和暖盖的存在，与由南向北以降雪、冻雨、降雪不同类型的地区特点相吻合，冻雨主要发生在850hPa切变线西侧，而东侧主要为降雪。

1. 热力特征

从天气系统分析，产生和维持降水的条件不仅需要充分的水汽和水汽运输，还必须具备一定的能量，大气底层增温增湿导致大气结构能量不稳定，为降水提供了恰到好处的能量条件。华南准静止锋的稳定是南方地区低温雨雪天气重要因素，如果准静止锋发生波动，则会引起一次次强降雨降雪的过程。2008 年低温雨雪冰冻时期，总计有 4 次冷暖气团对峙，锋面平缓，准静止锋稳定，主要锋区上空区域存在大量多层锋区（刘漩 等，2019）。副热带高空气流在加强过程中，水平风向下延伸，使得低空急流获得加强。研究分析灾害最严重的第三次降雪（1 月 25～29 日），100°E～120°E 平均锋区强度（T20°N～T30°N）的时间－高度图，发现锋区最强中心均位于 700hPa 以下（胡钰玲 等，2017），10 个纬度内的温度可以相差 22℃。1 月 28 日 20：00 起，700hPa 位置处与地表之间的温度差为 10～14℃。

2. 湿度特征

2008 年雪灾经历的四个阶段表现的相对湿度情况不同。第一个阶段（1 月 10～15 日）相对湿度位于 33°N 以南。第二阶段（1 月 18 日开始）相对湿度南移，向北扩展至 40°N。到了第三阶段（1 月 25～29 日）其 90% 的高湿区南撤，范围得到了进一步扩大，与第三阶段雨雪天气最强烈符合。第四阶段相对湿度到达南岭北部以南，出现凝冻现象，雨雪天气逐渐缓解。

3. 锋区交界线特征

表征锋区的另一个重要指标就是南北交界线（V＝0 等值线），南北交界线移动走向和 4 次雨雪灾害过程一致。在灾害第一阶段从 38°N 向南移动到 25°N，1 月 10 日河南地区随即发生雨雪灾害。第二次南北交界线到达 42°N，与最大雨雪过程相对应。雨雪第三阶段南北交界线来到 25°N 以南，1 月 26～28 日，对流层中低层经向风零线由南向北随高度增加而升高，25°N 以南主要为暖湿空气，经向风零线偏低，25°N 以北主要为冷空气，经向风零线偏高。此时江南北部以及江淮地区出现了大暴雨、暴雪天气，也是灾害最为严重的阶段。最后在第四阶段南北交界线来到 25°N～28°N，此时南方地区出现了比较强的降雨。

五、冷－暖－冷的层次结构特征

锋面的东面和南面降水以降雨的方式，而锋面的西面和北面降水以冻雨的方式，那么产生这种不同现象的原因是什么呢？根据温度的垂直分布情况看，锋面西段地面的温度零线在 24°N～26°N，锋面东段地面温度的零线在 28°N～30°N，造成锋面东南和西北方向上降水形态差异的原因是对流层中低层是否存在冷－暖－冷的层次结构。在锋面西侧的 25°N～28°N 地区，950hPa 至 700hPa 之间存在较厚的逆温层，上线温差达到 5～8℃，并且 900～600hPa 之间温度均高于 0℃。冻雨产生的条件之一是地面气温需接近或达到 0℃ 以下（赵培娟 等，2008）。冷－暖－冷的层次结构是产生冻雨的直接原因，从孟加拉湾、西北太平洋和阿拉伯海携带的温暖气流与西伯利亚冷空气交汇在我国南方形成降水。暖空气遇到冷锋被迫抬升，在对流层形成逆流层进而形成冷－暖－冷的层次结构特征。锋上温度大于℃，锋下温度小于 0℃。降雨初期，高层（950hPa 以下）水分以雪的形式下落，到达中层（750～850hPa）受热，完全融化成为小水珠，然后继续下落，在近地面（500～600hPa）遇到 0° 以下冷空气层，小水珠凝结成了冰粒，伴随着雨滴以雨夹雪的形式下落。在大面上附着于房屋、大树、通讯塔等设施，将房屋、树木和基础设施压断，在公路上产生厚冰阻碍交通。在四次降雪的不同阶段，第三次逆温层范围为 26.5°N～29°N，各省市之间逆温层略有不同，南京、合肥的逆温层在 500hPa 至 700hPa，贵阳、长沙的在 700hPa 至 850hPa，郴州的在 700hPa 至 900hPa（高辉 等，2008）。但是只有上层气流会存在产生冻雨现象，如果锋面逆温和地形高度相互作用，中层大于 0℃

的暖层和小于0℃的逆温层不明显，导致在中层气流凝结的雨滴下落途中经过低于0℃的底层来不及结成冰，所以就产生了部分地区降雨而部分地区下冻雨的现象。在锋面北部，由于从西北来的温度很低或者冷空气层太厚导致可以充分完成融化结冰的过程，而在锋面南部温度差异大，高层云层只产生降水。

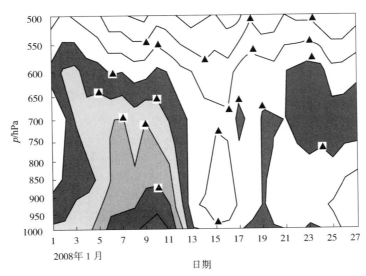

图3-5　2008年1月逐日（27.5°N、110°E）点上空的温度场时间-高度剖面图（高辉 等，2008）
Fig. 3-5　Time-height profile of temperature field over daily（27.5°N，110°E）in January 2008

进一步计算1951—2008年逐年1月（27.5°N、110°E）格点上700hPa气温和700hPa与1000hPa的气温差，2008年1月，700hPa气温异常偏高，全月平均气温高达2℃以上，为历史同期第一。1月700hPa到1000hPa气温差也为历史同期之最。雨雪的不停增加，促使地表气温偏低，加之对流层中下层温度异常偏高，对流层这样的温度场配置使得雨滴下落到地面迅速凝结成冻雨，再次促使地表气温下降，形成一个正反馈过程，导致湖南、贵州等地冻雨不断。综上所述，产生冻雨需要在倾斜锋区存在的条件下，形成合适的大气逆温层和合适的地面温度条件，逆温层强度0~6℃为宜，厚度为850hPa到650hPa，高度为900hPa到850hPa较容易产生冻雨现象。云层过厚过低会导致冰晶在下落的过程中经过中层暖层融化成水或在近地面没有足够的低温空间来产生冷水滴，以降雨到达地面；同样如果太薄太高，冰晶粒经过暖层没有充足的时间融化就落入近地面，进而直接以雪或冰粒的方式下落。

六、人为因素的影响

天气因素是冰雪灾害的形成原因，人为因素大大加深了灾害影响（王琪 等，2011）。我们可以把大气圈、水圈、岩石圈（包括土壤和植被）、生物圈和人类社会圈所构成的综合地球表层环境称之为孕灾环境；孕灾环境的敏感性指遭受灾害的周遭环境对发生冰冻灾害的适应性和响应能力的体现，是由自然与社会的许多因素相互作用而形成的，即地形、地貌、水文、气候、植被、土壤、动植物条件等自然环境和社会经济系统对冰冻灾害影响的敏感度和适应能力的综合反映。孕灾环境敏感性主要从省内交通道路分布、城市用电量和各市州海拔高度三个方面考虑。承灾体易损性表示承灾体整个社会经济系统，包括人口、农林业、社会发展建设等，容易遭受低温、雨雪、冰冻灾害威胁和损失的性质和状态。从易损性的定义出发，一个地区的人口基数与冰冻灾害的威胁呈正比例关系，人口越多的地区遭受冰冻灾害时的潜在危险与损失更大，易损性越高。2008年初雨雪灾害发生时，正值春运高峰期，客流量激增，人数比平时多40%，交通要道不堪重负，铁路飞机运行困难，抢险救灾及受灾群众生活物资供给困难。京广铁路因供电中断，大量列车和旅客沿途积压、滞留，

1 月 25 日 18：00 至 31 日 18：00，全国铁路车站和列车累计滞留旅客 580 多万人，其中广州地区滞留旅客最多时达到 80 万人。旅客多为回乡民工和回家的学生，如果冰雪灾害发生时间不是在春节期间，灾害损失会减少，因此人既是灾害发生的受害方，同时也是灾害的形成因素之一。

七、结论

我国是一个土地面积辽阔的国家，又有多种类型的气候和多种类型的地形环境，导致我国自然灾害频繁发生，但所谓一方有难八方支援，2008 年初我国发生了严重的冰雪灾害，灾情发生后，在党中央、国务院的关心关怀和国家部委的大力支持下，其他省市大力支持下，广东省委、省政府主要领导亲自安排部署，全省各地区各单位通力配合、社会力量积极驰援，当地干部群众自发抗灾救灾，最终取得阶段性胜利。这次灾害对交通运输、通讯设备、农林业、畜牧业产生了巨大损失，给人民生活和日常出行带了很大的不便，在冰雪灾害发生后，各个领域的学者对灾害的成因和灾害的治理进行了深刻的研究，本文通过汇总前人的研究，分析阐述 2008 年初冰雪灾害的特征：

第一个特征是范围广，持续时间长。波及南方 21 个省（自治区、直辖市），时间从 1 月 10 日一直持续到 2 月 2 日。降雪天气可以明显分为四个阶段，其中第三个阶段降雪最为严重，造成的灾害也最为严重。第二个特征是降水量大。主要集中在江淮、江汉东部、华南等地，降水量为 50～180mm。四川、陕西、甘肃和青海降水量达 1951 年来最大值，安徽、江苏部分地区降雪持续时间为历史最长。第三个特征是温度低。湖北、湖南、贵州和广西大部分地区的气温低于往年同期约 4℃，安徽、江西、浙江、江苏、广东等地相比往年同期气温低 2℃。贵州、江苏、山东温度达到近 50 年最低，河南、陕西、甘肃、青海地区为近百年来最低。第四个特征是部分省市出现冻雨现象，对基础设施和农业畜牧业破坏严重。

冰雪灾害的成因主要有以下几点：

（1）灾害主要是由于大气环流异常，拉尼娜现象强烈引起的蒙古高压和阿留申低压产生的"西高东低"的局面，南支低压槽活跃，副热带高压位置偏北，有利于孟加拉湾暖湿水汽在我国南方和长江中下游地区产生丰富的降水。

（2）乌拉尔阻塞高压线将西风阻挡为两个方向，一部分向北极延伸，途经巴尔喀什湖和鄂霍茨克海及蒙古地带，向中国东部侵袭，从蒙古南下回到我国南部，再进入我国东部和南部后受到横断山脉、南岭和乌蒙山脉的阻挡。另一分支向南延伸，途经帕米尔山脉和喜马拉雅山脉，携带孟加拉湾充足的水汽向我国华南地区移动，这两股气流，聚集在长江中下游区域，造成了当地降水。

（3）孟加拉湾、阿拉伯湾和西北太平洋为降雪带来了丰富的水源，气流的强弱决定了雨雪天气的强度。充沛的水汽持续运输也是导致雨雪天气可以长达 1 个月之久的重要原因。

（4）500hPa～850hPa 之间出现的逆温层现象，高层的降雪经过大于 0℃ 的中层融化成液态水，在下落的途中经过中下层小于 0℃ 的逆温层，使得降雪变成了冻雨，附着在地面物体上产生覆冰，对基础设施产生巨大破坏。其中锋面由于高度和中层厚度的不同，会出现自南向北锋面一侧降雨，而另一侧下冻雨的现象。

（5）雪灾发生时正赶上春运，交通拥堵，不堪重负，电力不及正常情况下的 1/3，救援缓慢，大量人员滞留，无形中扩大了雪灾的影响。

第四章 南岭中段冰雪灾害受损群落植物区系特征及保护生物学意义

南岭山地是我国 14 个具有国际意义的陆地生物多样性关键地区之一（陈灵芝，1993），是中亚热带和南亚热带之间的一条自然地理分界带，阻挡北来寒潮和南来热带暖流的屏障，是 2008 年我国南方冰雪灾害的重灾区。此次冰雪灾害对森林的破坏主要集中在海拔 500~1300m 段的迎风坡（肖文发，2008），林木主干折断、断梢、主干劈裂、连根倒伏达 50% 以上，地表覆盖着大量残枝、树干和树叶，重灾区被损毁的林木在 95% 以上（赵霞，2008）。森林群落的结构发生了急剧、整体性的变化，导致林内光照、温度、水分等生态因子发生剧烈变化，众多物种生境被破坏或者丧失，特别是珍稀、濒危物种以及狭域分布种均面临着极大的生存挑战，甚至灭绝的危险。

关于灾害的评估，已有相关的研究成果和恢复建议（杜纪山，2008；李意德，2008；肖文发，2008；薛建辉 等，2008；尹伟伦，2008）。以典型样地调查为基础，结合植物群落学和生态学的研究方法，对样地群落所代表的植被类型进行区系分析已被证明对于揭示植被或植物群落的区系性质具有简明性和准确性（王伯荪 等，1987；尹爱国 等，2002；简敏菲 等，2008）。本文采用群落学调查方法，对南岭冰灾受损常绿阔叶林群落的植物区系进行研究，揭示研究区内常绿阔叶林的区系组成、性质、种群结构及环境背景特征的关联性，讨论冰雪灾害对南岭常绿阔叶林物种组成的影响，以期为冰雪灾害后森林群落的恢复重建以及监测提供科学依据。

一、研究地概况

调查森林群落分布在广东省杨东山十二度水省级自然保护区（113°23′09″~113°29′32″E，25°22′47″~25°11′06″N）、天井山国家森林公园（112°30′~113°15′E、24°32′~24°46′N）和车八岭国家自然保护区（114°07′39″~114°16′46″E，24°40′29″~24°46′21″N），位于南岭山脉中段，属于华南植物区的广东、广西山地植物亚区（Wu et al.，1996）。

该地段在大地构造上属于华南地台的华夏陆台和扬子陆台的一部分，其地质历史可以追溯到元古代的震旦纪甚至更早（莫柱孙 等，1980）。其基本轮廓是在中生代中晚期的燕山运动中，伴随着广泛强烈的花岗岩侵入而形成，经过新生代第三纪中新喜马拉雅运动改造而形成了南岭山地现代的中山地貌类型（陈涛，1994）。最高海拔 1726.6m。成土母质主要有变质石英砂岩、绢云母板岩、黑云母花岗岩以及花岗岩等，土壤为山地黄壤，表土灰黄色至灰黑色，心土蜡黄色或金黄色。气候属于中亚热带季风气候，具有光照充足、温暖湿润、雨量充沛的南亚热带与中亚热带过渡性的特点，≥10℃ 年积温为 6386.5℃；无霜期 300 天左右，年均气温为 18.1~19.9℃，1 月平均气温 7.7~9.6℃，8 月平均气温 26.2~28.1℃；年降水量超过 1700mm，没有特别明显的干旱季节，雨季在 3~8 月（王厚麟 等，2007）。

地带性植被为常绿阔叶林（吴征镒，1980）。组成其乔木的种类以壳斗科、樟科、山茶科、木兰科等占优势，灌木层以山茶科、紫金牛科、野牡丹科、杜鹃花科等的种类为主，草本种类简单，以蕨类植物为主。本调查的样地设在海拔 700~1000m 的低山常绿阔叶林带（祁承经 等，1992），主要类型有南岭栲(*Castanopsis fordii*)林、甜槠(*C. eyrei*)林、栲树(*C. chinensis* var. *hainanica*)林、雷公青冈(*Cyclobalanopsis hui*)林、银木荷(*Schima argentea*)林等,受冰雪灾害影响,群落内木本植物机械损伤严重,群落外貌支离破碎,林冠极不连续(赵霞 等,2008)。

二、研究方法

1. 调查方法

在海拔 700~1000m 的冰灾受损群落中,按照相邻格子样方的设置方法设置 7 个 50m×30m 的长方形固定样地(表 4-1),分别标记为 SD01、SD02、SD03、SD04、TJS01、TJS02、CBL01,每个样地又分为 15 个 10m×10m 的样方,在每个样方四角距离边界 1m 的地方设置 2m×2m 和 1m×1m 的小样方,分别进行林下灌木层和草本层的群落学调查。

分别于 2008 年 4 月(赵霞 等,2008)和 2008 年 11 月对所设样地内胸径(DBH)≥1cm 木本植物进行每木调查,记录其树高、胸径及生长状况,灌木层草本层种类、株数、地径、高度、盖度等,层外植物的种类、株数、高度、生长状况等。

表 4-1　调查样地的基本概况

Tab. 4-1　Basic information of sample plots

样地号	地点	海拔(m)	坡向	坡度(°)	群落类型	郁闭度
SD01	十二度水	720~740	西北	28	雷公青冈+南岭栲+甜槠-鹿角杜鹃+广东杜鹃群落	0.4
SD02	十二度水	796~820	西南	30	甜槠+雷公青冈+虎皮楠-鹿角杜鹃群落	0.5
SD03	十二度水	870~890	西北	23	南岭栲+小红栲-广东杜鹃+格药柃群落	0.4
SD04	十二度水	950~970	东南	25	雷公青冈+广东润楠+甜槠-鹿角杜鹃+溪畔杜鹃群落	0.5
TJS01	天井山	690~710	北	38	华润楠+中华杜英+长叶石栎-柃木群落	0.45
TJS02	天井山	790~810	山脊	23	鹿角栲+华润楠-狭叶茶群落	0.3
CBL01	车八岭	655~680	东南	21	华润楠+木荷+甜槠-格药柃+米碎花群落	0.4

2. 分析方法

对样方调查数据采用 Visual Foxpro6.0 数据库技术进行统计分析,编制维管束植物名录,其中蕨类植物按照秦仁昌(1978)系统排列,裸子植物按照郑万钧(1979)系统排列,被子植物按哈钦松(1926—1934)系统排列。统计分析各类群的科、属、种数量及所占的比例,参考吴征镒(1991)、吴征镒等(2003)和侯宽昭(1998)对种子植物的研究成果,进行科、属、种的地理分布型分析。

三、结果与分析

1. 种类组成

7 块样地共有维管束植物 96 科 206 属 395 种(包括种下等级,下同),其中蕨类植物 15 科 19 属 21 种,裸子植物 4 科 4 属 4 种,双子叶植物 71 科 165 属 346 种,单子叶植物 7 科 18 属 24 种。从性状上来看,群落内以木本植物为主、藤本等层间植物较丰富而缺乏草本层植物的植被特点(表 4-2)。

表4-2 南岭中段冰灾受损群落植物区系种类组成[1]

Tab. 4-2 Species composition of the flora of forest communities damaged by ice disaster in the middle section of Nanling Mountains

分类群	科数	属数	种数	木本种数	草本种数	藤本种数
蕨类植物	15(15.6)	19(9.2)	21(5.3)	1	19	1
裸子植物	4(4.2)	4(1.9)	4(1.0)	4	0	0
双子叶植物	71(73.9)	165(80.1)	346(87.6)	293	20	34
单子叶植物	7(7.3)	18(8.7)	24(6.1)	3	19	1
合计	96(100.0)	206(100.0)	395(100.0)	301(76.2)	58(14.7)	36(9.1)

①括号内数据分别为占所调查地植物科、属、种的比例(%)。

蕨类植物是林下植被的重要组成,常见的有狗脊蕨(*Woodwardia japonica*)、里白(*Diplopterygium glaucum*)、扇叶铁线蕨(*Adiantum flabellulatum*)等;木本植物仅桫椤(*Cyathea spinulosa*),层间植物仅海金沙(*Lygodium aponicum*)。裸子植物仅4种,在样地中零星出现,其中马尾松(*Pinus massoniana*)出现在SD01、SD02、SD04、TJS02、CBL01号样地中、杉木(*Cuninghamia laceolata*)出现在车八岭SD02、CBL01号样地中,三尖杉(*Cephalotaxus fortunei*)出现在SD03号样地中,竹柏(*Nageia nagi*)出现在SD02号样地的幼苗层。双子叶植物是群落物种组成的主体,共占群落总科、属、种的73.9%、80.1%、87.6%,乔木层常见的有华润楠(*Machilus chinensis*)、广东润楠(*M. kwangtungensis*)、南岭栲(*Castanopsis fordii*)、雷公青冈(*Cyclobalanopsis hui*)、虎皮楠(*Daphniphyllum macropodum*)、冬青(*Ilex* sp.)、深山含笑(*Michelia maudiae*)、大头茶(*Polyspora axillaris*)等,灌木层常见的有杜茎山(*Maesa japonica*)、草珊瑚(*Sarcandra glabra*)、单耳柃(*Eurya weissiae*)、小花柏拉木(*Blastus pauciflorus*)等,草本层常见的有锦香草(*Phyllagathis cavaleriei*)、薄叶新耳草(*Neanotis hirsuta*)、铁灯兔儿风(*Ainsliaea macroclinidioides*)、地埂鼠尾草(*Salvia scapiformis*)等,层间植物常见有灰背清风藤(*Sabia discolor*)、乌蔹莓(*Cayratia aponica* var. *pseudotrifolia*)、华南忍冬(*Lonicera confusa*)、黑老虎(*Kadsura coccinea*)等。单子叶植物以草本为主,是群落草本层植被的重要组成,常见的有竹叶草(*Oplismenus compositus*)、淡竹叶(*Lophatherum gracile*)、山麦冬(*Liriope spicata*)、苔草(*Carex* sp.)等。

2. 优势科及表征科

研究区样地群落植物组成中,4种以上的优势科有35科,全为被子植物,包含130属308种,占属、种数的63.10%、77.97%。排名前10位的有山茶科(Theaceae)(28种)、樟科(Lauraceae)(27种)、蔷薇科(Rosaceae)(25种)、壳斗科(Fagaceae)(20种)、杜鹃花科(Ericaceae)(11种)、冬青科(11种)等,这些科的植物是群落乔木层和灌木层的常见分子,是群落中最为优势的类群。优势科在一定程度上反映了研究地植物区系的组成,但代表研究区植物的主要特征的科,是区系重要值(VFI:Value of Floristic Importance)较大的科(陈涛,1994)。一些属种数量较大的科,如蔷薇科、茜草科(Rubiaceae)、菊科(Compositae)、禾本科、莎草科(Cyperaceae)等多为世界性的广布科,区系重要值较小,不能代表研究区植物区系的特征;相反,一些树种数量较小的科,其分布区局限于南岭山地以及邻近地区,植物区系重要值较大(表4-3),能很好地代表研究区的植物区系的主要特点,是南岭山地或中国亚热带以及华夏植物区系的表征成分(陈涛,1994)。研究区植物区系表征科有壳斗科、樟科、木兰科、交让木科(Daphniphyllaceae)、金缕梅科、冬青科、藤黄科(Guttiferae)、山茶科、五味子科(Schisandraceae)、安息香科、杜鹃花科、古柯科(Erythroxylaceae)、五列木科(Pentaphylacaceae)、猕猴桃科(Actinidiaceae)、桑科(Moraceae)、槭树科(Aceraceae)、忍冬科(Caprifoliaceae)等。

表 4-3 南岭中段冰灾受损群落植物区系优势科

Tab. 4-3 Dominant family of the flora of forest communities damaged by ice disaster in the middle section of Nanling Mountains

科名	种数	VFISN	VFISC	属数	VFIGN	VFIGC
木兰科 Magnoliaceae	9	45.00	9.78	2	40.00	20.00
山柳科 Clethraceae	1	12.50	6.25	1	100.00	100.00
壳斗科 Fagaceae	20	24.69	6.17	6	100.00	100.00
槭树科 Aceraceae	8	42.11	5.71	1	100.00	50.00
安息香科 Styracaceae	5	26.32	6.10	3	42.86	30.00
清风藤科 Sabiaceae	5	25.00	7.58	2	100.00	100.00
山矾科 Symplocaceae	5	15.15	3.85	1	100.00	100.00
八角枫科 Alangiaceae	2	50.00	25.00	1	100.00	100.00
冬青科 Aquifoliaceae	11	20.00	9.32	1	100.00	100.00
金粟兰科 Chloranthaceae	1	10.00	6.25	1	50.00	33.33
金缕梅科 Hamamelidaceae	6	28.57	8.00	6	46.15	35.29
山茱萸科 Cornaceae	3	17.65	30.00			33.33
交让木科 Daphniphyllaceae	2	33.33	66.67	1	100.00	100.00
胡颓子科 Elaeagnaceae	1	11.11	2.27	1	100.00	50.00
猕猴桃科 Actinidiaceae	5	31.25	9.43	1	100.00	50.00
五味子科 Schizandraceae	1	10.00	3.45	1	50.00	50.00
山茶科 Theaceae	28	26.92	7.95	8	72.73	53.33
木通科 Lardizabalaceae	6	54.55	15.00	2	50.00	28.57
五列木科 Pentaphylaceae	1	100.00	100.00	1	100.00	100.00
古柯科 Erythroxylaceae	1	100.00	33.33	1	100.00	100.00
铁青树科 Olacaceae	1	33.33	12.50	1	33.33	25.00

注: VFISN、VFISC、VFIGN、VFIGC 分别代表南岭植物区系种重要值、中国植物区系种(李锡文，1996)重要值、南岭植物区系属重要值和中国植物区系属(李锡文，1996)重要值。

3. 科属种地理成分组成

科的地理成分共有 9 个分布型，其中世界分布 25 科(扣除不计)，其以草本类群为主体，如堇菜科(Violaceae)、紫草科(Boraginaceae)、唇形科(Labiatae)、鳞毛蕨科(Dryopteridaceae)、卷柏科(Selaginellaceae)、水龙骨科(Polypodiaceae)、莎草科(Cyperaceae)、禾亚科(Agrostidoideae)等，仅杨梅科(Myricaceae)、鼠李科(Rhamnaceae)、木樨科(Oleaceae)为木本，且在群落中处于从属地位。

热带科(2-7 型)分布 48 科(占总科数的 67.61%)，泛热带分布 32 科(占非世界分布总科数的 45.07%)，是热带分布比例最大的类型，其中樟科、山茶科、山矾科、野牡丹科(Melastomaceae)、紫金牛科(Myrsinaceae)等科内成员是群落中各层的优势种和建群种，鳞始蕨科(Lindsaeaceae)、凤尾蕨科(Pteridaceae)、金星蕨科(Thelypteridaceae)等蕨类植物科内成员则见于草本层；其余热带成分(3~7型)共15科(占21.12%)，其中杜英科(Elaeocarpaceae)、冬青科、安息香科、交让木科、清风藤科(Sabiaceae)、五列木科等为群落乔木层的主要建群种，木通科则是层间植物的重要构成。

温带科(8-14型)分布23科(占32.39%)，其中北温带分布(8型)最多，为16科，如金缕梅科、壳斗科、槭树科、山茱萸科(Cornaceae)、杜鹃花科、忍冬科等为群落的主要建群种和共建种，在森林植被中具有显著的构成作用；东亚—北美洲间断分布(9型)共4科，这说明了该地与北美洲在地质历史上的紧密联系，如木兰科为该地常绿阔叶林的乔木层的常见分子，五味子科为常见的藤本科，鼠刺科(Iteaceae)是灌木层的重要组成。此外，还有东亚分布3科，即猕猴桃科、旌节花科(Stachyuraceae)、三尖杉科(Cephalotaxaceae)。

属的地理成分共有13个分布型，其中世界分布(1型)15属(扣除不计)，几为草本类群，处于群落的草本层。

热带分布(2-7型)共有110属(占总属数的57.59%)，其中泛热带分布(2型)29属，多为林下灌木、草本以及层间植物，如算盘子属(Glochidion)、叶下珠属(Phyllanthus)、里白属(Diplopterygium)、凤尾蕨属(Pteris)、崖豆藤属(Millettia)、素馨属(Jasminum)等，仅安息香属(Styrax)、花椒属(Zanthoxylum)、山矾属(Symplocos)等属具有乔木层树种；热带亚洲至热带南美洲间断分布(3型)22属，除鬼针属(Bidens)外，全为木本属，樟属(Cinnamomum)、楠属(Phoebe)、大头茶属(Polyspora)、猴欢喜属(Sloanea)、冬青属(Ilex)、泡花树属(Meliosma)等属均为群落中常见的乔木树种，柃属(Eurya)、白珠树属(Gaultheria)、紫金牛属(Ardisia)等属为群落中常见的常绿灌木；热带亚洲(7型)分布共27属，是群落区系中第二大热带分布型，占14.14%，其中交让木属(Daphniphyllum)、栲属(Castanopsis)、青冈属(Cyclobalanopsis)、木荷属(Schima)、木莲属(Manglietia)、润楠属(Machilus)、马蹄荷属(Exbucklandia)等是群落乔木层的常绿树种；草珊瑚属(Sarcandra)、柏拉木属(Blastus)等为灌木层重要组成；草本属有星蕨属(Microsorum)、石韦属(Pyrrosia)等；层间植物有南五味子属(Kadsura)、清风藤属(Sabia)等；其他热带属(4-6型)共32属，多为灌木及草本，常见的有海桐属(Pittosporum)、蒲桃属(Syzygium)、杜茎山属(Maesa)、狗骨柴属(Tricalysia)、淡竹叶属(Lophatherum)等，兰属(Cymbidium)、山竹子属(Garcinia)、五月茶属(Antidesma)等在群落中较为少见。

温带分布(8-14型)共77属(占40.31%)，其中北温带分布23属，多为落叶木本植物，如水青冈属(Fagus)、鹅耳枥属(Carpinus)、栎属(Quercus)等在群落中较为少见，槭属(Acer)、杜鹃属(Rhododendron)、越橘属(Vaccinium)、荚蒾属(Viburnum)等为灌木层的重要组成；东亚及北美间断分布(9型)共19属，是南岭与北美植物区系联系的重要依据，全为木本属，如石栎属(Lithocarpus)、石楠属(Photinia)、肖柃属(Cleyera)、鼠刺属(Itea)等是群落各垂直层次的建群植物，其余如檫木属(Sassafras)、金缕梅属(Hamamelis)、枫香树属(Liquidambar)等属在群落则较为少见；东亚分布(14型)共27属，是群落中最大的温带分布型，包括泛东亚分布20属、中国—日本分布5属和中国—喜马拉雅分布2属，如山茶属(Camellia)、猕猴桃属(Actinidia)、石斑木属(Rhaphiolepis)、檵木属(Loropetalum)、蜡瓣花属(Corylopsis)、四照花属(Dendrobenthamia)等均是群落内的常见木本植物。

中国特有(15型)共4属(占2.09%)，比例较小，即杉木属(Cunninghamia)、石笔木属(Tutcheria)、栾树属(Koelreuteria)、箬竹属(Indocalamus)等，且在群落中均较为少见。

种的地理成分共有10个分布型，世界分布仅蕨(Pteridium aquilinum var. latiusculum)1种；热带种(2-7型)共132种(占总种数的33.42%)，以中国特有分布、热带亚洲分布和中国—日本分布最多，而其他热带和温带分布型较少。其中热带亚洲分布(7型)为非中国特有种的第一大分布型，共

119 种，占总种数的 30.13%，占非中国特有种的 64.32%，说明南岭植物区系具有较强的热带区系性质；温带种(8-14 型)共 52 种(占 13.16%)，以中国—日本(SJ)分布最为优势，共 47 种，说明了东亚植物区系的重要组成部分。

表 4-4　南岭冰灾受损群落维管束植物分布区类型

Tab. 4-4　Distribution types of vascular plants of the ice disaster damaged forest communities in the middle section of Nanling Mountain

分布区类型	科数	属数	种数	占非世界科总科数的百分数(%)	占非世界属总属数的百分数(%)	占总种数的百分数(%)
1 世界分布	25	15	1	—	—	0.25
2 泛热带分布	32	29	5	45.07	15.18	1.27
3 热带亚至热带南美间断分布	9	22	0	12.68	11.52	0.00
4 旧世界热带分布	3	14	0	4.23	7.33	0.00
5 热带亚洲至热带大洋洲	2	8	4	2.82	4.19	1.01
6 热带亚洲至热带非洲分布	0	10	4	0.00	5.24	1.01
7 热带亚洲(印度—马来西亚)	2	27	119	2.82	14.14	30.13
8 北温带分布	16	23	2	22.54	12.04	0.51
9 东亚及北美间断	4	19	2	5.63	9.95	0.51
10 旧世界温带分布	0	7	0	0.00	3.66	0.00
11 温带亚洲分布	0	1	0	0.00	0.52	0.00
13 中亚分布	0	0	1	0.00	0.00	0.25
14 东亚分布	3	20	0	4.23	10.47	0.00
14SJ 中国—日本分布	0	5	47	0.00	2.62	11.90
14SH 中国—喜马拉雅分布	0	2	0	0.00	1.05	0.00
15 中国特有分布	0	4	210	0.00	2.09	53.16
合计	96	206	395	100.00	100	100.00

4. 地理成分在群落垂直结构中配置

根据各样地群落学调查资料和样地中 395 种维管束植物的分布区类型以及每种植物的生活型(或生态型)，置于相应的层次(彭华，2001)得到表 4-5。只有热带亚洲成分(7 型)、中国—日本成分(14SJ 型)和中国特有成分(15 型)拥有各类习性的植物，贯穿群落的乔木层、灌木层、草本层和层间植物(藤本)。

热带亚洲成分(印度—马来西亚分布)共 119 种，其中常绿木本植物有 56 种，落叶木本植物 36 种，乔木层有银木荷(*Schima argentea*)、长叶石栎(*Lithocarpus henryi*)、罗浮栲(*Castanopsis fabri*)、梅叶冬青(*Ilex asprella*)、黄牛奶树(*Symplocos laurina*)、醉香含笑(*Michelia macclurei*)、东方古柯(*Erythroxylum kunthianum*)、雷公鹅耳枥(*Carpinus viminea*)等，灌木层有杜茎山(*Maesa japonica*)、百两金(*Ardisia crispa*)、乌饭(*Vaccinium bracteatum*)、变叶榕(*Ficus variolosa*)、石斑木(*Rhaphiolepis indica*)等；层间植物有粉叶羊蹄甲(*Bauhinia glauca*)、厚果鸡血藤(*Millettia pachycarpa*)、华南忍冬

（*Lonicera confusa*）等。

表 4-5　南岭中段冰灾受损样地内种类区系成分在垂直结构中的配置

Tab. 4-5　**The diposition in vertical structure of floristic elements of vascular plants of the sampled plots of the ice disaster damaged forestry communities in the middle section of the Nanling mountain**

垂直层次	1	2	5	6	7	小计 1~7	占总种数的百分数(%)	8	9	13	14SJ	15	小计 8~15	占总种数的百分数(%)	合计
ET					27	27	6.84	1			10	60	71	17.97	97
DT					17	17	4.30	1		1	8	32	42	10.63	59
ES					23	23	5.82		2		5	61	68	17.22	92
DS		1			18	19	4.81				7	27	34	8.61	53
EV					6	6	1.52				1	13	14	3.54	20
DV					1	1	0.25				1	8	9	2.28	10
HV			2	1	1	4	1.01					2	2	0.51	6
H	1	4	2	3	26	36	9.11				15	7	22	5.57	58
种数	1	5	4	4	119	133	33.67	2	2	1	47	210	262	66.33	395
占总种数的%	0.25	1.27	1.01	1.01	30.13	33.67	33.67	0.51	0.51	0.25	11.90	53.16	66.33	66.33	100

分布区类型：1-世界分布；2-泛热带分布；3-热带亚洲和热地美洲间断分布；5-热带亚洲至热带大洋洲分布；6-热带亚洲至热带非洲分布；7-热带亚洲分布（印度-马来西亚）；8-北温带分布；9-东亚和北美间断分布；13-中亚分布；14SJ-中国日本分布；15-中国特有分布。

层次：ET-常绿乔木，DT-落叶乔木，ES-常绿灌木，DS-落叶灌木，EV-常绿木质藤本，DV-落叶木质藤本，HV-草质藤本，H-直立草本。

中国—日本成分共 47 种，该分布型层间植物较少，仅 2 种，即爬山虎（*Parthenocissus tricuspidata*）和流苏子（*Coptosapelta diffusa*），乔木层有日本杜英（*Elaeocarpus japonicus*）、虎皮楠（*Daphniphyllum oldhamii*）、青冈（*Cyclobalanopsis glauca*）、榕叶冬青（*Ilex ficoidea*）等常绿乔木 10 种以及笔罗子（*Meliosma rigida*）、三角槭（*Acer buergerianum*）等落叶乔木 8 种，灌木层有小果珍珠花（*Lyonia ovalifolia* var. *elliptica*）、荚蒾（*Viburnum dilatatum*）、绣花针（*Damnacanthus indicus*）等 12 种，草本层共 15 种，即兰香草（*Caryopteris incana*）、山姜（*Alpinia japonica*）、山麦冬（*Liriope spicata*）、春兰（*Cymbidium goeringii*）、团羽铁线蕨（*Adiantum capillus-junonis*）、狗脊蕨（*Woodwardia japonica*）等。

中国特有成分比例最大，有 210 种，其中木本植物特有性较高，有 201 种，草本仅 9 种，共占总种数的 53.13%，仅低于横断山区（64.04%）、华中区（63.74%）、甘肃洮河（57.89%）和滇黔贵区（57.88%），而高于其他地区区系（李锡文，1996），在中国种子植物统计中（李锡文，1996）属于高等水平，这样的中国特有种对具体区系具有重要的标志性意义。以南岭为中心，参考以往的研究成果（陈涛，1993），结合种的实际分布范围，将中国特有种划分了 11 个亚型（表 4-6），只有江南分布（15-1 型）、华东-华中-南岭（华南）分布（15-5 型）以及华东-南岭（华南）分布（15-6 型）拥有几乎所有生活型植物，贯穿于群落的乔木层、灌木层、草本层以及层间植物。江南分布乔木层建群种有甜槠（*Castanopsis eyrei*）、秀丽锥（*C. jucunda*）、硬斗石栎（*Lithocarpus hancei*）、木莲（*Manglietia fordiana*）等，灌木层有草珊瑚（*Sarcandra glabra*）、尖连蕊茶（*Camellia cuspidata*）、矩叶鼠刺（*Itea oblonga*）等较为常见，层间植物有中华猕猴桃（*Actinidia chinensis*）、木防己（*Cocculus trilobus*）、珍珠莲（*Ficus sarmentosa* var. *henryi*）等。华东-华中-南岭分布在乔木层有深山含笑、沉水樟（*Cinnamomum micranthum*）、木荷（*Schima superba*）、细叶青冈（*Cyclobalanopsis gracilis*）、紫果槭（*Acer cordatum*）等较为常见，毛冬青（*Ilex pubescens*）、鹿角杜鹃（*Rhododendron latoucheae*）、江南越橘（*Vaccinium sprengelii*)、九管血(*Ardisia brevicaulis*)、格药柃(*Eurya muricata*)等为群落灌木层的优势种和建群种,三叶木通(*Akebia trifoliata*)、粉防己(*Stephania tetrandra*)等为群落中常见的层间植物。华东-南岭分布共 23 种,仅缺乏落叶灌木,刨花楠(*Michelia pauhoi*)等为乔木层的共建种,单耳柃(*Eurya weissiae*)、心叶毛蕊茶(*Camellia cordifolia*)、尖萼乌口树(*Tarenna acutisepala*)等为灌木层的常见种类。华中-南岭分布(15-4 型)有 19 种,全为木本植物,乔木种类有大叶新木姜子(*Neolitsea levinei*)、少花桂(*Cinnamomum pauciflorum*)、毛梗冬青(*Ilex micrococca* f. *pilosa*)、罗浮槭(*Acer fabri*)等,灌木种类有溪畔杜鹃(*Rhododendron rivulare*)、广东紫珠(*Callicarpa kwangtungensis*)、狭叶海桐(*Pittosporum glabratum* var. *neriifolium*)等。此外,还有华南分布(15-2 型)22 种,这些种多以南岭为分布北界,在群落中较为常见,多数是该地森林群落的优势种和建群种,如南方木莲(*Manglietia chingii*)、广东润楠、华润楠、柳叶五月茶(*Antidesma pseudomicrophyllum*)、南岭栲(*Castanopsis fordii*)、黄毛冬青(*Ilex dasyphylla*)等。南岭特有 11 种,包括 9 种木本植物、1 种木质藤本和 1 种草本,如毛桃木莲(*Manglietia moto*)、北江十大功劳(*Mahonia shenii*)、薄圆果海桐(*Pittosporum kobuskianum*)、广西紫荆(*Cercis chuniana*)、金毛石栎(*Lithocarpus chrysocomus*)、广东毛脉槭(*Acer pubinerve* var. *kwangtungense*)、岭南来江藤(*Brandisia swinglei*)、华南凤尾蕨(*Pteris austro-sinica*)等。其余与西南共有 21 种,建群种有钩栲(*Castanopsis tibetana*)、冬青(*Ilex chinensis*)、大果蜡瓣花(*Corylopsis multiflora*)、冬桃(*Elaeocarpus duclouxii*)、大头茶等。与滇黔桂共有种 8 种,尖叶毛柃(*Eurya acuminatissima*)、罗浮冬青(*Ilex tutcheri*)、贵州桤叶树(*Clethra kaipoensis*)、岭南山茉莉(*Huodendron biaristatum* var. *parviflorum*)等,这些种在群落中均少见。

表 4-6　南岭中段冰灾受损群落样地内中国特有种的分布亚型

Tab. 4-6　The areal-subtypes of Chinese endemic species of vascular plants of the sample plots of damaged forestry communities in the middle section of the Nanling mountain

分布亚型	ET	DT	ES	DS	EV	DV	HV	H	合计	占总种数的百分数(%)
15-1 江南分布	12	8	10	12	4	2		3	51	24.29
15-2 华南分布	11	1	8			1			22	10.48
15-3 南岭特有	2	2	5		1			1	11	5.24
15-4 华中、南岭(华南)分布	4	4	8	3					19	9.05
15-5 华东、华中、南岭(华南)分布	14	9	13	7	5	2		2	52	24.76
15-6 华东、南岭(华南)分布	7	3	8		2	1	1		23	10.95
15-7 西南、华中、南岭(华南)分布	4	5	2	1	1				13	6.19
15-8 华东、南岭(华南)、西南分布	3	1	2	2					8	3.81
15-9 南岭(华南)、华中、滇黔贵分布			1						1	0.48
15-10 南岭(华南)、西南分布	2			1					3	1.43
15-11 南岭(华南)、滇黔贵分布	1		4	1					7	3.33
种数总计	60	32	61	27	13	8	2	7	210	100.00
占总种数的百分数(%)	28.57	15.24	29.05	12.86	6.19	3.81	0.95	3.33	100.00	100.00

ET、DT、ES、DS、EV、DV、HV 和 H 的含义同表 4-5。

5. 受损群落的保护生物学意义

(1)完整植被垂直带的重要组成　南岭冰灾受损群落处于南岭海拔 500~1300m 的范围,正是低山常绿阔叶林带,上承中山针叶林或常绿落叶阔叶混交林以及山顶阔叶矮林,下接低地沟谷常绿阔叶林,是整个植被垂直带谱上的重要组成环节。拥有多样的植被类型,就所设样地而言,7 个样地均为原生植被破坏后的次生林，其优势种、建群种以及演替阶段各不相同，因此，这里是研究植被地理演替的重要场所，加之本次冰雪灾害的损害，该地段也成为了研究生态系统恢复与重建的重要地点。

（2）不同等级特有类群及保护物种的立身场所　南岭是我国亚热带常绿阔叶林的中心地带，是珠江流域极为重要的生态屏障。植被类型多样，群落结构复杂，生物多样性丰富，是重要的植物资源库和基因库（徐卫华 等，2006）。植物区系具有强烈的过渡性质，特有性较高，在样地中有 3 个东亚特有科、27 个东亚特有属、4 个中国特有属以及 210 个中国特有种，其特有种比例为 53.16%，仅低于物种特有性最丰富的横断山区、华中区和滇黔贵区，说明了南岭冰灾受损区是中国特有种高度集中分布的地段。同时，具有华南特有 22 种和南岭特有 11 种。以上均是南岭冰灾群落区系特有性典型标志，这与南岭山地古老的地质历史和特殊的气候地理环境是分不开的，高比例特有类群的存在，体现了该地生态系统的特殊价值。

根据国家林业局 1999 年《国家重点保护野生动植物名录》，样地内有国家二级重点保护植物桫椤、樟树（*Cinnamomum camphora*）和闽楠（*Phoebe bournei*）等 3 种；列入国际公约保护植物名录CITES 附录Ⅱ中的兰科植物 3 种，即春兰（*Cymbidium goeringii*）、建兰（*C. ensifolium*）、见血清（*Liparis nervosa*）等。珍稀濒危植物（国家环境保护局 等，1987）分布区狭窄，种群数量小，在整个南岭中段冰灾受损群落中，存在大量的珍稀濒危植物种类，在踏查过程中，还发现伯乐树（*Bretschneidera sinensis*）、观光木（*Tsoongiodendron odorum*）、马蹄参（*Diplopanax stachyanthus*）、白桂木（*Artocarpus hypargyreus*）、半枫荷（*Semiliquidambar cathayensis*）、银鹊树（*Tapiscia sinensis*）、南方红豆杉（*Taxus chinensis* var. *mairei*）等珍稀濒危植物以及带唇兰（*Tainia dunnii*）、白及（*Bletilla striata*）、虾脊兰（*Calanthe discolor*）、独蒜兰（*Pleione bulbocodioides*）等兰科植物。

此外，在样地中还存在一些狭域分布种，如狭叶茶仅有记录产于广西大瑶山，在车八岭样地内灌木层形成优势种，该地也是目前狭叶茶的第 2 个分布区。

（3）群落具有亚热带森林的代表性、典型性　根据调查，冰灾受损群落植物区系以壳斗科、樟科、山茶科、杜英科等植物为表征成分，这些科内植物在群落构成中优势显著，物种组成以常绿木本植物为主体，是亚热带常绿阔叶林的典型表现，是我国亚热带最为典型的常绿阔叶林——栲类林区（吴征镒，1980），保护价值重大，应加以重点保护。

（4）研究植物对全球气候变暖响应的重要区域　在冰雪灾害中，南岭中段海拔 500～1000m 范围内森林群落成为主要受灾群体，说明该海拔段的森林群落结构脆弱，对气候变化的响应较为积极。且该地植物区系交汇过渡性显著，是众多华南成分（如海南木莲 *Manglietia fordiana* var. *hainanensis*、广东润楠、南岭栲等）的分布北界和华中、华东成分（如深山含笑、鹿角杜鹃、沉水樟、细叶青冈等）的分布南界。鉴于此，该地是研究植物对全球气候变暖响应的重要区域。

四、结论与讨论

综上所述，南岭中段冰灾群落内种的地理成分较为集中，非中国特有种以热带亚洲（印度—马来西亚）以及中国—日本成分最为集中，说明该地为中国-日本植物区的核心区域，受马来西亚区系的影响较大，缺乏温带区系成分（应俊生，2001），植物区系表现出强烈的热带性质。中国特有种的分布亚型分析表明，该地是华南、华中、华东、西南以及滇黔贵植物区系的集中交汇地带，区系过渡性质极为显著，成为南北植物植物区系分界带；而且区域特有性较高，仅分布于华南的有 22 种，仅分布于南岭山地的有 11 种，说明了众多类群在该地得到了较好的分化和发展，是一个独特的地理单元。

冰灾受损带在海拔 500～1300m 的中山地带，植被类型属于低山常绿阔叶林，成为南岭山地完整植被带谱上重要环节，保存有低地沟谷常绿阔叶林带的标志成分，如南岭栲、红钩栲等，亦有中山常绿落叶阔叶林带的重要组成，如亮叶水青冈、甜槠、银木荷等，成为植被组成在垂直高度上的交汇地带或过渡地带，对气候变化较为敏感，随着全球气候变暖的不断加剧，该海拔段的植物区系组成可能发生本质上的改变。植物群落为亚热带最为典型的常绿阔叶林，同时保存有大量的次生性植被类型，其在研究恢复生态学方面具有重要价值。植物区系特有性在全国名列前茅，保存有多样的国家级重点保护植物和珍稀濒危植物，是不同等级特有类群及保护物种的立身场所，区系表现出明显的古老性和残遗性。故此，南岭山地冰灾受损群落具有重要的保护生物学意义。

突发性、剧烈的水热条件变化使得物种的种群数量以及森林群落的片层结构发生根本性变化，群落乔木层是冰雪灾害的直接受害者，且损伤最为严重，出现了不同程度的断干、断梢、翻蔸等机械损伤，乔木层种类主要来自于热带亚洲、中国-日本分布、华南分布等几种地理成分，这些种类本属于热带亚热带分布。处于林下的灌木和幼树受损程度相对较轻，主要由于上层乔木的杆、枝等的残体压迫而受害，主要出现压弯等损害。由于冰雪灾害使得群落上层乔木林冠严重受损，林窗的大量出现，林内的光、温、水、气等环境因子重新分配，为一些阳性物种的生长创造了生存条件，就2008年11月的样地调查，发现在林下有众多的阳性树种萌发，如乌桕(*Sapium sebiferum*)、大叶臭椒(*Zanthoxylum myriacanthum*)等在幼苗层较为常见，而群落乔木层未见该类树种。随着森林群落的自然恢复和演替，这些速生型阳性树种可能会快速占据林冠层，使得群落由常绿阔叶林演变成常绿落叶阔叶林。同时，据长期野外经验，经过人工间伐等干扰后的常绿阔叶林，由于林窗的出现，若干年后，林下草本植物大量滋生，特别是一些阴生植物、腐生和附生植物会因条件适宜而得以生长。由于群落乔木层发生了断梢、断干等机械损伤，树种的自然萌芽更新将再次形成林冠，林冠的恢复能力取决于各树种的萌芽能力(Satoshi *et al*., 2004)，如果受损的上层乔木在萌芽基础上依然能够占据群落上层，群落的片层结构不会发生本质上的改变，反之，由林下更新层或者一些阳性树种占据上层，一些萌芽能力弱的树种可能因荫蔽而死亡(Shozo *et al*., 1998)。

另外，常绿木本植物冰灾受损群落植物生活型的主体，占有绝大多数地理成分，所有拥有乔木种类的地理成分均受到了不同程度的损害，导致林内片层结构的地理成分组成发生改变。但其中来自哪一地理成分的植物抗灾害能力更强，将结合受损数据进一步分析。

冰雪灾害对珍稀濒危植物是严重的、甚至是致命的损害，可能将一些极度狭域的种类带向灭绝的边缘，正确评估冰雪灾害对濒危植物的影响，监测灾害受损珍稀濒危植物的生物学特性和生态学特性，是挽救濒危物种并对其进行野外救护和保育的重要保证。

第五章　冰雪灾害对南岭常绿阔叶林机械损伤规律研究

特大冰冻雨雪灾害天气对森林生态系统产生的干扰十分严重(Abell, 1934; Irland, 1998)。如1998年1月北美洲东北部持续的暴雪, 使1700万 hm² 林地受影响(Manion et al., 2001); 2005年底至2006年初, 日本遭遇了一场20年不遇的大雪, 受灾森林面积达2945hm²(陈学群 等, 2008), 2007年4月美国东部的冻害, 使美国东部内布拉斯加、马里兰、南卡罗来纳和得克萨斯4个州森林受到严重的影响(Gu, 2008)。2008年1~2月中国南方19个省(自治区、直辖市)发生了历史上罕见的重大雨雪冰冻天气, 受损森林面积达0.193亿 hm², 给我国南方地区森林生态系统以重创(沈国舫, 2008)。南岭是我国亚热带常绿阔叶林的中心地带, 分隔长江流域和珠江流域, 地带性植被为常绿阔叶林(吴征镒, 1980)。素有"物种宝库"之称的南岭是遭受2008年1~2月冰雪灾害损失最严重的灾区之一。据初步考察: 南岭山地范围内的自然保护区林木主干折断、断梢、主干劈裂、连根倒伏在50%以上, 地表全是残枝、树干和树叶, 重灾区被损毁的林木在95%以上。

2008年灾后, 国家林业局、地方林业部门及相关的科研院所组织专家对各林区进行了考察(杜纪山, 2008; 李意德, 2008; 肖文发, 2008; 薛建辉, 2008; 尹伟伦, 2008), 对这场灾害进行评估并提出了很好的恢复建议和意见。同时《林业科学》2008年第11期出版了专刊发表已取得的研究成果。但从群落的角度进行灾害对天然次生林受损情况研究或评估未见报道。为此, 选择灾害受损严重的杨东山十二度水省级自然保护区、广东南岭国家级自然保护区为研究地点, 建立固定样地, 于2008年4月和11月对样地进行调查。通过对样地调查数据的分析, 评价冰雪灾害对常绿阔叶林森林生态系统建群种的影响, 同时也为该区受损森林生态系统的恢复提供理论依据。冰雪灾害是温带和亚热带地区森林生态系统重要的非生物干扰因子(Rhoads et al., 2002; 李秀芬 等, 2005), 已引起人们的关注。其产生的破坏作用随干扰的强度、持续时间和频度的增加而增加。特大冰冻雨雪灾害天气对森林生态系统产生的干扰十分严重(Abell, 1934; Irland, 1998, Manion et al., 2001, Lianhong Gu, 2008)。冰雪灾害对森林的破坏作用主要表现在机械损伤和冻害两个方面。冰雪灾害受损树木的损伤程度因树种、木材材性、分枝状况、胸径、树龄、坡度、坡向、树木健康状况及管理水平等的不同而异。

第一节　冰雪灾害对南岭常绿阔叶次生林机械损伤特征

常绿阔叶次生林是亚热带地区的主要森林类型之一, 是亚热带地区的主要森林景观, 在涵养水源、水土保持、净化空气等方面发挥着重要的作用。2008年1~2月中国南方19个省(自治区、直辖市)发生了历史上罕见的重大雨雪冰冻天气, 受损森林面积达0.193亿 hm², 给我国南方地区森林生态系统以重创(沈国舫, 2008)。虽然冰雪灾害对森林影响的研究已有不少的报道, 但对于发生在亚热带地区的冰雪灾害对树木机械损伤规律鲜见报道(赵霞 等, 2008; 王旭 等, 2009)。为此, 选择灾害受损严重的杨东山十二度水自然保护区常绿阔叶次生林为研究对象, 建立固定样地。通过对样地调查数据的分析, 评价冰雪灾害对亚热带常绿阔叶次生林的影响, 同时也为该区受损森林生态系统的恢复提供理论依据。

一、研究区概况

本研究区位于广东乐昌杨东山十二度水省级自然保护区内，地理位置是 25°22′47″~25°11′06″N，113°23′09″~113°29′32″E，位于南岭山脉南面的乐昌市东北部，正北面与湖南省接壤，是广东省地理位置最北的保护区。该区气候属于中亚热带季风气候，具有光照充足、温暖湿润、雨量充沛的南亚热带与中亚热带过渡性的特点。≥10℃年积温为 6386.5℃；无霜期 300 天左右，年均气温为 18.1~19.9℃，1 月平均气温 7.7~9.6℃，8 月平均气温 26.2~28.1℃；年降水量超过 1700mm，没有特别明显的干旱季节，雨季在 3~8 月（王厚麟 等，2007）。

该区属南岭山地，地貌类型主要是中山地貌。最高海拔 1726.6m，1000m 以上的山峰 90 多座。在海拔 700~1000m 的山坡上，成土母质主要有变质石英砂岩、绢云母板岩以及黑云母花岗岩等，土壤为山地黄壤，表土灰黄色至灰黑色，心土蜡黄色或金黄色；在海拔 1000m 以上的山坡，土壤为山地灌丛草甸土，成土母质主要为花岗岩类，植被主要为亚热带常绿阔叶林。本调查的样地设在海拔 700~1000m 种类组成和片层结构复杂的南岭低山常绿阔叶林带。本研究林分是经过 20 世纪 80 年代初人工采伐后自然更新形成的天然次生林，森林群落建群种以甜槠（*Catanopsis eyrei*）、栲树（*Catanopsis fargesii*）、南岭栲（*Catanopsis fordii*）等栲属植物为主，属亚热带最为典型的常绿阔叶林类型——栲类林（吴征镒，1980）。海拔 1000m 以上为广东松（*Pinus kwangtungensis*）群落分布和山顶矮林（祁承经，1992）。

二、研究方法

1. 样地设置

在广东乐昌十二度水自然保护区海拔 700~1000m 范围内，设置 30m×50m 植物样地 4 块，分别命名为 SD01、SD02、SD03 和 SD04（表 5-1），按照相邻格子法把每个样地分为 10m×10m 的小样方。

表 5-1　调查样地的基本概况
Tab. 5-1　Basic information of sample plots

样地号	地点	海拔(m)	坡向	坡度(°)	群落类型	郁闭度	面积(m²)
SD01	十二度水	720~740	西北	28	雷公青冈+南岭栲+甜槠-鹿角杜鹃群落	0.4	1500
SD02	十二度水	796~820	西南	30	甜槠+雷公青冈+虎皮楠-鹿角杜鹃群落	0.5	1500
SD03	十二度水	870~890	西北	23	南岭栲+小红栲-广东杜鹃+格药柃群落	0.4	1500
SD04	十二度水	950~970	东南	25	雷公青冈+广东润楠+甜槠-鹿角杜鹃群落	0.5	1500

2. 调查方法

（1）受损类型划分

根据冰雪灾害受损森林踏查，对受损树木划分为断梢、压弯、断干、翻蔸、倒伏、正常等 6 种类型。各类型定义如下：

断梢：从树木的梢（冠）部被压断，且树冠受损率大于 10%，危害稍轻，只是影响树木的生长量。

压弯：呈 2 种结果，一种是冰雪积压直接导致的树干弯曲，随着生长的重新开始，林木一般可自行恢复，恢复的程度和时间取决于树种和弯曲的角度；另一种是被其他倒下的树木或折断的树枝压弯，这种情况的恢复需要人工的清障辅助，是冰雪灾害中受害最轻的一种类型。

断干：从树木的树干处被压断，危害较大，严重的会导致树木死亡。

翻蔸：指树木连根拔起，林木几乎没有生还的可能。

倒伏：压弯的部位在根际处，导致部分树干及树冠倒在地上，危害较压弯大。

死亡：树木无生命迹象。

正常木：指树冠受损低于10%的活立木。

根据受损类型产生的破坏程度划分重度受损型和轻度受损型，其中倒伏、断干、翻蔸类型定为严重受损型；断梢、压弯类型定为轻度受损型。同一树木有不同种受损类型发生时，以受损严重的类型定义为该树木的受损类型，受损严重程度排序为：死亡>翻蔸>倒伏>断干>断梢>压弯。

严重受损率＝∑严重受损型株数/∑各受损类型株数×100%

受损程度指数＝轻度受损率/重度受损率。

（2）调查方法

2008年11月，对样地内胸径（DBH）≥1cm有成活迹象的乔木进行每木调查，调查因子包括树高、胸径及树木受损类型。

（3）径级和林层划分

树木立木级的划分（王伯荪，1996）：Ⅰ级，胸径大于等于1cm，小于2.5cm的树木；Ⅱ级，胸径大于等于2.5cm，小于7.5cm的树木；Ⅲ级胸径大于等于7.5cm，小于22.5cm的树木；Ⅳ级，胸径大于22.5cm的树木。

乔木树种以立木胸径（DBH）为标准，划分为主林层（DBH>7.5cm），演替层（2.5cm≤DBH≤7.5cm）和更新层（DBH<2.5cm）。

（4）重要值计算

重要值（IV，important value）＝相对多度（RS，relative sbundance）＋相对频度（RF，relative frequency）＋相对显著度（RD，relative dominance）

三、结果与分析

1. 群落组成

群落中树种的组成和结构对群落的抗干扰能力发挥着重要的作用。优势种一般形成植物群落的最上层，它受环境条件，特别是气候条件的影响最为强烈。通过样地调查，SD01样地共有86个种；分别隶属于56个属38个科，其中处于林冠层的种以甜槠（*Castanopsis eyrei*）、雷公青冈（*Cyclobalanopsis hui*）、冬青（*Ilex chinensis*）、虎皮楠（*Daphniphyllum oldhamii*）、大果蜡瓣花（*Corylopsis multiflora*）等为主，灌木层以广东杜鹃（*Rhododendron kwangtungense*）、鹿角杜鹃（*Rhododendron latoucheae*）、溪畔杜鹃（*Rhododendron rivulare*）、杜鹃（*Rhododendron simsii*）和鼠刺（*Itea chinensis*）等为主。SD02样地共有70个种，隶属47个属38个科；其中处于林冠层的种有甜槠、交让木（*Daphniphyllum macropodum*）、南岭栲（*Castanopsis fordii*）、红楠（*Machilus thunbergii*）和石栎（*Lithocarpus glaber*）等，灌木层以广东杜鹃、檵木（*Loropetalum chinense*）、鹿角杜鹃、罗伞（*Brassaiopsis glomerulata*）和鼠刺等为主。SD03样地共有71个种分别隶属于42个属31个科；其中处于林冠的种以虎皮楠、甜槠、青冈栎（*Cyclobalanopsis glauca*）、冬青、雷公青冈等为主，灌木层以鹿角杜鹃、溪畔杜鹃、广东杜鹃、南方荚蒾（*Viburnum dilatatum*）和米碎花（*Eurya chinensis*）等为主。SD04样地共有70个种分别隶属于46个属27个科；其中处于林冠的种以小红栲（*Castanopsis carlesii*）、南岭栲、冬青、广东润楠（*Machilus kwangtungensis*）、深山含笑（*Michelia maudiae*）、榕叶冬青（*Ilex ficoidea*）和雷公青冈等，灌木层以广东杜鹃、格药柃（*Eurya muricata*）、油茶（*Camellia oleifera*）、黄瑞木（*Adinandra millettii*）等为主。从总体来看，该区植被优势种组成上有所差别，但各样地中乔木层以壳斗科（Fagaceae）为主，灌木层杜鹃花科（Ericaceae）等为主的特征明显，优势种包含了甜槠、南岭栲、小红栲等栲属植物，以及樟科红楠、广东润楠等，木兰科深山含笑等，因此该群落为明显的亚热带常绿阔叶栲类林。

表 5-2　样地优势种的重要值

Tab. 5-2　Important value of dominant species in the plots

种名	SD01				SD02				SD03				SD04			
	RS	RF	RD	IV	RS	RF	RD	IV	RS	RF	RD	IV	RS	RF	RD	IV
大果蜡瓣花 Corylopsis multiflora	4.74	2.56	1.80	9.10	—	—	—	—	—	—	—	—	—	—	—	—
粤北鹅耳枥 Carpinus chuniana	2.88	3.66	1.86	8.40	—	—	—	—	—	—	—	—	—	—	—	—
冬青 Ilex chinensis	4.91	4.03	4.00	12.94	—	—	—	—	5.48	4.08	8.56	18.13	8.32	5.00	0.97	14.29
广东润楠 Machilus kwangtungensis	—	—	—	—	—	—	—	—	—	—	—	—	3.78	4.55	1.33	9.65
红楠 Machilus thunbergii	—	—	—	—	2.89	2.89	1.78	7.56	5.74	4.76	18.41	28.92	—	—	—	—
虎皮楠 Daphniphyllum oldhamii	2.03	2.93	4.64	9.60	—	—	—	—	—	—	—	—	—	—	—	—
小红栲 Castanopsis carlesii	—	—	—	—	—	—	—	—	—	—	—	—	7.18	5.91	45.35	58.45
甜槠 Castanopsis eyrei	11.51	5.13	32.29	48.93	6.05	35.7	14.01	55.76	4.95	4.76	13.40	23.11	—	—	—	—
石栎 Lithocarpus glaber	—	—	—	—	3.03	1.84	1.12	5.98	—	—	—	—	—	—	—	—
交让木 Daphniphyllum macropodum	—	—	—	—	11.32	3.15	29.85	44.31	—	—	—	—	—	—	—	—
雷公青冈 Cyclobalanopsis hui	11.51	5.13	13.76	30.39	—	—	—	—	3.89	2.72	2.95	9.56	2.65	3.64	1.10	7.39
南岭栲 Castanopsis fordii	—	—	—	—	4.21	2.62	15.95	22.78	2.03	2.38	14.62	19.04	16.82	6.82	28.44	52.09
青冈栎 Cyclobalanopsis glauca	—	—	—	—	—	—	—	—	—	—	—	—	—	—	—	—
深山含笑 Michelia maudiae	—	—	—	—	—	—	—	—	—	—	—	—	3.78	3.18	2.03	8.99
榕叶冬青 Ilex ficoidea	—	—	—	—	—	—	—	—	—	—	—	—	2.84	2.73	0.90	6.47
杜鹃 Rhododendron simsii	7.02	3.66	1.92	12.60	—	—	—	—	—	—	—	—	—	—	—	—
格药柃 Eurya muricata	—	—	—	—	—	—	—	—	—	—	—	—	3.78	3.65	1.28	8.71
广东杜鹃 Rhododendron kwangtungense	6.35	3.30	2.23	11.87	14.08	2.89	2.88	19.84	6.28	3.40	2.06	11.74	12.48	4.09	2.33	18.90
黄瑞木 Adinandra millettii	—	—	—	—	7.89	1.84	2.92	12.65	—	—	—	—	2.65	2.27	2.62	7.54
檵木 Loropetalum chinense	—	—	—	—	7.11	1.84	1.92	10.87	—	—	—	—	—	—	—	—
鹿角杜鹃 Rhododendron latoucheae	14.64	4.76	4.72	24.12	3.95	2.36	1.83	8.14	21.75	4.42	9.17	35.34	—	—	—	—
罗伞 Brassaiopsis glomerulata	—	—	—	—	—	—	—	—	3.63	2.72	1.37	7.71	—	—	—	—
米碎花 Eurya chinensis	—	—	—	—	—	—	—	—	—	—	—	—	—	—	—	—
南方荚蒾 Viburnum dilatatum	—	—	—	—	—	—	—	—	5.57	3.40	2.19	11.16	—	—	—	—
鼠刺 Itea chinensis	—	—	—	—	3.29	2.36	0.57	6.22	—	—	—	—	—	—	—	—
乌饭 Vaccinium bracteatum	1.78	1.83	5.82	9.43	—	—	—	—	—	—	—	—	—	—	—	—
溪畔杜鹃 Rhododendron rivulare	—	—	—	—	—	—	—	—	6.81	4.42	1.31	12.54	—	—	—	—
油茶 Camellia oleifera	—	—	—	—	—	—	—	—	—	—	—	—	2.65	3.64	0.08	6.36

注: RS: 相对多度(relative sbundance); RF: 相对频度(relative frequency); RD: 相对显著度(relative dominance); IV: 重要值(important value)。

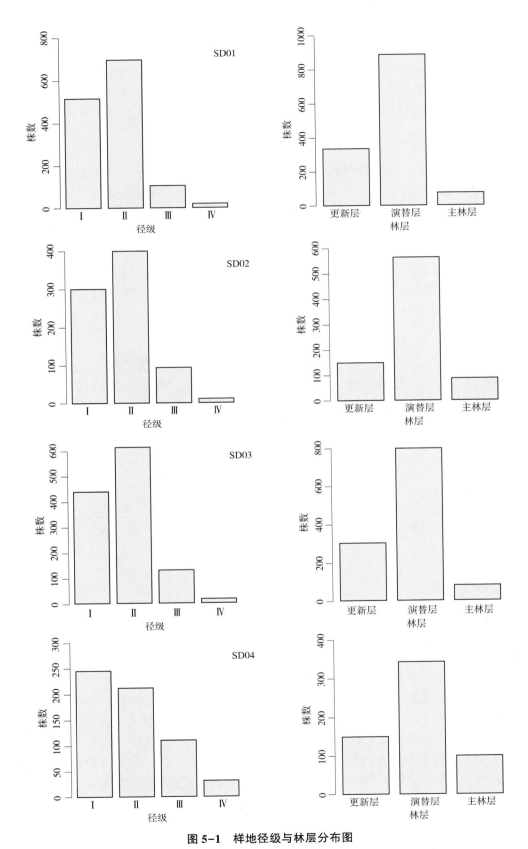

图 5-1 样地径级与林层分布图

Fig. 5-1 Distribution of diameter class of trees and stand lay in plots

从图 5-1 中可以看出，群落中除 SD04 外，径级分布呈 Ⅱ>Ⅰ>Ⅲ>Ⅳ 的规律，而 SD04 为 Ⅰ>Ⅱ>Ⅲ>Ⅳ，Ⅰ 和 Ⅱ 径级占样地树木总株数的 75.99%~91.52%，SD01、SD02、SD03 和 SD04 四个样地平均胸径分别为 3.89cm、4.54cm、4.40cm 和 6.15cm。主林层占样地内树木总株数的 8.29%~23.81%，演替层占样地内树木总株数的 34.98%~52.79%，更新层占样地内树木总株数的 32.91%~41.22%。说明该群落处于次生演替、中幼林阶段。

2. 受损木死亡情况

在冰雪灾害 9 个月后，对 5 块样地 3883 株树木进行了调查，其中 3276 株树木受损。在 SD01、SD02、SD03、SD04 样地中，死亡树木株数占样地树木总数分别为 8.20%、10.25%、14.80%、9.80% 和 6.81%，其中 SD03 样地死亡率最高，SD01 样地死亡率最低；受损木占总死亡株数分别为 77.78%、91.07%、92.68%、96.43% 和 94.44%。由此可见，冻害不是此次灾害对树木产生破坏的主要形式，而且死亡树木大部分为小径级树木。正常木死亡的 SD01 样地最高，占死亡株数的 22.22%，SD04 样地最低，为 3.57%。在各受损类型中，压弯死亡株数最多，断梢和断干类型次之，这与样地调查中这三类型受损木数量较多相一致。从总的来看，冰雪灾害造成常绿阔叶老龄林树木死亡率低于常绿阔叶次生林。

表 5-3 受损木死亡情况
Tab. 5-3 Number and proportion of death of trees damagd

| 样地号① | 总株数② | 死亡数③ | 受损类型 Type of damage | | | | | | 不同胸径占死亡木比例 DBH(%) | | | | |
			断干④	断梢⑤	翻蔸⑥	压弯⑦	倒伏⑧	正常⑨	1≤DBH<2	2≤DBH<3	3≤DBH<4	4≤DBH<5	5.0≤DBH
SD01	768	63	4	7	4	32	2	14	31.75	31.75	15.87	7.94	12.70
SD02	1095	112	7	13	2	80	0	10	32.14	32.14	17.86	6.25	11.61
SD03	554	82	18	16	5	37	0	6	24.39	25.61	9.76	2.44	37.80
SD04	857	84	9	12	5	54	1	3	27.38	22.62	19.05	7.14	23.81

Note：①Sample plot；②，Total；③No. of dead trees；④Trunk breakage；⑤Top breakage；⑥Uprooting；⑦Stem bending；⑧Lodging；⑨Health.

3. 群落受损特征

机械损伤是冰雪灾害对森林造成破坏的主要形式。SD01、SD02、SD03、SD04 平均受损率为 89.07%，最低为 84.24%，最高为 91.74%。在各受损类型中，压弯数量最多，倒伏最少，翻蔸次之；弯压木分别是断梢木、断干木、翻蔸和倒伏的 4.59、7.65、10.36 和 29.33 倍。正常和压弯木随着径级的增加而减少，断梢和翻蔸木呈现与之正好相反的规律。轻度受损型明显高于严重受损型，轻度受损型树木株数占总受损木株数的 72.9%~87.59%，为严重受损型 4.6 倍以上。倒伏木在各径级中所占比例均较小，为 1.16%~1.84%，且变化不大。说明倒伏不是此次灾害对树木的机械损伤的主要类型。断干出现先增后降的规律，变化拐点出现在径级 Ⅲ 中。除径级 Ⅳ 中未出现压弯处，各受损类型在各径级中均有出现分布，而倒伏Ⅳ级中仅有 1 株。产生的原因，可能树木胸径大，树冠大，且处于林冠上层，对冰雪的拦截作用强，当冰雪的重量超过树枝的承载力时，出现断梢(枝)，当超过到树干的承载力时出现断干，且随着树木胸径的增加，其树干的柔韧性下降，从而出现高的断梢、断干、翻蔸率，而无倒伏现象。

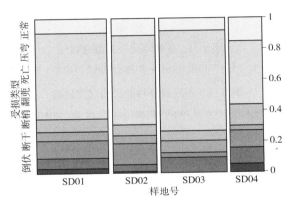

图 5-2 不同径级不同受损类型比例

Fig. 5-2 Proportion of damaged type with different diameter classes

图 5-3 各样地受损类型分布

Fig. 5-3 Distribution of damage types of trees in plots

4. 优势种受损特征

优势种在维持群落的结构和功能中发挥着重要作用，优势种受损率是评价群落受干扰程度的关键因子。从图 5-4 可以看出，各优势种受损率不同，优势种平均受损率为 90.25%，最低为黄瑞木，60.00%，最高为大果蜡瓣花，98.43%。在 26 个优势种中，没有倒伏类型出现的为 13 个种，分别是檵木、米碎花、南方荚蒾、鼠刺、油茶、大果蜡瓣花、广东润楠、红楠、虎皮楠、石栎、青冈栎、深山含笑和榕叶冬青；没有断干类型出现的 4 个种，分别是黄瑞木、粤北鹅耳枥、红楠和榕叶冬青；没有翻兜类型出现的 5 个种，分别是黄瑞木、乌饭树、大果蜡瓣花、石栎和深山含笑。压弯与断梢在各优势种中均有出现。灌木层优势种受损率范围在 60.00%~97.62%，其中黄瑞木受损率最低，米碎花受损率最高；轻度受损型灌木层优势种受损率范围在 45.00%~89.66%，其中黄瑞木受损率最低，鼠刺受损率最高；重度受损型灌木层优势种受损率范围在 3.06%~15.15%，其中溪畔杜鹃受损率最低，油茶受损率最高。乔木层优势种受损率在 82.03%~98.44%，其中冬青受损率最低，大果蜡瓣花最高；轻度受损型乔木层优势种受损率范围在 47.78%~90.91%，其中虎皮楠受损率最低，红楠受损率最高；重度受损型乔木层优势种受损率范围在 3.03%~47.22%，其中红楠受损率最低，虎皮楠受损率最高。在对乔木层优势种和灌木层优势种受损率进行显著性分析，在 $p=0.05$ 水平上，两者无显著差异（ $Sig.=0.607$ ），轻度受损型两类优势种间受损率也无显著差异（ $Sig.=0.213$ ），但在严重受损型两类优势种间受损率具有明显的差异（ $Sig.=0.027$ ）。

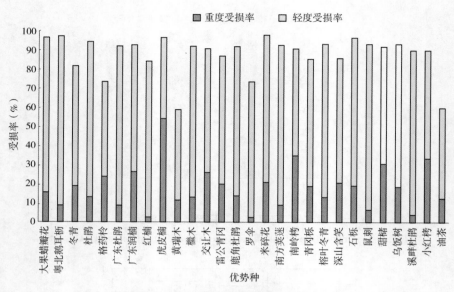

图 5-4　各样地受损类型分布

Fig. 5-4　Distribution of damage types of trees in plots

表 5-4　不同优势种的受损程度指数

Tab. 5-4　Degree of impairment index of dominant species

乔木层	受损程度指数	灌木层	受损程度指数
虎皮楠	1.01	黄瑞木	3.00
南岭栲	1.72	油茶	4.00
小红栲	1.94	乌饭树	6.82
甜槠	2.82	檵木	7.14
交让木	3.37	米碎花	7.20
深山含笑	3.67	鹿角杜鹃	7.36
青冈栎	4.00	杜鹃	9.75
雷公青冈	4.05	南方荚蒾	12.50
广东润楠	4.69	鼠刺	13.00
冬青	4.70	广东杜鹃	14.00
大果蜡瓣花	6.88	溪畔杜鹃	28.71
石栎	10.75		
粤北鹅耳枥	11.00		
榕叶冬青	13.00		
红楠	30.00		

　　从灾后自然恢复的角度来看，各优势种的受损率轻度受损型比例越高，其在群落中的地位受影响越小，相反，重度受损型比例越高，其在群落中的地位受影响越大。通过受损程度指数可以评价优势种在自然恢复中的地位。从表 5-4 中可以看出，此次灾害乔木层虎皮楠、南岭栲、小红栲、甜槠和交让木等受损较重，红楠、榕叶冬青和粤北鹅耳枥等受损较轻；灌木层黄瑞木、油茶和乌饭树等受损较重，溪畔杜鹃、广东杜鹃和鼠刺等受损较轻。

5. 低频度种的受损情况

4块样地中，总株数低于3株者，定义为低频度种，样地内共有低频度种17种，共38株。受损率为80.64%。栓皮木姜子（*Litsea suberosa*）和腺鼠刺（*Itea glutinosa*）各为2株、海桐（*Pittosporum tobira*）1株均未受损，凹叶冬青（*Ilex championii*）2株，其中1株受损。其他13种均受到不同程度的机械损伤，但以压弯最多，共17株，翻蔸1株，断梢3株、断干4株。其严重受损率16.13%，表现为较轻的受损程度。

6. 林分密度对受损率的影响

开阔的空间可以促进树干直径的生长，减少风或雪灾发生的可能性。对于高密度、郁闭但没有新间伐的低龄林，由于树木整体趋于细弱，因此最易遭受灾害。在我们调查的4个样地中发现，随着林分密度的增加，受损率呈增加的趋势。在SD01与SD03样地中，与此规律略有不同，这与两个样地的海拔高度有关。相关性分析，受损率与林分密度具有较强的相关性（$R=0.911$，$P=0.04$）。

表5-5　林分密度与受损率的关系
Tab. 5-5　Relationship of stands density and damage rate

样地号	总株数（个）	林分密度（个/100m²）	受损率（%）
SD01	1284	85.60	91.12
SD02	804	53.60	89.18
SD03	1199	79.93	91.74
SD04	609	40.60	84.24

7. 立地因子对灾害干扰的影响

在自然干扰过程中，地形因素对干扰程度具有一定的影响作用。从4个样地中选择共有树种冬青、甜槠、南岭栲，分析不同海拔、坡度、坡向与受损率间的关系，从表5-5中可以看出，同一树种随着海拔梯度的增加，没有受损（或正常）生长的数量呈现增加的趋势。这可能与海拔增加温度下降这种固定模式下植物对生境的适应有关，从而增加了树种对冰雪灾害的抵抗能力。在坡向基本一致的条件下，如SD01和SD03样地，随着海拔梯度的增加，倒伏、断梢、压弯类型占该树种的比例呈现下降的趋势，而断干类型呈现上升的趋势。而与SD01和SD03坡向相反的SD04和SD02样地，南岭栲断干、断梢类型与SD01和SD03样地中冬青和甜槠表现出一致的趋势，而压弯类型则相反。

表5-6　同一建群种在不同样地受伤类型比例
Tab. 5-6　Proportion of all damaged modes of the same dominant specie in the different sampled plots

种名	样地	倒伏	断干	断梢	翻蔸	压弯	正常
冬青	SD01	3.03	3.03	7.58	7.58	68.18	10.61
冬青	SD03	1.56	3.13	12.50	7.81	60.94	14.06
冬青	SD04	0.00	9.30	0.00	0.00	53.49	37.21
南岭栲	SD02	0.00	2.86	40.00	20.00	28.57	8.57
南岭栲	SD04	0.00	26.37	12.09	5.49	46.15	9.89
甜槠	SD01	4.29	11.43	25.00	10.00	41.43	7.86
甜槠	SD02	10.20	2.04	42.86	6.12	30.61	8.16
甜槠	SD03	0.00	14.29	19.64	14.29	39.29	12.50

　　通过对不同样地严重受损单因子(海拔、坡向、坡度)统计分析(表5-7 至表5-10),在 α=0.05上,海拔、坡度对冬青和甜槠严重受损率没有显著性差异,这可能是海拔和坡度差异不大的原因。说明在海拔720~890m 范围内,杨东山十二度水省级自然保护区范围内林木受冰雪灾害损害的程度较一致。

表 5-7　不同海拔对优势种受损严重性方差分析(α=0.05)
Tab. 5-7　The variance analysis of serious damaged rates of dominant species in different elevations

	平方和	自由度	均方	F	显著性
组间	0.049	3	0.016	0.923	0.045
组内	0.283	16	0.018		
总计	0.331	19			

表 5-8　不同海拔对优势种受损严重性方差分析(α=0.05)
Tab. 5-8　The variance analysis of serious damaged rates of dominant species in different slope degrees

	平方和	自由度	均方	F	显著性
组间	0.049	3	0.016	0.923	0.045
组内	0.283	16	0.018		
总计	0.331	19			

表 5-9　不同海拔对优势种受损严重性 SNK 差异性检验
Tab. 5-9　The Student-Newman-Keuls significance of serious damaged rates of dominant species in different elevations

海拔(m)	样本数	子集
720~740	5	28
796~820	5	30
870~890	5	23
950~970	5	25
	Sig.	0.550

表 5-10　不同坡度对优势种受损严重性 SNK 差异性检验
Tab. 5-10　The Student-Newman-Keuls significance of serious damaged rates of dominant species in differentslope degrees

坡度(°)	样本数	子集
30	5	28
28	5	30
25	5	23
23	5	25
	Sig.	0.550

四、结论与讨论

　　(1)广东乐昌杨东山十二度水省级自然保护区海拔700m~1000m 的森林具有丰富的物种,4 个样地平均有33.5±5.45 个科,47.75±5.91 个属,75.25±1.06 个种,以胸径小于7.5cm 的树木为主。优势科乔木层以壳斗科为主,灌木层以杜鹃花科等为主,具有典型的亚热带常绿阔叶次生林栲类林特征，这和栲类林地理分布一致（祁承经，1992；叶万辉 等，2004）。

（2）此次冰雪灾害对森林造成84.24%以上不同程度的机械损伤，在各受损类型中，压弯木最多，倒伏最少，翻蔸次之，处于Ⅱ径级树木受损率最高。产生这种现象的原因，一是上层木大量的断枝引起的次生损伤，二是群落组成以小于10cm树木为主，三是Ⅰ径级树树冠较小，且处于林冠下层，其自身附冰雪量相对较小，而Ⅱ径级树处于群落的亚冠层或中间层，且已形成一定的树冠。这种现象可能减缓常绿阔叶次生林演替进程。2008年1～2月冰雪灾害对亚热带常绿阔叶次生林演替进程是产生加速还是后退，还需对受损树种萌生更新及林下更新开展进一步研究。

虽然如此高的受损率，但如果进一步根据受损的严重程度来细分，此次灾害并没有灾后一些报道的那样严重，重度受损型所占比例明显小于轻度受损型，仅为11.07%～22.82%。冰雪灾害对树木损坏的调查方法很多（Angela et al，2004；Lafon and Charles，2004；Steven，2002），但真正用来评估冰雪对森林的影响不能仅仅通过计算受损率来评价，除对受损率、受损程度等的考虑外，还要考虑树种自身的生物学特性，如萌生能力等。在选择受损类型划分时，更需注意研究的目的，不能完全照搬硬套。

（3）优势种平均受损率为90.25%，且不同树种有着不同的受损率。这一方面与树种的生物学特性、健康状况、根系在土壤中的分布情况、分枝角度、木材特性、尖削度等及立地有关（Dobbertin，2002；Wilson et al.，2001），此外还与树种叶片类型及叶表面结构有关。根据笔者2011年1月5日在湖南莽山海拔840m进行自然条件下不同树种枝叶覆冰率的试验，不同树种之间覆冰率表现出不同的差异。

表5-11　海拔840m各树种覆冰率方差分析（$P=0.05$）

Tab. 5-11　Analysis of variance attached ice rate of each species in 840m （$P=0.05$）

	猴头杜鹃	毛竹	杉木	拟赤杨（落叶种）	甜槠	马尾松
猴头杜鹃	–	0.776	0.964	0.041 *	0.165	0.001 * *
毛竹			0.81	0.022 *	0.099	0.001 * *
杉木				0.037 *	0.153	0.001 * *
拟赤杨（落叶种）					0.047 *	0.001 * *
甜槠						0.001 * *
马尾松						–

注：* 表示在 $P=0.05$ 水平上差异显著，* * 表示在 $P=0.01$ 水平上差异显著。

建群种中，建群种中以胸径1.0～5.0cm倒伏、压弯和正常类型最多，5.1～10.0cm以断干和翻蔸类型最多，15cm以上以断梢最多，10.0～15.0cm在各受损类型受损最低。从群落结构来看，建群种中大树受损并不严重，多为断梢现象，栲类林是萌生林的先锋树种之一，如南岭栲（叶万辉，2004），这种萌生枝可能在短期内重新占据林冠上层，同时未受损的和压弯种1.0～5.0cm的小树可利用形成的林隙加速生长，弥补受损严重的5.1～10cm树种留下的空间。因此从长期来看，这场灾害未必能改变天然次生林的林冠结构。此外，在全球气候变暖条件下，极端事件发生的频率将不断地增加（秦大河，2005）。据预测（宋瑞艳 等，2008），未来在广东至广西北部和云南中部部分地区，"最大"连续低温日数略有增加；江西南部、广东东部以及福建西部部分地区降雪量有增加的趋势；贵州西部经云南东北部至四川盆地西部及以北到四川、陕西和甘肃三省交界处，冻雨天数的增加较大。如果这种趋势将来发生，处于演替过渡类型的栲类林可较长期的成为该区天然次生林的类型。

（4）冰雪灾害对优势种的机械损伤将改变其在冠层的位置。本次灾害中，冬青科的冬青受损最轻，樟科的虎皮楠受损最重，南岭栲、甜槠、小红栲等栲类种和交让木科的交让木受损居中。这种受损格局，可能改变现有群落的结构：一是可能加强冬青在群落中的优势地位，同时减弱樟科虎皮楠在群落中的优势地位；二是虎皮楠在群落中的优势地位减弱，为栲类种在群落中提供更好的生存空间，从而进一步加强栲类种的优势地位。Lemon（1961）和 Whitney 等（1984）认为在成熟林中先锋树种在冰雪灾害中比其他树种受损严重，这更加速森林的演替进程。

灾害对常绿阔叶次生林乔木层影响比灌木层严重。通过引入受损程度指数的分析，虎皮楠、南岭栲、小红栲、甜槠、交让木等优势种可能短期内在乔木层中失去优势地位，而受损较轻的红楠、榕叶冬青、粤北鹅耳枥等在乔木层的优势地位变得明显。说明了此次灾害对树木的破坏程度与树种在群落中的优势度有较大的关系，这一结果与杨玲等（2006）对台风的研究结果一致。黄瑞木、油茶、乌饭树等严重受损的可能在灌木层失去优势地位，而使本来优势明显的溪畔杜鹃、广东杜鹃等优势种的优势地位更为明显。加之受损木产生的林隙为林下更新及林下物种生长提供良好的光照条件，这次灾害的干扰，将一度改变受灾区森林的景观格局。

（5）从地形因子相关性分析结果来看，在这场冰雪灾害中，地形因子虽然对常绿阔叶次生林建群种影响不一致，但在小的范围内地形因子对林木严重受损率的影响无差异。这与 Dobbertion（2002）认为"坡度越大林木受灾程度越严重，坡度在 8°~35°时更容易发生森林雪灾，而坡向的影响尚不能确定"的结果不一致。

第二节　冰雪灾害对南岭常绿阔叶老龄林机械损伤特征

老龄林是从未进行经营活动的次生或破坏的天然林，是长期受当地气候条件的作用，逐渐演替而形成的最适合当地环境的植物群落，生物与生物之间、生物与环境之间达到了最适合当地环境的植物群落，是经过长期演替保存下来的具有稳定的结构和功能的森林。老龄林结构复杂，使其成为许多野生动植物的栖息地，也是全球一个重要的基因多样性保存库和树木更新种子库，以及维持衰退林分中演替后期种的生存地，具有重要的生态价值和保护学意义。我国天然林除自然保护区、森林公园、未开发的西藏林区、已实施保护的热带雨林和零散分布的老龄林（或风水林）（赵利群 等，2006；程俊 等，2009），其他地方老龄林已十分少见。在我国人口较为稠密的亚热带地区，森林遭受严重的破坏，少量幸存老龄林显得十分珍贵。由于老龄林重要的生物、科研、生态等价值，加强老龄林的保护已成为世界各国关心的问题（陈蓬，2004）。我国通过建立自然保护区、森林公园等方式对现存不多的老龄林进行保护。

2008 年 1~2 月的冰雪灾害对森林的损害程度严重，影响面积大，尤其是对南岭山地森林（李意德，2008），给南岭地区极少量的老龄林以重创。Stéphanie 等（2001）对加拿大蒙特利尔 1998 年北美特大冰雪灾害前后的森林结构、组成等比较结果表明，不同树种受损程度不同，胸径大于 10cm 的树木 97% 以上的都受到影响，35% 失去一半的树冠，幼苗和小树（4cm ≤ DBH ≤ 10cm）中仅有 22% 未倒伏和断干，而且在山脊上的受损更严重，灾后有 53% 的受损有萌条发生。灾后老龄林内光量子密度（PPFD）由原来的 2%~4% 增加到 13.8%~20.5%，增加了 4~5 倍，随后呈倒"J"字形下降，2 年后可降低 50%，一般 3~7 年可恢复到原来的状态。2008 年发生在我国南方的冰雪灾害对老龄林如何影响，树种间受损类型和程度是否相同，不同树木大小对冰雪灾害受损程度是否有差异。这些问题的回答对保护南岭受损森林恢复和生物多样性保护都具有重要的意义。

一、研究区概况

广东南岭国家级自然保护区位于广东北部南岭山脉中段，地理坐标为 24°37′~24°57′N，112°30′~113°04′E。其东邻乳源县大桥镇，南接阳山岭背镇，西靠连州市，北部与湖南省宜章县莽山森林公园接壤，总面积 58368.4hm²，其中核心区 23598.8hm²，缓冲区 14978.5hm²，实验区 19791.1hm²，是广东省陆地森林面积最大的自然保护区。属于亚热带季风区，冬季盛行东北季风，夏季盛行东南季风或西南季风。南岭山脉是华南与华中气候的分界线，又是阻挡北方寒潮入侵华南的屏障（张宏达，2003）。

南岭国家级自然保护区乳阳林业局本部（海拔 500m）年平均气温 17.4℃，最冷月（1 月）平均气温 7.1℃，最热月（7 月）平均气温 26.2℃，极端最高气温 36.9℃（1984 年 7 月 30 日），极端最低气温 -4.5℃（1982 年 12 月 2 日），年均降水量 2108.4mm。地貌以中山山地为主，山脉多为西北-东南走向，主要由花岗岩、变质岩和砂岩组成，广东最高峰石坑崆（1902m）位于该区。海拔 900m 以下主要为山地红壤，海拔 900~1800m 分布有山地黄壤，是保护区主要的土壤类型，海拔 1800m 至山顶，局部形成山地灌丛草甸土。

广东南岭国家级自然保护区是广东省陆地森林面积最大的自然保护区，是南岭山脉中心地带，保存有较完整的亚热带常绿阔叶林、山顶矮林、针叶林等森林植被。地带性植物为常绿阔叶林，森林覆盖率达 97%，保存着大面积的老龄林。区内动植物种类极其丰富多样，孕育着许多以南岭为起源中心和分化中心的特有的动植物种，被专家誉为"绿色明珠，物种宝库"。区内有维管束植物 2000 多种，陆生脊椎动物 300 多种，其中列入国家一、二级重点保护的珍稀濒危野生动植物有 60 多种。

二、研究方法

样地设置、调查方法同上节。

表 5-12　样地基本概况

Tab. 5-12　Basic information of sample plot

样地号	地点	海拔（m）	坡向	坡度（°）	群落类型	郁闭度	面积（m²）
NL01	南岭	505~525	东北	5	甜槠+栲树+檵木	0.2	3600

三、结果与分析

1. 群落组成

从图 5-5 可以看出，处于主林层树木占样地内树木总株数的 35.92%，演替层树木占样地内树木总株数的 19.85%，更新层树木占样地内树木总株数的 44.23%。具有明显的老龄林特征。最大树木胸径为 111.46cm，最大树高 30m。

南岭常绿阔叶老龄林样地内共有 30 科 53 属 87 种。重要值表明了植物在群落中的重要程度，反映了某个种在群落中所具有的作用和地位。从表 5-13 中可以看出，处于林冠层的树种为甜槠、栲树、猴欢喜、青冈等。处于灌木层的主要为檵木。与次生林相比，群落中灌木层树种种类明显减少，但仍具有明显的栲类林特征。

从表 5-14 中可以看出，冰雪灾害后林分的结构发生了较大的变化。除物种数量变化不大，其它都发生了较大的变化。平均胸高断面积和平均树高明显降低，每 100m² 内立木数量也发生了变化。产生这种现象的原因：一方面虽然样地在同一地点，但样地面积不同，张璐采用 10m×100m 小样带进行了调查，而本试验采用 60m×60m 的样方进行调查；二是样地距居民点较近且交通方便，人为干扰严重，加之此次灾害对林木造成严重的机械损伤；三是林分存在较大的空间异质性。

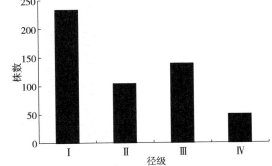

图 5-5　常绿阔叶老龄林径级分布

Fig. 5-5　Number of trees of different diameter class in plots of original evergreen broadlesved forest

表 5-13   样地优势种的重要值

Tab. 5-13   Important values of dominant species in plot

种名 species	RS	RF	RD	IV
甜槠 Castanopsis eyrei	8.56	6.83	30.80	46.18
栲树 Castanopsis fargesii	7.03	7.51	15.00	29.55
檵木 Loropetalum chinense	12.93	7.51	6.65	27.08
猴欢喜 Sloanea sinensis	10.84	7.51	2.97	21.32
青冈 Cyclobalanopsis glauca	6.46	3.75	0.73	10.95
山杜英 Elaeocarpus sylvestris	1.90	2.05	4.09	8.04
鹿角栲 Castanopsis lamontii	3.04	3.41	1.55	8.01
山皂荚 Gleditsia japonica	1.52	2.05	4.39	7.96
小果山龙眼 Helicia cochinchinensis	1.33	2.05	2.95	6.33
红楠 Machilus thunbergii	2.09	2.73	0.83	5.65

注 RS：相对多度（relative sbundance）；RF：相对频度（relative frequency）；RD：相对显著度（relative dominance）；IV：重要值（important value）。

表 5-14   冰雪灾害前后林分结构的变化

Tab. 5-14   Structure changes of stand in before and after snow disaster

年份	平均物种数（100m²）	平均立木数（100m²）	平均胸高断面积（m²/hm²）	平均树高（m）
2005	8.17±0.85	16.33±1.24	62.32±10.99	14.70±0.76
2009	8.36±2.70	14.86±6.18	26.80±24.65	5.57±1.70

注：2005 年数据引自华南农业大学张璐博士论文《广东第一峰石坑崆森林群落物种多样性垂直格局研究》。

2. 受损分布特征

从图 5-6 可以看出，常绿阔叶老龄林在此次灾害中总的受损率为 40.91%，轻度受损型所占比例表现出与次生林一样的规律，明显高于严重受损率，为严重受损型的近 7 倍。各受损类型中，断梢受损率最高，翻蔸最低，仅 1 株，倒伏次之，仅为 2 株。在各类型的分布上表现出与次生林不同的规律，老龄林为断梢>压弯>断干>倒伏>翻蔸，而次生林为压弯>断梢>断干>翻蔸>倒伏。

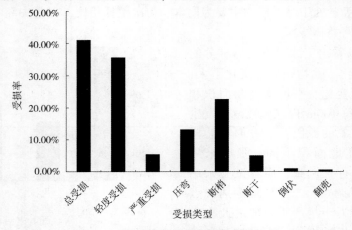

图 5-6   各受损类型占总受损率的比例

Fig. 5-6   Proportion ofdamage type of trees in plot

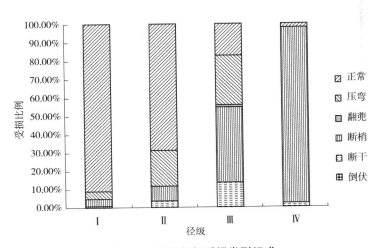

图 5-7 不同径级受损类型组成

Fig. 5-7 **Proportion of damage type with different diameter classes**

随着径级的增加，正常木减少，在Ⅳ径级中仅有 1 株正常木，这一点与次生林表现出相同的规律。断梢木随着径级的增加所占比例增加，而断干与压弯木表现为随着径级的增加呈现先增加后减少的规律，径级Ⅲ中达到最高。各受损类型在径级Ⅲ中均有分布，径级Ⅳ以断梢木为主，但未出现压弯木、倒伏和翻蔸类型，正常木也仅有 1 株。翻蔸和倒伏木分别为 1 和 2 株，表现无规律。

3. 优势种受损特征

重要值较大的植物种类对群落结构和环境具有很重要的作用，特别是优势种，由于对群落结构的形成、环境的支配及对其他伴生种的影响，它们的变化则反映了群落的变化。从图 5-8 可以看出，不同的优势种受损率存在差异。灌木层檵木受损率最高，达 88.24%，乔木层山皂荚和山杜英次之，分别为 75.00% 和 70.00%。从乔木受损程度看，红楠、猴欢喜、鹿角栲、山杜英和山龙眼无严重受损型（图 5-9）。在严重受损型中，山皂荚受损比例最高；轻度受损型中，山杜英和山龙眼比例最高。

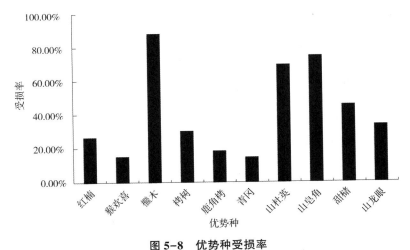

图 5-8 优势种受损率

Fig. 5-8 **Proprotion of damaged dominant species in plot**

四、结论与讨论

（1）南岭常绿阔叶林老龄林样地内共有 30 科 53 属 87 种，壳斗科植物为主要的优势科，灌木层优势种以金缕梅科檵木为主。冰雪灾害后林分的结构发生了较大的变化，表现为林分高度下降，胸

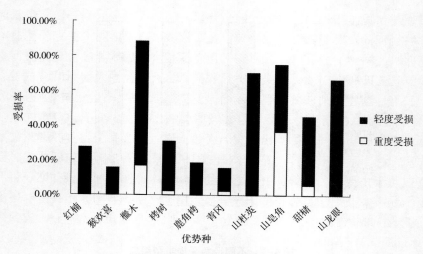

图5-9　优势种受损程度分布

Fig. 5-9　Proportion of different extent of damaged dominant species in plot

高断面积减少，单位面积内物种数量和立木数量变化不大。在物种数量的变化上与Takahash等（2007）对1998年加拿大冰雪灾害的研究结果一致，不同的是加拿大冰雪灾害改变了立木数量，灾后7年，林分基面积从49.1m²/hm²下降至31.5m²/hm²，胸径大于1cm立木数量从6350株/hm²降至3875株/hm²。

（2）此次灾害对南岭老龄林造成40.91%树木机械损伤，这与次生林84.24%的机械损伤相比，老龄林受到的机械损伤明显低于次生林。各受损类型分布也表现出与次生林有所差异。各受损类型中，断梢受损率最高，翻蔸和倒伏类型基本未出现。断干木、断梢木和正常木，老龄林与次生林表现出一致的规律，压弯木表现出与次生不同的规律，但径级Ⅳ中未出现压弯木。产生此现象的原因，一是老龄林高木的林冠为林下树木提供了良好的"保护伞"，减少了林下树木的覆冰量；二是原有林分高的郁闭度使林下植株数量较少；三是冰雪灾害后形成了大的林窗和林内肥沃的土壤，给林下林木生长提供了良好的条件，调查时间在灾后近1年时，林下速生树种胸径达到1cm以上，增加了正常木的数量；四是样地相对比较平坦。

（3）优势种平均受损率为41.97%，大大低于次生林90.25%，而且红楠、猴欢喜、鹿角栲、山杜英、山龙眼和油桐无严重受损型。受损的径级Ⅳ树木萌条能力与萌条的生长速度也是影响林分下一步发展的主要因素（王旭 等，2010）。由于断梢的比例最高，给林分创造了大量的林窗，也为林下更新提供了良好条件（Beaudet et al.，2007）。这种受损格局，可能在短期内改变优势种的层间位和未来林分的物种组成。也有研究表明，冰雪灾害不会改变优势种的组成（Takahashi et al.，2007），反而会加大优势种在冠层的优势地位（Stephanie et al.，2001）。

第六章　冰雪灾害对南岭针阔混交林和山顶矮林的影响

针阔混交林是南岭山地的主要森林类型之一，主要分布在海拔 1200～1900m 范围内（祁承经等，1992），在 1200m 以下主要是人工补种马尾松后形成的针阔混交林。山顶矮林主要分布在（1700）1800m 以上至山顶地段，树高在 5～8m，分枝多，树冠平截、树干及枝条满布苔藓和小型蕨类。对冰雪灾害受损森林的调查结果表明：针叶树种的受害率、受害级和受害指数分别比阔叶树种高，而不同的针叶树种之间对冰雪灾害的响应程度也不相同（汤景明 等，2008）。一般情况下，海拔升高 100m，温度下降 0.6℃，这种温度的变化是否会对针阔混交林或山顶矮林损害加剧，常绿阔叶林断枝、折断的树干是否会加剧灾害的破坏性，这方面的研究鲜见报道。

第一节　冰雪灾害对南岭针阔混交林机械损伤特征

针阔混交林是我国亚热带地区森林的主要类型之一。2008 年冰雪灾害后，国内学者对灾后森林受损开展了不同层面的调查研究。研究结果表明：国外松蓄积损失最重，马尾松蓄积损失次之，混交林蓄积损失程度最低；马尾松幼龄林和中龄林受损比近成过熟林严重，国外松幼龄林受损更为严重，杉木中龄林受损程度明显高于其他龄组（方向民 等，2013）。蔡子良等（2008）对广西冰雪灾区森林受害情况调查结果表明：杉木抗灾害能力大于松树，乡土树种大于外来树种，阴坡大于阳坡，混交林大于纯林。汤景明等对湖北鄂东南和鄂西南主要造林树种冰雪灾害调查结果表明：针叶树种受害率、受害级和受害指数分别比阔叶树种高 14.7%、46.7% 和 48.2%，引进树种比乡土树种高 54.4%、95.5% 和 92.6%。刘足根等（2014）对江西崇义县竹阔混交林冰雪灾害后连续 5 年监测结果表明：灾害干扰后 5 年对竹阔混交林植物多样性影响较小。这些研究形成较一致的结果，针林叶受损大于阔叶树，纯林大于混交林，马尾松大于杉木等，研究对象主要为人工林或人工抚育更新的天然林。但对于天然针阔混交林的影响如何鲜见报道，针叶林受损产生断枝是否会对阔叶树产生进一步危害未见报道。因此，本研究选择 2008 年冰雪灾害发生区湖南莽山自然保护区作为研究地点，针对冰雪灾害对天然针阔混交林受损特征开展研究，研究结果可为受损森林管理和应对极端气候事件提供决策依据。

一、研究区概况

湖南莽山自然保护区位于湖南省宜章县境内（24°52′00″～25°03′12″N，112°43′19″～113°00′10″E），总面积约 200km²。境内山峰林立，溪流密布，最高峰猛坑石海拔 1902m，区内地形复杂，植被覆盖良好，动植物资源十分丰富，有关文献记录的种子植物有 172 科 815 属 2064 种（陈炼，1998）。该林区地处北回归线附近，受热带暖流和大陆寒流的影响，属南亚热带山地湿润气候，年平均气温为 17.2℃，极端最高温度为 36.2℃，极端最低温度为 -9.8℃，年降水量为 1710.4～2555.6mm，年相对湿度为 82.8%。该地区的气候基本特征为春夏潮湿多雨、秋季少雨干燥、冬季冷湿多雾；莽山既是长江水系和珠江水系的分水岭，又是华中和华南的自然地理分界线，其植被明显表现出我国中亚热带与南亚热带植被之间的过渡性。该区属典型的南岭山地丘陵地貌,水平地带性土壤为红壤,分布的土壤类型随海拔高度的不同而异:海拔 400m 以下为红壤;海拔 400~700m 为山地红壤;海拔 700~900m 为山地黄红壤;海拔 900~1500m 为山地黄壤;海拔 500~1800m 为山地表潜黄壤;海拔 1800m 以上为山地灌丛草甸土。

二、研究方法

1. 样地设置

在湖南莽山国家级自然保护区海拔 800~1400m 范围内,设置 30m×50m 植物样地 4 块,分别命名为 MS01、MS02、MS03 和 MS04(见表 6-1),按照相邻格子法把每个样地分为 10m×10m 的小样方。

表 6-1　样地概况

Tab. 6-1　Basic information of the four sampled plots

样地号 Plots	林分类型 Forest tryple	地理位置 Geography rocation	海拔(m) Elevation	坡度 Slope	坡向 Aspect
MS01	针阔混交	N24°57′1.6″, E112°55′59.2″	1400	15°	北偏西15°
MS02	针阔混交	N24°56′56.7″, E122°56′6.2″	1400	15°	北偏西15°
MS03	针阔混交	N24°59′3.5″, E112°55′45.7″	900	10°	北偏西25°
MS04	针阔混交	N24°59′35″, E112°55′45.7″	900	10°	北偏西30°

2. 调查方法

同第五章第一节"2"调查方法。

三、结果与分析

1. 群落组成

通过样地调查,MS01 共有 55 个种,隶属 39 属 21 科,处于林冠层的种以华南五针松(*Pinus kwangtungensis*)、甜槠、雷公鹅耳枥(*Carpinus viminea*)、长苞铁杉(*Tsuga longibracteata*)等为主,灌木层以长蕊杜鹃(*Rhododendron stamineum*)、大果马蹄荷(*Exbucklandia tonkinensis*)、香港毛蕊茶(*Camellia caudata*)等为主。MS02 共有 42 个种,隶属 36 属 19 科,处于林冠层的种以华南五针松、长苞铁杉、福建柏(*Fokienia hodginsii*)、甜槠等为主,灌木层以长蕊杜鹃、猴头杜鹃(*Rhododendron simiarum*)、小果珍珠花(*Lyonia ovalifolia*)等为主。MS03 共有 44 个种,隶属 34 属 20 科,处于林冠层的种以虎皮楠(*Daphniphyllum longistylum*)、马尾松(*Pinus massoniana*)、小红栲(*Castanopsis hystrix*)、拟赤杨(*Alniphyllum fortunei*)等为主,灌木层以尾尖叶柃(*Eurya acuminata*)、香花枇杷(*Eriobotrya fragrans*)、大叶新木姜子(*Neolitsea chinensis*)等为主。MS04 共有 75 个种,隶属 45 属 25 科,处于林冠层的种以小红栲、拟赤杨、马尾松、红楠等为主,灌木层以长蕊杜鹃、大果马蹄荷、香港四照花(*Cornus hongkongensis*)等为主。可见,4 块样地为典型的亚热带针阔混交林。

从图 6-1 中可以看出,MS01 和 MS02 样地径级分布呈 Ⅱ>Ⅰ>Ⅲ>Ⅳ 的规律,而 MS03 和 MS03 样地分布呈 Ⅰ>Ⅱ>Ⅲ>Ⅳ 的规律,Ⅰ 和 Ⅱ 径级占样地株数的 74.19%~92.64%。MS01、MS02、MS03 和 MS04 四个样地平均胸径分别为 5.73cm、6.24cm、6.83cm 和 3.47cm,主林层占样地树木总株数的 29.91%~43.66%。演替层占样地内树木总株数的 34.98%~52.79%,更新层占样地内树木总株数的 32.91%~41.22%,演替层占样地内树木总株数的 53.35%~57.03%,更新层占样地内树木总株数的 1.88%~13.55%。说明该针阔混交林处于近熟林阶段,林下更新能力差。

表6-2　样地优势种的重要值

Tab. 6-2　The importance value of dominant species

种名	MS01				MS02				MS03				MS04			
	RS	RD	RF	IV	RS	RD	RF	IV	RS	RD	RF	IV	RS	RD	RF	IV
大果马蹄荷	9.87	3.42	6.90	20.19	—	—	—	—	3.21	1.66	2.46	7.33	5.23	1.35	2.54	9.13
大叶新木姜子	—	—	—	—	0.47	26.88	0.83	28.18	—	—	—	—	—	—	—	—
福建柏	—	—	—	—	—	—	—	—	—	—	—	—	2.62	0.92	3.05	6.58
广东润楠	—	—	—	—	—	—	—	—	5.05	0.70	5.74	11.48	2.33	6.37	2.03	10.73
红楠	—	—	—	—	7.48	4.92	7.50	19.90	—	—	—	—	—	—	—	—
猴头杜鹃	—	—	—	—	—	—	—	—	24.31	6.95	9.02	40.28	—	—	—	—
虎皮楠	—	—	—	—	2.34	22.75	4.17	29.26	—	—	—	—	—	—	—	—
华南五针松	4.42	29.99	4.02	38.42	5.14	1.48	5.83	12.45	—	—	—	—	4.36	7.35	3.05	14.76
雷公鹅耳枥	5.45	10.39	6.32	22.17	—	—	—	—	—	—	—	—	9.59	8.55	5.08	23.22
马蹄参	1.30	6.64	2.30	10.24	—	—	—	—	4.59	38.09	4.10	46.78	—	—	—	—
马尾松	—	—	—	—	—	—	—	—	9.17	7.88	9.02	26.07	—	—	—	—
拟赤杨	—	—	—	—	—	—	—	—	1.83	0.09	3.28	5.20	—	—	—	—
刨花楠	—	—	—	—	—	—	—	—	—	—	—	—	2.91	1.83	4.06	8.80
深山含笑	3.64	4.63	2.87	11.14	—	—	—	—	—	—	—	—	—	—	—	—
疏齿木荷	5.71	13.19	6.90	25.80	7.48	3.74	5.83	17.05	—	—	—	—	—	—	—	—
甜槠	—	—	—	—	—	—	—	—	4.13	0.31	3.28	7.71	—	—	—	—
尾尖叶柃	—	—	—	—	1.87	3.25	2.50	7.62	—	—	—	—	—	—	—	—
石灰花楸	7.27	0.88	2.87	11.02	—	—	—	—	—	—	—	—	—	—	—	—
香港毛蕊茶	—	—	—	—	—	—	—	—	—	—	—	—	4.94	0.83	4.06	9.83
香港四照花	—	—	—	—	—	—	—	—	—	—	—	—	—	—	—	—
香花枇杷	—	—	—	—	9.81	0.72	2.50	13.03	2.75	0.12	3.28	6.15	—	—	—	—
小果珍珠花	—	—	—	—	—	—	—	—	10.55	37.48	11.48	59.51	9.30	40.03	4.57	53.90
小红栲	—	—	—	—	—	—	—	—	—	—	—	—	2.33	4.44	2.54	9.30
小叶青冈	—	—	—	—	—	—	—	—	—	—	—	—	—	—	—	—
杨梅	6.49	1.67	5.75	13.91	—	—	—	—	3.21	0.11	2.46	5.78	—	—	—	—
野茶	—	—	—	—	2.80	1.42	4.17	8.39	—	—	—	—	—	—	—	—
银木荷	—	—	—	—	5.61	20.95	5.83	32.39	—	—	—	—	—	—	—	—
长苞铁杉	2.86	11.20	5.17	19.23	—	—	—	—	—	—	—	—	6.98	1.06	3.55	11.59
长蕊杜鹃	17.40	2.74	8.05	28.19	11.68	1.88	9.17	22.73	—	—	—	—	—	—	—	—

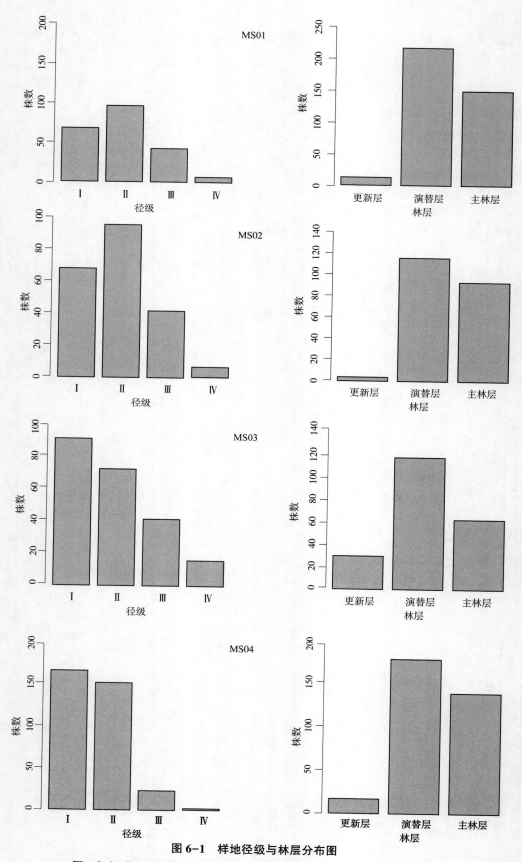

图6-1 样地径级与林层分布图

Fig. 6-1 Distribution of diameter class of trees and stand lay in plots

2. 群落受损特征

4个样地平均受损率为49.1%±17.23%，MS01最低，为45.19%，MS04最高，为82.27%。在各受损类型中，MS01、MS04样地压弯株数最多，MS02、MS03样地断梢最多，4块样地中无翻蔸现象。可能是因为莽山样地坡度较缓，且土层深厚。本研究中，4块样地受损类型分布存在差异，MS01样地表现为正常>压弯>断梢>死亡>断干>倒伏，MS02为正常>压弯>断梢>断干=倒伏>死亡，MS03为正常>断梢>压弯>死亡>断干>倒伏，MS04为正常>压弯>断梢>断干>死亡>倒伏。各受损类型在径级分布上也表现不同，未受损木、断梢木占各径级的比例分别为34.65%~53.66%、11.31%~42.24%，呈小树和大树受损较轻的特征。可能是大树对该区气候特征的适应性强，而小树处于冠层下方，受到上层树木的保护。因冰雪灾害而死亡的树木随着胸径的增加而增加，死亡率为0.22%~17.07%。Ⅳ级无压弯和断干类型。

轻度受损率明显高于严重受损率，轻度受损型树木株数占总受损木株数的77.73%~89.65%，为重度受损型的3.5倍以上。

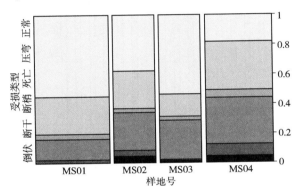

图6-2 各样地受损类型分布

Fig. 6-2 Distribution of damage types of trees in plots

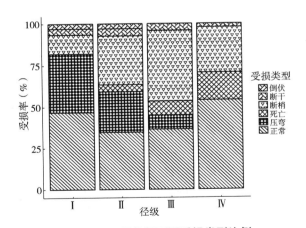

图6-3 不同径级不同受损类型比例

Fig. 6-3 Proportion of damaged type with different diameter classes

3. 优势种受损特征

优势种常包含两种，一是对群落其他种有很大影响而本身受其他种的影响最小的物种；二是在群落中密度、郁闭度和生物量较大的物种。优势种的生长状态直接关系到群落的结构和功能。4块样地中，除大叶新木姜子和香花枇杷无受损外，其他优势种均受到不同程度的机械损伤，受损率在

10%~89.65%，平均受损率为60.36%±20.28%，受损率最低的为尾尖叶柃，次之为杨桐；最高的为小红栲，次之为小叶青冈，福建柏仅1株，胸径80.0cm，树高35m，此次灾害中受损死亡，按特殊情况考虑，整体受损率评价时不做考虑。优势种的各受损类型中，出现比例最高的是断梢类型，为82.76%，倒伏次之，为68.97%，比例最低的为死亡类型，为31.03%。重度受损率最高的为马尾松，为73.91%，次之为华南五针和石灰花楸(*Sorbus folgneri*)，为66.67%。轻度受损率最高的是野茶、刨花楠、红楠、银木荷、杨桐、尾尖叶柃，均为100%，次之为香港毛蕊茶、长蕊杜鹃，分别为95.65%和94.2%。由此可见，针叶树相对阔叶树受损较为严重，乔木树种相对灌木树种受损严重。对乔木层优势种和灌木层优势种受损率进行显著性分析，在$P=0.05$水平上，两者无显著差异($Sig.=0.607$)，轻度受损型两类优势种间受损率表现为显著差异($Sig.=0.021$)。

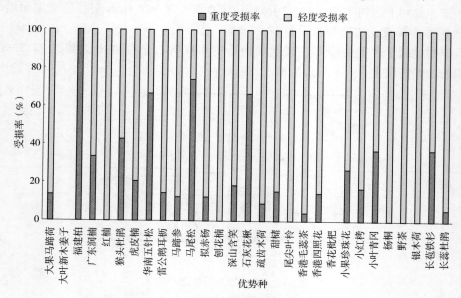

图 6-4 各样地受损类型分布

Fig 6-4 Distribution of damage types of trees in plots

轻度受损类型包括断梢和压弯两种类型，这类受损类型对树高影响不大，对树木在群落结构中的位置几乎没有影响，因此采用轻度受损率与重度受损率的比值——受损程度指数来表征树木的受损程度更为可靠。从表6-3中可以看出，乔木层马尾松、华南五针松、石灰花楸、长苞铁杉和小叶青冈受损严重，刨花楠、红楠、银木荷、杨桐、大叶新木姜子、疏齿木荷等受损较轻；灌木层猴头杜鹃、小果珍珠花等受损严重，这可能是由于这些树种为灌木或小乔木，处于亚冠层，自身的载冰量加之冠层断梢、断枝的重量，进一步加剧了机械损伤的程度。

表 6-3 不同优势种的受损程度指数

Tab. 6-3 Degree of impairment index of dominant species

乔木层	乔木层受损程度指数	灌木层	灌木层受损程度指数
大叶新木姜子	∞	猴头杜鹃	1.33
马尾松	0.35	小果珍珠花	2.67
华南五针松	0.50	香港四照花	6.00
石灰花楸	0.50	长蕊杜鹃	16.24
长苞铁杉	1.67	香港毛蕊茶	21.99
小叶青冈	1.67	尾尖叶柃	∞
广东润楠	2.00	野茶	∞

（续）

乔木层	乔木层受损程度指数	灌木层	灌木层受损程度指数
虎皮楠	3.80		
杨桐	∞		
小红栲	4.78		
甜槠	5.40		
雷公鹅耳枥	6.00		
大果马蹄荷	6.25		
拟赤杨	7.00		
马蹄参	7.00		
疏齿木荷	10.00		
杨桐	∞		
银木荷	∞		
红楠	∞		
刨花楠	∞		

注：∞表示该树种无重度受损类型。

4. 针叶树受损情况

马尾松、华南五针松、长苞铁杉是南岭山区的主要乡土针叶树种。华南五针松、长苞铁杉为国家二级保护树种，生态分布区狭窄，具有重要的保护价值。华南五针松平均胸径为 21.85 ± 13.07cm，平均树高 16.71±4.23m，马尾松平均胸径为 16.22±12.90cm，平均树高 12.42±5.66m，长苞铁杉平均胸径为 14.67±12.20cm，平均树高 13.77±6.37m。此次灾害中 3 个树种受损率为 34.78%~76.67%，马尾松受损最为严重，其重度受损率和死亡率均最高，长苞铁杉受损最轻。3 个树种受损程度依次为马尾松>华南五针松>长苞铁杉。

表 6-4　针叶树受损分布

Tab. 6-4　Distribution of conifer trees damaged

树种	株数	断干	断梢	死亡	压弯	正常	轻度受损率（%）	重度受损率（%）	死亡率（%）
华南五针松	22	0	3	6	0	13	33.33	66.67	27.00
马尾松	30	1	6	16	0	7	26.09	73.91	53.00
长苞铁杉	23	1	3	2	2	15	37.50	62.50	9.00

四、结论与讨论

湖南莽山自然保护区针阔混交林 138 种，隶属 28 科 51 属，优势种中针叶树为华南五针松、马尾松和长苞铁杉，阔叶树中以常绿树种深山含笑、野茶、猴头杜鹃、长蕊杜鹃、广东润楠、小红栲、甜槠等木兰科、樟科、山茶科和杜鹃花科组成，落叶树种有拟赤杨、石灰花楸等，具有典型的亚热带针阔混交林的特征。

冰雪灾害中湖南莽山针阔混交林受损率为 45.19%~82.27%，与广东乐昌十二度水自然保护区阔叶林受损情况相比，针阔混交林受损相对较轻，一方面湖南莽山处于南岭山地北坡，气温低于南坡广东十二度水自然保护区，在 2008 年冰雪灾害期间，冰冻和积雪共存，从而减轻了树木对冰雪的负载量；二是调查样地与十二度水自然保护区相比，地形较为平缓，且林分为近熟林，平均胸径也大于广东乐昌十二度水自然保护区林分胸径，林分密度也较小，从而无翻蔸现象，小的林分密度也减少了次生机械损伤的影响。本研究中，虽然4块样地受损类型分布存在差异，但总体上表现为正常类型最多、倒伏类型最少的规律，这可能是样地林分为近熟林，平均胸径较大，负载冰雪灾害能力强，难以造成树干扭曲而形成倒伏现象。各受损木中，呈小树和大树受损较轻、轻度受损率明显高于严重受损率的特征。可见，虽然冰雪灾害造成湖南莽山自然保护区约50.0%以上的树木不同程度的机械损伤，但死亡率为0.22%~17.07%，在做好自然封育的条件下，可实现森林的自然恢复。

乔木层刨花楠、红楠、银木荷、杨桐、大叶新木姜子、疏齿木荷等受损较轻，为抗冰雪灾害树种选择的首选树种。3个针叶树优势种中，马尾松受损最严重，且死亡比例最大，占53.0%，马尾松平均胸径为16.22cm，平均树高为13.77m，已是冠层的重要组成部分，马尾松死亡形成的林隙，改善林下的光照、水热等条件，枯枝、倒木及冰雪灾害形成的大量"非正常凋落物"，加速了养分的回归，为林下植物生长提供更多的营养物质，从森林演替上来看，此次冰雪灾害加速了演替进程。华南五针松和长苞铁杉，为南岭山地高海拔分布树种，虽然也处于林冠层，但在此次灾害中受损较轻，可能是这2个树种长期对高海拔环境的适应，对冰雪灾害抵抗能力较强，从树木柔韧性上看，华南五针松和长苞铁杉柔韧性也优于马尾松。华南五针松和长苞铁杉均为国家二级保护树种，在此次灾害中出现死亡、断梢、断干等受损类型，应进一步加强对受损树木的管理，如病虫害防治、受损木复壮等管理措施。

第二节　南岭山顶矮林群落特征及对冰雪灾害的响应

山顶矮林又称"高山矮林""矮曲林""苔藓林""蟠蛇林"或"雾林"。该群落最明显的特征是长期处在云雾中（Shi and Zhu，2009）。山顶矮林是在长期演替过程中发育成熟的、且性质相对稳定的植物群落类型，但是该群落类型也是最易被干扰的群落类型之一（Aldrich et al.，1997）。山顶矮林群落的一个特殊功能就是能从云雾中凝结水，从而涵养水源，促进该群落的发育以及能保障下游居民的生活水源（陈锡沐 等，2003）。

广东南岭石坑崆地处热带与中亚热带的过渡地带，山地上南北坡的气温、日照及雨量颇不一致，常被作为热带的气候分界线。该地区的植被类型属于阔叶常绿林（陈北光 等，2003）。几十年来，我国学者对该地区的阔叶常绿林的区系成分、物种组成、外貌结构、群落演替等方面均进行了不同程度的研究（陈北光 等，2003；陈锡沐 等，2003；谢正生 等，2003）。但把该地区的山顶矮林植物群落作为整体研究对象还未见报道，大多数只是在总体的植被分类或本底调查中略加描述（祁承经，1983；杨小波 等，1994；苏志尧 等，2002）。在2008年初南方大面积出现了持续时间长的冰雪天气之后，国内一些专家学者开始重视灾后植被的评估（陆钊华 等，2008；徐凤兰 等，2008；李家湘 等，2010），但对于山顶矮林雪灾破坏情况以及对于生物多样性的保护工作造成的影响未见报道。通过实地踏查，南岭山顶矮林在2008年冰雪灾害中未受到损害。是什么因素导致该群落未受损？是长期的高海拔气候适应，还是群落的特有结构，还是两者的共同作用？

石坑崆是广东第一高峰，该地区的山顶矮林群落极具代表性，且山顶矮林作为特殊的群落结构，有很高的研究价值。本研究通过对南岭石坑崆山顶矮林植物群落的调查，分析南岭石坑崆山顶矮林的群落结构，掌握和了解它的物种组成以及群落学特征，以期对亚热带山顶矮林植物群落稳定机理以及演替规律有更深入的认识，为南岭地区森林生态系统的保育、恢复与可持续经营提供理论依据。

一、研究地概况

广东南岭国家自然保护区位于广东省北部 24°39′~18°08′N，112°41′~113°15′E。面积 5.63 万 hm²，占广东陆地面积的 0.316%。保护区内地形复杂，海拔一般都在 1000m 以上，这里有超过 1200m 的山峰 85 座。其中海拔 1902m 的石坑崆是广东省最高峰。南岭接近北回归线，是我国有冬季的最南端地区之一。南岭群山地形受南方热带暖气和北方冷空气的影响，其气候与林区有着明显的区别，石坑崆年平均气温 11.3℃，最冷月（1 月）平均气温 4.4℃，最热月（7 月）平均气温 16.6℃，极端最高气温 24.5℃（1981 年 7 月 9 日），极端最低气温 -11.5℃（1983 年 12 月 1 日），年均降水量 2746mm。多集中在 4~6 月。区内成土母岩主要有花岗岩、砂页岩、石灰岩等。水平地带性土壤为红壤，分布的土壤类型随海拔高度的不同而异。

南岭山地位于南亚热带与中亚热带的过渡地带，山地上南北坡的气温、日照及雨量颇不一致，常被作为热带的气候分界线。植被以阔叶常绿林为主，南坡低海拔处常有热带植物，高海拔处则有亚热带的落叶树及针叶树。该区主要植被划分为 7 个植被型——常绿针叶林、常绿针阔叶混交林、丘陵低山常绿阔叶林、山地常绿阔叶林、山地常绿落叶阔叶混交林、山顶阔叶矮林和山地灌丛草坡（陈北光 等，2003）。其中山顶阔叶矮林是本研究的对象。尤其在石坑崆，山顶矮林群落特征较明显。常绿阔叶林，在全世界以中国面积最大，而中国东南部又以南岭山脉最盛（苏宗明，1998）。

二、研究方法

1. 样地设置和调查内容

为较全面地反映南岭石坑崆山顶矮林的群落学特征，在南岭保护区范围海拔 1700~1850m 处选取了森林群落发育较好、结构完整、受人为影响较小、坡度较平缓的原始林群落地段建立了 4 块典型样地，分别记为 AL-1、AL-2、AL-3、AL-4。样地大小为 20m×20m，并采用相邻格子样方法将其分割为 4 个 10m×10m 的样方。调查时记录样地环境信息，包括海拔、坡向，数据采用 GPS 采集。

群落层按乔木层、灌木层和草本层进行划分，进行分层统计。对小样方中的胸径≥1cm 的植物进行乔木层测定，测定的内容包括种名、坐标、树高、胸径、枝下高、冠幅、郁闭度等情况。灌木层和草本层在 2m×2m 的样方测定内容包括种名、株（丛）数、高度及盖度等。

2. 区系分析方法

采用吴征镒（1991）对中国种子植物属的分布区类型划分体系、李锡文（1996）对中国种子植物科的分布区类型划分体系来统计南岭石坑崆的植物区系成分。

3. 生活型谱分析方法

按照 Raunkiaer（1934）提出的生活型分类系统，以植物度过不良季节（如严寒的冬季或旱季）时，抵抗芽（休眠芽和复苏芽）所处位置的高低，划分为高位芽植物、地上芽植物、地面芽植物、地下芽植物和一年生植物 5 大类群。在此基础上，根据植物体的高度，将高位芽植物再细分为大高位芽植物（>30m）、中高位芽植物（8~30m）、小高位芽植物（2~8m）和矮高位芽植物（0.25~2.0m），然后统计各类生活型的种数，并计算各类生活型的种数占群落总种数的百分比，绘制植物生活型谱。

4. 群落多样性及结构分析方法

乔木树种的重要值及物种多样性指数计算方法如下：

（1）重要值 IV＝（相对多度+相对频度+相对优势度）/3

其中，相对密度＝某个种的株数/所有种的总株数；相对频度＝某个种在样方中出现的次数/所有种出现的总次数；相对盖度＝某个种的胸高断面积/所有种的胸高断面积之和。

（2）物种多样性的测度采用以下 4 个指数：丰富度指数（S）、Shannon-Wiener 多样性指数（H'）、Simpson 多样性指数（D）、Pielou 均匀度指数（E）、物种优势度指数（C）。

$$S = S/N$$
$$H' = -\varSigma P_i \ln P_i$$
$$D = 1 - \varSigma P_i^2$$
$$E = H'/\ln S$$
$$C = \varSigma P_i^2$$

其中，$P_i = N_i/N$；N_i 为物种的个体数；N 为样方中所有物种数总和；S 为样方中的物种数。

（3）频度分析采用 Raunkiaer 频度指数，划分为 5 个等级，即 1%～20% 为 A 级，21%～40% 为 B 级，41%～60% 为 C 级，61%～80% 为 D 级，81%～100% 为 E 级。

（4）年龄结构分析采用立木级（王伯荪 等，1996）：Ⅰ级幼苗：树高小于 33cm；Ⅱ级幼树：树高大于或等于 33cm，胸径小于 2.5cm；Ⅲ级幼树：胸径为 2.5～7.5cm；Ⅳ级立木：胸径为 7.5～22.5cm；Ⅴ级大树：胸径大于 22.5cm。

三、结果和分析

1. 群落的物种组成、植物区系特点

（1）群落的科、属组成

根据 4 块样地的野外调查统计，南岭石坑崆山顶矮林有 10±1.41 科，14.5±2.08 属，21.25±6.18 种。AL-01 样地计有维管束植物 22 种，分属于 11 科 15 属，优势的科有：山矾科（Symplocaceae，1 属 5 种），山茶科（Theaceae，4 属 4 种），樟科（Lauraceae，2 属 3 种），其次是冬青科（Aquifoliaceae，1 属 2 种），壳斗科（Fagaceae，1 属 2 种），八角科（Illiciaceae），杜鹃花科（Ericaceae）、卫矛科（Celastraceae）、五加科（Araliaceae）、山茱萸科（Cornaceae）、芸香科（Rutaceae）均为 1 属 1 种；AL-02 样地计有维管束植物 13 种，分属 8 科 12 属，优势的科有山茶科（3 属 4 种）、壳斗科（2 属 3 种），八角科、杜鹃花科、木兰科（Magnoliaceae）、漆树科（Anacardiaceae）、山矾科（Symplocaceae）、樟科均为 1 属 1 种；AL-03 号样地计有维管束植物 22 种，分属 10 科 14 属，优势的科有山茶科（4 属 8 种）、壳斗科（3 属 4 种），其次为冬青科（1 属 3 种）、杜鹃花科（2 属 2 种）、山矾科（1 属 2 种），八角科、木兰科（Magnoliaceae）、樟科均为 1 属 1 种；AL-04 号样地计有维管束植物 28 种，分属 11 科 17 属，优势的科为山茶科（4 属 8 种）、壳斗科（3 属 5 种），其次为山矾科（1 属 3 种）、樟科（2 属 2 种），杜鹃花科（2 属 3 种）、冬青科（1 属 2 种），杜英科（Elaeocarpaceae）、木樨科（Oleaceae）、五加科为 1 属 1 种。

优势科主要为山茶科（Theaceae，12 种）、山矾科（Symplocaceae，6 种）、壳斗科（Fagaceae，5 种）、冬青科（Aquifoliaceae，5 种）、杜鹃花科（Ericaceae，5 种）、樟科（Lauraceae，4 种），这 6 科 32 种占到了植物总种数的 68.09%。乔木层盖度为 50%～90%，群落中以长叶石栎、猴头杜鹃、甜槠、硬斗石栎、银木荷、豺皮樟、微毛柃等为优势种。灌木层盖度 60%～80%，以南岭箭竹为优势种。林下草本层的平均盖度为 10%～50%，优势种为蕨状苔草、贯众、华南铁脚蕨。除少数基本层外，还有一些层外植物，如常春卫矛、槲树桑寄生。

表 6-5　南岭石坑崆山顶矮林植物群落的重要科、属组成
Tab. 6-5　The composition of dominant genera and families of montane elfin communities in
Mountain Shikengkong of Nanling

科名	AL-01		AL-02		AL-03		AL-04	
	属数	种数	属数	种数	属数	种数	属数	种数
八角科	1	1	1	1	1	1	—	—
冬青科	1	2	—	—	1	3	1	2
杜鹃花科	1	1	1	1	2	2	2	3
杜英科	—	—	—	—	—	—	1	1
金缕梅科	—	—	—	—	—	—	1	1
壳斗科	1	2	2	3	3	4	3	5
木兰科	—	—	1	1	1	1	—	—
木樨科	—	—	—	—	—	—	1	1
漆树科	—	—	1	1	—	—	—	—
山茶科	4	4	3	4	4	8	4	8
山矾科	1	5	1	1	1	2	1	3
卫矛科	1	1	—	—	—	—	—	—
五加科	1	1	—	—	—	—	1	1
樟科	2	3	1	1	1	1	2	2
山茱萸科	1	1	—	—	—	—	—	—
芸香科	1	1	—	—	—	—	—	—

"—"表示样地中无此种，"—"No species in this plot.

（2）群落的种类组成

4 块样地内共有 16 科 27 属 48 种。各群落乔木层（胸径≥1cm）树种的重要值（表 6-6）。从 4 个群落的种类组成来看，AL-01 号样地主要以硬斗石栎（*Lithocarpus hancei*）、豺皮樟（*Litsearotundifoliavar oblongifolia*）、银木荷（*Schima argentea*）占优势，AL-02 号样地主要以微毛柃（*Eurya hebeclados*）、长叶石栎、硬斗石栎为优势种；AL-03 号样地主要优势种为猴头杜鹃；AL-04 号样地主要优势种为甜槠，由于群落所处生境的不同，各群落的物种组成存在一定的差异，其中以 AL-04 号样地的物种组成最为丰富；AL-02 号样地的物种最贫乏。但总体来说山顶矮林的丰富度比较低。

表 6-6　南岭石坑崆山顶矮林植物群落乔木层优势种的重要值
Tab. 6-6　Importance values of dominant species in tree layer of montan elfin communities in
Mountain Shikengkong of Nanling

种名	AL-1	AL-2	AL-3	AL-4
	重要值	重要值	重要值	重要值
薄叶山矾	6.13	—	1.15	2.39
豺皮樟	11.33	—	—	—
猴头杜鹃	4.57	—	25.45	10.51
厚皮香	6.46	—	1.04	2.45
莽草	7.53	5.2	7.72	1.17
微毛山矾	2.45	—	5.75	10.08

（续）

种名	AL-1	AL-2	AL-3	AL-4
	重要值	重要值	重要值	重要值
宜章山矾	5.13	1.61	—	1.1
银木荷	11.61	7.69	1.62	2.4
硬斗石栎	15.97	12.64	8.58	11.55
长叶石栎	3.54	16.46	11.47	6.71
舟山新木姜子	5.24	—	—	—
多脉青冈	—	6.03	6.66	3.19
微毛柃	—	29.68	—	—
甜槠	—	—	5.7	16.8

"—"表示样地中无此种，"—"No species in this plot.

（3）群落的植物区系组成

据种类成分现代地理分布格局，参考李锡文（1996）的区系科级分布类型方案，对南岭石坑崆山顶矮林16科植物科级区系可分为5个分布区类型。其中热带性质的科有11科，占68.75%，温带性质的科有4科，占25.00%，并且热带性质的科中以泛热带分布占绝对优势，为10科，科级成分中热带性质较强，但温带性质也占有一定比例。

根据吴征镒（1991，2003）的区系属级分布类型方案，该区23个属可分为9个分布型类型（表6-8）。其中热带性质的属有16个，占整个属的59.26%，其中热带亚洲分布和泛热带分布的成分占优势，分别为22.22%、18.52%，其次是热带亚洲和热带美洲间断分布，占11.11%，旧世界热带分布和热带亚洲至热带大洋洲分布都只占3.70%。温带性质的属有10属，占37.04%，其中东亚和北美洲间断分布略占优势，为14.41%，北温带分布和东亚分布都占11.11%。从植物科、属分布比例中可得出，南岭石坑崆山顶矮林植物的区系性质热带成分占优势，其次为温带成分。这个特点与其环境条件是一致的。南岭处于中亚热带温湿气候，石坑崆是广东第一高峰，兼有山地气候特色。因此，热带、亚热带分布的常绿阔叶树如木荷属（Schima）、山矾属（Symplocos）、冬青属（Ilex）等在群落中居主导地位。另一方面从地理位置来看由于其所处南亚热带与中亚热带的过渡地带，且海拔较高。许多热带性质的科属，都属全热带至温带分布，因此，其温带成分亦较为丰富。

表6-7 植物科的分布区类型统计
Tab. 6-7 The statistic of areal-types families

分布区类型	科数	占总科数比例（%）
世界分布	1	6.25
泛热带分布	10	62.5
热带亚洲和热带美洲间断分布	1	6.25
北温带分布	3	18.75
东亚和北美洲间断分布	1	6.25
总计	16	100

表6-8 植物属的分布区类型统计
Tab. 6-8 The statistic of areal-types genera

分布区类型	属数	占总属数比例（%）
世界分布	1	3.70

（续）

分布区类型	属数	占总属数比例(%)
泛热带分布	5	18.52
热带亚洲和热带美洲间断分布	3	11.11
旧世界热带分布	1	3.70
热带亚洲至热带大洋洲分布	1	3.70
热带亚洲分布	6	22.22
北温带分布	3	11.11
东亚和北美洲间断分布	4	14.41
东亚分布	3	11.11
总计	27	100

2. 群落的垂直结构特征

南岭山顶矮林地区，树木低矮，基部分枝，树干分枝多而稠密，枝下高较低，群落结构简单。

1 号样地群落是复层林，乔木 I 层高度 10~15m，平均胸径 12~20cm，盖度约 30%，主要优势种为猴头杜鹃、银木荷、豺皮樟、厚皮香（Ternstroemia gymnanthera）等；乔木 II 层高 3~6m，平均胸径 5~8cm，盖度约 60%，以银木荷、硬斗石栎和豺皮樟（Litsearotundifoliavar oblongifolia）的优势地位最为突出，多度达 24 株，占该亚层植株数的 33.80%，其次为莽草、杜鹃、厚皮香，其多度为 6~9；灌木层高度 2.2m，盖度约 90%，主要是南岭箭竹；草本层种类较少，盖度约 10%，主要由贯众、蕨状苔草组成。

2 号样地群落是单层林，平均高度 3~6m，平均胸径 6.8cm，盖度约 80%，主要以微毛枒、长叶石栎占优势，多度分别达 91 株、37 株，分别占该亚层植株数的 48.92%、19.89%，其次为硬斗石栎和莽草，多度为 3~8，仅有 1、2 株个体的树种只有 3 种；灌木层高度 2.3m，盖度约 15%，绝大多数为乔木树种的幼树、幼苗，以豺皮樟、云和新木姜子和莽草等占优势；草本层为蕨状苔草，平均高 0.25m，盖度约为 5%。

3 号样地的乔木层高度 4.50m，平均胸径 8.4cm，盖度约 60%，优势种最为突出，以猴头杜鹃和长叶石栎占绝对优势，多度分别达 60、52 株，分别占该层植株数的 23.81%、20.63%；其次为硬斗石栎、莽草、多脉青冈、微毛山矾、云和新木姜子，多度分别为 21、24、16、13、10 株，其他都为仅有 1、2 株个体的树种；灌木层种类较少，主要是南岭箭竹，还有一些乔木幼树，以少花桂（Cinnamomum pauciflorum），云和新木姜子占优势，平均高度 0.8m，盖度约为 85%；无草本层。

4 号样地的乔木层平均高为 4.9m，平均胸径 6.8cm，盖度约 70%，优势种为微毛山矾、硬斗石栎、长叶石栎和甜槠，多度分别为 32、24、17 和 15，共占该层植物的 48.89%，其次为猴头杜鹃、细叶连蕊茶、格药柃（Eurya muricata）、美丽马醉木（Pieris formosa）、多脉青冈，多度分别为 9、9、10、8、7。其他都为 1~4 株；灌木层以南岭箭竹为主，还有一些乔木幼树，以细叶连蕊茶、云和新木姜子和硬斗石栎为主，平均高为 1.3m，盖度约为 75%，草本层以蕨状苔草为主，高度约为 0.2m，盖度约为 10%。

3. 植物的生活型谱

根据 Raunkiaer(1934)生活型分类系统绘制生活型谱（表 6-9），该群落以高位芽植物为主，共 72 种，占总种数的 83.72%，其中以矮高位芽植物最多，有 38 种，占 44.19%，如凹叶冬青（Ilex championii）、薄叶山矾、豺皮樟、福建假卫矛（Microtropis fokienensis）、格药柃、猴头杜鹃和两广杨桐（Adinandra glischroloma）等；其次为小高位芽植物，有 33 种，占 38.37%，如厚皮香、厚叶红淡比(*Cleyera pachyphylla*)、莽草、四川冬青、微毛枸和银木荷等；大高位芽植物没有；中高位芽只有银木荷 1 种。地上芽植物种类，共有 9 种，占 10.46%，如微毛枸、多脉青冈、硬斗石栎、甜槠和黑枸(*Eurya macartneyi*)等；地面芽植物有贯众、华南铁脚蕨、蕨状苔草等 5 种，占 5.81%。无一年生植物。因此，常绿矮高位芽植物和小高位芽植物是该群落的主要组成部分，地上芽植物和地面芽植物也占有一定比例。

表 6-9 南岭石坑崆山顶矮林植物群落的生活型谱

Tab. 6-9 Life-form spectrums of plant community in Mountain Shikengkong of Nanling

生活型	种数	百分比(%)
大高位芽 Megaphanerophytes	0	0
中高位芽 Mesophanerophytes	1	1.16
小高位芽 Microphanerophytes	33	38.37
矮高位芽 Nanophanerophytes	38	44.19
高位芽合计 Total phanerophye	72	83.72
地上芽 Chamaephytes	9	10.46
地面芽 Hemicryp tophytes	5	5.81
一年生 Therophytes	0	0
合计 Total	86	100

4. 频度分析

频度是表示某一种群个体在群落中水平分布的均匀程度。频度大表示其种群的个体在群落中的分布是较均匀的，反之则表示群落中种群个体分布是不均匀的。A 级的种类没有；B 级的种类最多，有 30 种，占总种数的 66.67%，如豺皮樟、齿缘吊钟花(*Enkianthus serrulatus*)、冬青、钝叶青冈、美丽马醉木、南方木莲(*Manglietia chingii*)、女贞(*Ligustrum lucidum*)、日本杜英(*Elaeocarpus japonicus*)、少花桂、疏齿木荷(*Schima remotiserrata*)、四川冬青(*Ilex szechwanensis*)、四角枸(*Eurya tetragonoclada*)、甜槠、微毛枸等；C 级的种类有 6 种，占总种数的 13.33%，如凹叶冬青、多脉青冈、格药枸、厚皮香、厚叶红淡比、华南厚皮香(*Ternstroemia kwangtunpensis*)等；D 级的种类有 6 种，占 13.33%，如常见的薄叶山矾、猴头杜鹃、莽草、微毛山矾(*Symplocos wikstroemiifolia*)、宜章山矾(*Symplocos yizhangensis*)；E 级的种类有 3 种，占 6.67%，如长叶石栎、银木荷、硬斗石栎。其频度为 A<B>C=D>E，呈 L 形，虽与 Raunkiaer 的频度定律有偏差，但大部分种类在样方中出现的频度较低，说明群落内物种的分布不均匀。

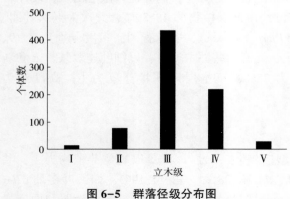

图 6-5 群落径级分布图

Fig. 6-5 Distribution of DBH classes of community

5. 种群年龄结构

植物的年龄结构不仅反映着该种群的现状，而且反映着种群发展的趋势。根据绘制年龄结构图可以较好地反映出群落中一个物种的种群结构。样方中乔木共 769 株，其中 I 级幼苗 13 株，II 级幼树 76 株，III 级幼树 433 株，IV 级立木 219 株，V 级大树 28 株。从图 6-5 可以看出，南岭山顶矮林植物的径级分布以小径级的乔木占多数，以 III 级幼树最多，随着径级的增大，株数越来越少。树木的胸径与年龄存在着正相关关系，由上可知，在山顶矮林种群中，幼树占优势，表明山顶矮林种群处于增长阶段。

6. 物种多样性分析

群落物种多样性是群落生态组织水平的独特而可测定的生物学特征，对反映群落的功能具有重要意义。本文选取3种多样性指数来测度和分析群落物种多样性特征，即物种丰富度（S），Simpson指数（C）和Shannon-Wiener指数（D），对4块山顶矮林样地的乔木、灌木和草本3个层次的植物多样性的分析表明（表6-10），多样性指数在各群落不同层次中表现不同的变化趋势。其物种丰富度样地均表现为乔木层>草本层、灌木层。草本层与灌木层物种都比较少，灌木层大多为岭南箭竹，少数为乔木的幼树，而草本层为蕨类植物，有的样地甚至没有草本层，原因是灌木层的盖度大，抑制草本的生长。AL-04块样地不同层次的Simpson指数和Shannon-Wiener指数表明都是乔木层最高，AL-01号样地草本层>灌木层，其余样地灌木层>草本层，原因是AL-01号样地灌木比较单一，优势种明显；而草本层中除一些草本种类外，还具有一部分蕨类植物。

表6-10 南岭石坑崆山顶矮林植物群落各层次多样性指数
Tab. 6-10 Species diversity indices of different layer in the montane elfin forest communities in Mountain Shikengkong of Nanling

样地号 Sample plot	层次 Layers	S	D	H′	E	C
AL-1	乔木层	0.1411	0.923	2.7478	0.889	0.077
	灌木层	0.0118	0	0		1
	草本层	0.0175	0.5391	0.8647	0.7871	0.4609
AL-2	乔木层	0.0695	0.7002	1.6425	0.661	0.2997
	灌木层	0.0465	0.1335	0.3593	0.2005	0.8665
	草本层	0.0385	0	0		1
AL-3	乔木层	0.0936	0.8628	2.3799	0.770	0.1372
	灌木层	0.0259	0.067	0.1694	0.1542	0.933
	草本层	无草本				
AL-4	乔木层	0.1667	0.918	2.8542	0.8392	0.082
	灌木层	0.0412	0.3911	0.777	0.5605	0.6089
	草本层	0.05	0	0		1

四、结论与讨论

南岭石坑崆山顶矮林，树木低矮，基部分枝，树干分枝多而稠密，枝下高较低，群落结构简单，乔木层仅为1个亚层，林下下木层和草本层比较稀少，草本和蕨类植物在群落中均有分布。群落物种组成相对简单，4个样地共有维管束植物48种，隶属16科27属，平均每块样地有10±1.41科，14.5±2.08属，21.25±6.18种。产生此现象的原因可能是生态环境较为恶劣，土层薄，常年处于风吹的环境中；南岭箭竹的大量存在，其与林下更新种存在养分与空间的竞争（据对林下调查，南岭箭竹平均密度为21.25~28株/m²）；林分郁闭度高。南岭石坑崆山顶过去因无道路可通达，加之近年来广东南岭国家级自然保护区和湖南莽山国家级自然保护区的成立，使其山顶矮林保持良好的原始状态。

南岭石坑崆处南亚热带与中亚热带的过渡地带，最高点海拔1902m，其植物区系成分以热带区系成分为主，其热带植物区系成分比例明显低于广东南岭其他地区（陈锡沐 等，2003），高于中亚热带北部的浙江天童常绿阔叶林，该地区常绿阔叶林科的分布类型中热带地理成分占 62.50%，温带地理成分占 37.50%；属分布类型中热带地理成分占 51.97%，温带地理成分占 48.03%（宋永昌，2001）。同样也高于全国平均水平——科分布类型中热带地理成分占 61.76%（世界科除外，以下同），温带地理成分占 38.24%（徐捷 等，2010）。但总的特征为热带成分高于温带成分，与国内其他山顶矮林的区系特征一致。

该群落中缺乏高大乔木，整个群落以中矮高位芽植物为主，而大高位芽植物较少。这与其所处地段的气候环境是相符的，该群落处于高海拔、多光照、多云雾且湿度较大、温度较低的山顶地段，属于山顶矮林群落，其生活型谱与其所处的环境是相符合的。

山顶矮林的种群结构呈典型的增长趋势，Ⅱ、Ⅲ级幼树多而Ⅳ、Ⅴ级大树少，胸径 7.5cm 以下的幼树数量较多，在群落中占有重要位置，但是上层植株较少，多被猴头杜鹃、硬斗石栎等物种占据，长时期内会对幼树的成长产生一定的竞争，且由于处在山顶，自然更新能力较弱，群落中各径级立木结构稳定，在幼树阶段和进入上层林冠阶段都存在着种内和种间竞争。因此其幼树会随林龄的增大而株数减少到资源空间容许的范围内，最终进入稳定状态。

物种多样性与群落的类型与结构关系密切。该地区天然林的物种多样性指数（Shannon-Wiener 指数）为 2.4~2.9。其中与广东省亚热带常绿阔叶林的物种多样性指数相比（谢正生 等，2003），该地区多样性指数较低，且低于广东英德石门台自然保护区山顶矮林（苏志尧 等，2002）。这主要是由于不同地区的群落类型所处环境的差异导致了群落的物种组成、结构特征等方面的不同而造成的。一般地，群落内物物种多样性表现为草本层>灌木层>乔木层（黄忠良 等，2000；许彬 等，2007）。但南岭山顶矮林群落中，乔木层的物种多样性和丰富的指数均高于灌木层和草本层，这可能与草本层受到群落自身特征的显著影响有关；乔木对灌木层草本层的发育有着抑制作用，可能是乔木层郁闭度大，对灌木层和草本层的生存造成了一定的影响。而植物生境的变化，可能相应的引起群落对资源和光的竞争，其类型和物种数量发生了变化，加剧了草本植被的退化，形成以乔木为主的植被群落，增加了群落的生态优势度，而降低了群落物种的多样性和丰富度。研究区的独特地理特征，所以区内植物必须适应山顶严酷的生境。乔木与灌木、草本相比有更高的多样性，这是由于乔木比灌木、草本更能适应于山顶的生境。

在我们踏查与实地调查过程中，海拔 1700~1900m 的山顶矮林在 2008 年南方特大雨雪冰冻灾害中未受损伤，一是在冬季南岭石坑崆常出现"逆温"层有关，当时高空气湿度形成了雾或雨，并未形成冰或雪；二是样地处于山脊，常年大风，由于风的作用，减少了冰雪在树木上的积累，已有研究表明：若风速大于 9m/s，附着在树冠上的雪将会被吹走，树木受灾程度将减轻（孙晓瑞 等，2017）；三是树木长期对山顶独特的气候适应，增加了树木抗冰雪灾害能力。

第七章　冰雪灾害对堇菜属植物等多年生草本的影响

山地植物群落多样性随海拔的变化规律一直是生态学家感兴趣的问题（Kitayama，1992；贺金生等，1997；黎昌汉 等，2005；任海保 等，2005），而单一类群的生物多样性研究对于探明物种起源、发生、分布、演化等方面具有重要意义（黎昌汉 等，2005，1997；Lomolins，2001）。堇菜属（Viola）植物为多年生草本和二年生草本，稀灌木，弹力传播为主（Ohkawara and Higashi，1994），具有根状茎；全世界约500种，主要分布于北半球温带地区；我国约有96种，广布于全国各地（王庆瑞，1991；Chen et al.，2007）。堇菜属植物多生长在环境湿润而阳光较充足的地方，因而在山谷溪边和路旁很常见，而在密林中分布很少（黎昌汉 等，2005）。堇菜属植物对生境要求比较严格，不同的生境会有不同的种出现，因此成为研究海拔梯度变化对植被影响的重要对象。

2008年我国南方发生了特大雨雪冰冻灾害，南岭山地成为重灾区，林木断干、倒伏、翻蔸、弯斜、短枝、断冠、劈裂、爆裂等（李意德，2008；沈国舫，2008），在海拔500～1000m范围内，森林群落几乎是灭顶之灾，森林生态系统严重破坏（杨锋伟 等，2008；赵霞 等，2008）。干扰通过改变植物群落内的环境条件、物种组成和多样性等，进而改变着植物群落的结构和功能，影响其演替进程甚至演替方向（刘志民 等，2002））。关于冰雪灾害对木本植物影响国内已进行了不少的研究（赵霞 等，2008；王旭 等，2009），包括机械性破坏、生理损伤、群落结构、碳储量损失等（李家湘等，2010；苏志尧 等，2010；王立龙 等，2010；张志祥 等，2010）。但这次灾害对草本植物影响如何未见报道（曹坤芳 等，2010）。本文以堇菜属植物为研究对象，参照黎昌汉等（2005）同样的调查与分析方法，利用其对南岭堇菜属植物调查研究的结果，通过对灾后堇菜属植物种类、分布、多度以及各海拔段堇菜属植物生物多样性、相似性等特点分析，比较灾害前后堇菜属植物的分布变化，以期为此次灾害对草本植物的影响评价和森林生态系统的管理提供理论依据。

一、研究地概况

杨东山十二度水省级自然保护区位于南岭山地中段、粤北乐昌市，地理坐标为25°22′47″～25°11′06″N，113°23′09″～113°29′32″E。该区气候属于中亚热带季风气候，具有光照充足、温暖湿润、雨量充沛的南亚热带与中亚热带过渡性的特点。≥10℃年积温为6386.5℃；无霜期300天左右，年均气温为18.1～19.9℃，1月平均气温7.7～9.6℃，8月平均气温26.2～28.1℃；年降水量超过1700mm，没有特别明显的干旱季节，雨季在3～8月（任海保 等，2005；黎昌汉 等，2005）。区内成土母岩主要有花岗岩、砂页岩、石灰岩等（王厚麟 等，20007）。最高海拔1726.6m，海拔最低地龙潭风景区350m，1000m以上的山峰90多座，海拔跨度大。地带性植被为亚热带常绿阔叶林，具有明显的植被垂直带谱（王旭 等，2009）。但因2008年的冰灾，导致森林生态系统严重受损，林内结构破碎不堪（赵霞 等，2008）。

二、调查研究方法

调查采用的是线路调查（王厚麟 等，2007）结合样带调查的方法，从低海拔灾害未受损区，经灾害严重受损区，到高海拔灾害轻度受损区或未受损区进行调查。将该区域分成 350~600m、600~800m、800~1000m、1000~1200m、1200~1400m 共 5 个海拔段。在九峰镇至三星仙庙山顶、龙王潭风景区以及杨东山等 3 处的各海拔段选择沿山体攀升的路径为样带，调查涉及路两侧各 2m 的不同坡向和坡度的各种生境，对堇菜属植物进行普查，每段海拔记录堇菜属植物的种类、生境和多度。根据草本植物的特点，多度采用五级制（Corlett *et al.*，2000）：

非常普遍——某种类的个体数约超过 1000 株；

普遍——个体数大于 100 而小于 1000 株；

中度——个体数在 50 到 100 株之间；

稀少——个体数在 10 到 50 株；

非常稀少——个体数不超过 10 株。

各海拔段之间堇菜属植物种类的相似性系数采用 Jaccard 指数计算（Whittaker，1972）：

$$C_j = j / (a+b-j)$$

式中，a、b 为海拔段 A、B 的堇菜属种类；j 为海拔段 A、B 共有的物种数量。

三、调查结果及分析

1. 种类组成多样性

杨东山十二度水省级自然保护区生境多样，孕育着丰富的堇菜属植物，本次调查共查清 14 种 1 变种，共占广东省堇菜属植物（Corlett *et al.*，2000）总数的 63.64%。即：心叶蔓茎堇菜（*V. diffusa* ssp. *tenuis*）、福建堇菜（*V. kosanensis*）、亮毛堇菜（*V. lucens*）、长萼堇菜（*V. inconspicua*）、紫花地丁（*V. philippica*）、浅圆齿堇菜（*V. schneideri*）、深圆齿堇菜（*V. davidii*）、柔毛堇菜（*V. fargesii*）、三角叶堇菜（*V. triangulifolia*）、蔓茎堇菜（*V. diffusa*）、堇菜（*V. arcuata*）、江西堇菜（*V. kiangsiensis*）、戟叶堇菜（*V. betonicifolia*）、紫花堇菜（*V. grypoceras*）、犁头叶堇菜（*V. magnifica*）。其中心叶蔓茎堇菜、亮毛堇菜、福建堇菜、紫花堇菜等是以往资料未记载产于乐昌的种类（Whittaker，1972）。

2. 堇菜属植物生境多样性

堇菜属植物分布广，适应能力强，在杨东山十二度水随处可见，但其生境多样（表 7-1），不同生境下种类各不相同，阳光较充足的裸露溪旁草地、石山疏林、灌丛、田野、路边、山坡路旁等多见；潮湿石壁也较为常见；在密林下分布很少。

表 7-1　堇菜属植物生境特征

Tab. 7-1 The habitat characteristics of *Viola*

种类 species	NB	TF	SH	FW	HR	MC	HJ	MF	SG	AH
长萼堇菜 *V. yunnanfuensis*	*		*	*	*			*	*	
戟叶堇菜 *V. betonicifolia*									*	*
堇菜 *V. arcuata*	*			*					*	*
犁头叶堇菜 *V. magnifica*		*							*	*
亮毛堇菜 *V. lucens*						*				
蔓茎堇菜 *V. diffusa*	*	*	*	*	*				*	*
心叶蔓茎堇菜 *V. diffusa* ssp. *tenuis*	*					*				
浅圆齿堇菜 *V. schneideri*		*					*			
柔毛堇菜 *V. fargesii*	*	*					*			
三角叶堇菜 *V. triangulifolia*	*	*	*							

（续）

种类 species	NB	TF	SH	FW	HR	MC	HJ	MF	SG	AH
深圆齿堇菜 V. davidii	*					*	*			
福建堇菜 V. kosanensis						*				
紫花堇菜 V. grypoceras				*				*	*	
紫花地丁 V. philippica		*	*	*	*				*	*
江西堇菜 V. kiangsiensis	*						*	*		

NB：溪边或溪旁草地 nearby brook or in the grassland nearby brook；TF：石山疏林 in the thin forest in rocky hill；SH：灌丛 in shrubland；FW：田野或旷野 in field or wilderness；HR：山坡路旁 at the hillside roadside；MC：湿润石壁 on the moist cliff；HJ：山坡密林 in hillside jungle；MF：山地林缘 on the margins of forests；SG：向阳草坡 in the sunward grassy slope；AH：房前屋后 around the house。

3. 各海拔段的物种多样性特征

杨东山十二度水省级自然保护区堇菜属植物沿海拔变化具有"负相关"和"中间膨胀型"分布的特点（表7-2），各海拔段堇菜属植物的种类分别有7、12、12、8、3种，在较低海拔段，堇菜属植物的种类较多，随着海拔的升高，种类减少，在海拔600～800m和800～1000m段达到最高，各有12种，到了海拔1400m时仅有蔓茎堇菜、紫花地丁、长萼堇菜3种。常见的有蔓茎堇菜、紫花地丁、堇菜、长萼堇菜等；较为稀见的有亮毛堇菜、戟叶堇菜、福建堇菜、紫花堇菜等。

表7-2　各海拔段堇菜属植物的种类和多度
Tab. 7-2　The species and abundance of *Viola* plants at different altitudinal gradients

海拔 altitude（m）	350～600	600～800	800～1000	1000～1200	1200～1400	350～1400
长萼堇菜 V. inconspicua	R	RA	VR	R	VR	C
戟叶堇菜 V. betonicifolia			RA			RA
堇菜 V. arcuata	R	RA	RA	RA		C
犁头叶堇菜 V. magnifica	RA	VC	R			VC
亮毛堇菜 V. lucens			VR	VR		VR
蔓茎堇菜 V. diffusa	VC	VC	C	RA	RA	VC
心叶蔓茎堇菜 V. diffusa ssp. tenuis		C	C	RA		C
浅圆齿堇菜 V. schneideri	R	RA				R
柔毛堇菜 V. principis		R	RA			R
三角叶堇菜 V. triangulifolia	R	R				R
深圆齿堇菜 V. davidii			VR	VR		RA
福建堇菜 V. kosanensis		VR				VR
紫花堇菜 V. grypoceras		VR	VR	VR		VR
紫花地丁 V. philippica	R	R	RA	R	VR	C
江西堇菜 V. kiangsiensis		RA	RA			RA
种数合计	7	12	12	8	3	15

VC：非常普遍 Very common；C：普遍 Common；R：中度 Restricted；RA：稀少 Rare；VR：非常稀少 Very rare。

4. 堇菜属植物多度特点

由表7-2可以看出，堇菜属植物在杨东山十二度水自然保护区的多度具有显著的种间差异，各种多度与海拔呈现明显的梯度关系。蔓茎堇菜和犁头叶堇菜分布非常普遍；长萼堇菜、堇菜、紫花地丁等3种分布普遍；浅圆齿堇菜、柔毛堇菜等3种呈中度分布；稀少的有戟叶堇菜、江西堇菜等3种；亮毛堇菜、福建堇菜等3种非常稀少。各种的多度随海拔的升高，多度下降，且有分布上限；在海拔600~1000m段多度最大。

表7-3 各海拔段之间的堇菜属植物相似性系数
Tab. 7-3 Similarity coefficient of Viola plants at different altitudinal gradients

海拔 altitude(m)	350~600	600~800	800~1000	1000~1200
600~800	0.5833			
800~1000	0.3571	0.6000		
1000~1200	0.3636	0.4285	0.6667	
1200~1400	0.4286	0.2500	0.2500	0.3750

5. 各海拔段之间的种类相似性

相似性系数是衡量两个样地之间物种组成相似程度的一个指标，分析各海拔段的相似性，探明堇菜属植物随海拔升高，种类组成的变化规律。从表7-3中可以看出：总体上两个海拔段相距越近，则相似性系数越大，种类相似性越高；相距越远，相似性系数越小，种类相似性越低。说明随着海拔升高，每个海拔段的堇菜属植物的种类组成发生了变化，海拔梯度相距越远，种类差异越大。

四、结论与讨论

堇菜属植物对生境具有较为严格的要求，不同生境条件下种类组成不同，但在阳光充足的湿润草地、灌丛、路旁等干扰较大的环境中，种类较为丰富；在海拔600~1000m段的路旁湿润石壁上可见到亮毛堇菜、福建堇菜、江西堇菜、蔓茎堇菜、柔毛堇菜等混生一起，在溪边常见到心叶蔓茎堇菜、三角叶堇菜等混生；而紫花地丁、戟叶堇菜、长萼堇菜等则喜欢生于路旁或田野。此外，也有如深圆齿堇菜、浅圆齿堇菜等多生于茂密森林下、具有较高湿度环境中的种类，在阳光充足地带的林缘、旷野等地没有发现。

与黎昌汉等在南岭自然保护区的研究结果相比较，杨东山十二度水省级自然保护区内种类较丰富，黎昌汉等调查的75%种在杨东山十二度水省级自然保护区出现，总数量也较杨东山十二度水省级自然保护区内调查的少3个种，这可能与两者调查地点不同，加之南岭自然保护区近年来旅游人数多而造成人为干扰等因素有关。各海拔段种类组成均有所差异，但海拔段距离越近，相似性系数越高，种类组成最为相似的是海拔600~800m和海拔800~1000m段，达0.6667；多数种类具有垂直分布上限，可能是因海拔升高水热条件变化较为显著的原因，这也是堇菜属植物对生境要求较为严格的重要表现。同时，每种堇菜的多度随海拔升高，多度下降，且在中海拔段表现出最高的多度。

根据贺金生等(1997)概括的5种类型的植物物种多样性与海拔的关系，该地堇菜属物种多样性的垂直分布格局表现出负相关和中间膨胀效应(单峰分布)，这与黎昌汉等(2005)对堇菜属垂直分布格局大体一致。灾害前后分布格局未发生变化可能的原因：一是南岭山地植被的垂直替代显著，从山脚到山顶依次为低山沟谷常绿阔叶林、中山常绿阔叶林、针叶林带和山顶矮林，在低山沟谷常绿阔叶林带，森林郁闭度大，林下草本层多为耐阴植物，故而只有耐阴的浅圆齿堇菜等以及蔓茎堇菜等广幅生态种类适宜生长，故而堇菜属多样性较低，而中海拔段的光照和水分条件最为优越，最适合堇菜属植物的生长，所以在中海拔段堇菜属植物多样性最高。二是低海拔(400m以下)和高海拔(1100m以上)在此次灾害对森林的结构和功能影响不大，中海拔(500~1100m)是此次灾害的重灾区，大量的树木被破坏，形成了新的林隙(或林窗)，林下光照及水分大大改善，为草本植物的生长创造了良好的条件，加之堇菜属植物特殊的种子传播方式——弹力传播，地上种子与地下鳞茎繁殖方式，宿根草本的生物习性和喜湿润光照充足的生活习性等有关；但在进行样地调查时并未发现多种堇菜属植物在灾后生长，仅耐阴的深圆齿堇菜和柔毛堇菜等少数种类(李家湘 等，2010)，这说明冰雪灾害对密林下的堇菜属植物没有影响。此外，此次灾害形成是由于冷湿气流的长期停滞面引起的，温度并非很低，据当地气象资料表明，灾害期最低温也不低于-5℃，这样的低温不足以对多年生宿根类草本及其种子产生伤害，且灾害发生期正值这类宿根植物的休眠期，故而依赖其自身的生理特点逃避了灾害。

　　总体上说，就堇菜属这类多年生宿根类草本植物而言，其物种多样性的垂直分布格局受冰雪灾害的影响很小，仅局部地方因灾害创造了适宜的水热条件而植物多度有所增加。但冰灾对一些耐阴类群、二年生植物或冬季开花的多年生草本植物是否存在影响，还需要作进一步的专项调查研究，方能得出确切的结论。

第八章 "非正常凋落物"及其生态学意义

森林土壤表层由枯枝落叶、果实、种子、倒木和枯草等凋落物（Litterfall）组成。这些凋落物和森林中的动物残体一起称为森林死地被物。凋落物的分解（Decomposition）是死地被物等通过物理、化学和生物作用逐步被降解的过程，通常包括淋溶、破碎化和异化 3 个阶段。生态系统中的分解过程是森林养分循环过程中重要的一环。在分解期间，能量由贮能状态转为放能状态，同时将储存在有机物质中的碳释放到环境中，并以可用于植物和微生物生产的形式释放营养元素。分解主要受 3 类因子影响：环境因子，底物的质量和数量，以及微生物的群落组成和酶的活性。

雪害或雪淞作为森林的一种特殊气象灾害，主要是通过对林木施加机械作用而造成危害，主要表现为压弯、断枝、断干和翻蔸等。2008 年年初的冰雪灾害对我国森林生态系统造成了巨大的破坏。以广东南岭地区为例，在海拔 450~1100m 范围内的森林受到整体性、毁灭性的破坏，重灾区被损毁的林木数量达到 95% 以上。大量的树叶、断枝和倒木会对森林造成深远、持续而不确定的影响。本章将围绕由于冰雪灾害而形成的非正常凋落物，来探究冰雪灾害对森林生态系统物质循环的影响。

第一节 非正常凋落物

冰雪灾害等极端气候事件造成的"森林凋落物"有别于传统意义上的凋落物，无论是概念、成因、组成，还是分解归还特征与生态学意义等，二者都有显著差别。

一、概念

传统意义上的凋落物是指由地上植物组分产生并归还到地表面，作为分解者的物质和能量来源，借以维持生态系统功能的所有有机质的总称。通常把生态系统中直径大于 2.5cm 的落枝、枯立木、倒木统称为粗死木质残体（Coarse woody debris, CWD），而将直径小于 2.5cm 的枯叶、枯枝、落皮、繁殖器官等称为森林凋落物。传统的"森林凋落物"往往强调森林中"枯"的部分。

而非正常凋落物（Abnormal litterfall）是指在极端天气、火灾或地质灾害等条件下产出的"凋落物"，是在外力作用下产生的植物个体或植物器官的新鲜残体。如受台风或低温雨雪冰冻等自然灾害的影响，在林地产生大量的断枝和倒木等；在极端情况下，非正常凋落物甚至可能是整片森林（包括森林中的动物），如滑坡、泥石流、堰塞湖、地陷、雪崩、火山爆发、强台风等使整片森林倒伏或被掩埋、淹没。"非正常凋落物"强调的是森林中因外力作用产生的"新鲜残体"。

二、凋落物与非正常凋落物的区别

非正常凋落物有别于正常凋落物，主要存在以下差异：

（1）成因上，正常凋落物一般是森林在正常的新陈代谢下形成的，主要是生理性的。其凋落量通常具有明显的季节变化规律，主要动态模式有单峰型、双峰型或不规则类型等。以小兴安岭的 10

种典型森林群落为例(侯玲玲 等,2013),枫桦红松林、椴树红松林、蒙古栎红松林、山杨、枫桦、白桦、杂木林为单峰型,云冷杉红松林、云冷杉林、白桦落叶松为双峰型。针阔混交林高峰期在9月份,在4~5月也存在一个小峰值;阔叶次生林高峰期发生在8月和10月,主要是秋季落叶。非正常凋落物主要是外力作用下造成植物的机械损伤、从而导致的植物新鲜残体,因此其形成过程主要是非生理性的,不具备特定的规律。

(2)组分上,传统的凋落物主要以叶片为主,通常占凋落物总量的60%~80%。如广东鼎湖山常绿阔叶凋落叶占50%~60%(张德强 等,2000;官丽莉 等,2004),尖峰岭热带山地雨林凋落叶占70.7%和半落叶季雨林凋落叶占76.4%(卢俊培 等,1988)。而在非正常凋落物中,树枝树干的比例有较大的提高。如2008年雨雪冰冻灾害造成的广东杨东山十二度水保护区森林非正常凋落物中,树枝和树干的比重达60%~70%(骆土寿 等,2008)。

(3)生物地球化学特性上,相比于传统的凋落物而言,非正常凋落物由于未经过营养转移环节,因此具有更高浓度的营养物质。有研究表明,在冰灾后形成的新鲜凋落物中具有更高的 N 的浓度和更低的 C/N(Yang Q, et al. ,2014)。

(4)从生态影响上来看,凋落物的分解是森林生态系统中自肥的重要机制之一,是物质循环和能量转换的主要途径。森林凋落物的分解既包含物理过程,又有生物化学过程。首先,凋落物通过雨水等的淋溶作用释放矿质元素或可溶性有机物,这一过程是凋落物初期分解速率的决定性阶段;随后,在土壤动物等生物因素或干湿交替等非生物因素的外力作用下,加速了凋落物的粉碎过程,从而增加了凋落物的表面积,为微生物的生长和繁殖提供了养分和能量;最后,在以细菌、真菌、放线菌为代表的分解者的作用下实现凋落物的异化过程(Chapin F S et al.,2011;郭剑芬 等,2006)。非正常凋落物除了具有与正常凋落物相同的作用之外,由于其数量更多且养分更丰富的特点,其在森林中大量堆积既能加大对土壤的营养输入,又会增加发生森林火灾或病虫害的风险。

表 8-1 凋落物与非正常凋落物的主要区别
Tab. 8-1 Differences between litters and abnormal litters

	凋落物	非正常凋落物
成因	生理性的,主要是正常新陈代谢的产物	非生理性的,主要是外力作用下的产物
节律	受生理、生长控制,有一定的规律性,具有凋落节律	主要受极端天气灾害等影响,一般无规律,具有偶然性和突发性
组分和生物地球化学特性	一般以叶片为主,营养物质浓度低	树枝、树干的比例显著增加,营养物质浓度高
生态影响	是森林物质循环和养分维持的重要环节	具有两面性,既可以加速森林物质循环,又会增加其他森林灾害爆发的风险

三、冰雪灾害造成的非正常凋落物的研究方法

非正常凋落物的产生具有偶然性、突发性、量大的特点,所以非正常凋落物的研究方法具有特殊性;主要是非正常凋落物的凋落量测定有别于正常凋落物、难度较大。冰雪灾害发生后,应根据森林受灾的情况选择轻度、中度和重度等受灾等级的森林,在不同受灾等级的林地中各设立 1hm² 的样地,进行植物受害情况调查;同时选取 10 块 5m×5m 的样方,收集各样方中受冰雪灾害造成的非正常凋落物(最好能依据植物分类学基础进行区分收集),以树干、树枝、树叶、树根(有翻蔸的情况)、杂物(花果、其他林木残体碎屑)等划分组分,分别称量其鲜重。然后在各组分中均匀抽取 500~1000g 的混合样品,现场称量鲜质量并编号后,装入样品袋,带回实验室,在 80℃的恒温下烘干至恒质量,称量,求算样品的干鲜比例,推算样地的凋落物量。

第二节　冰雪灾害造成的非正常凋落物量

一、研究地概况

广东省乐昌杨东山十二度水省级自然保护区的基本情况见第四章。

广东车八岭国家级自然保护区位于广东省北部始兴县境内，24°40′29″~24°46′21″N，114°09′04″~114°16′46″E，总面积7545hm²，主要保护对象是中亚热带常绿阔叶林及珍稀动植物。属中亚热带季风气候，年均温19.5℃，最冷月（1月）平均气温8~12℃，极端最低温−5.5℃，年降雨量2300~2945mm。森林土壤类型随海拔上升而变化，700m以下为红壤带，700~1000m为黄壤带，1000m以上为草甸土。植被属南亚热带常绿阔叶林向中亚热带典型常绿阔叶林过渡的类型。研究样地位于保护区鹿子洞次生阔叶林内，主要树种有华润楠（*Machilus chinensis*）、锥栗（*Castanea henryi*）、米槠（*Castanopsis carlesii*）、木荷（*Schima superba*）、甜槠（*Castanopsis eyrei*）和深山含笑（*Michelia maudiae*）等常绿阔叶树种。

广东南岭保护区大顶山管理站（天井山）位于乳源县西南部，24°39′~28°08′N，112°41′~113°15′E，林业用地面积25 293.6hm²，属南岭山脉的南部，为南岭国家级保护区外缘部分，地形地势复杂，具亚热带季风气候。年均温为17.1℃，1月平均气温为8℃，7月平均气温为22℃，极端低温为−8℃；年均降水量为2800mm。土壤类型以山地红壤和黄壤为主。地带性植被为中亚热带常绿阔叶林。研究样地为次生阔叶林，主要树种有米槠（*Castanopsis carlesii*）、栲树（*Castanopsis fargesii*）、黄果厚壳桂（*Cryptocarya concinna*）、鳌蒴锥（*Castanopsis fissa*）、网脉山龙眼（*Helicia reticulata*）和泡花树（*Meliosma pannosa*）等。

二、研究方法

1. 样地设置

样地基本信息见第四章。

在乐昌杨东山十二度水自然保护区典型受灾区域的海拔700~1000m的常绿与落叶阔叶混交林中，采用固定样地法设置4个不同海拔高度的植被样地，根据中亚热带、南亚热带山地森林群落的最小面积研究经验，设置每样地面积为1500m²，按照相邻格子样方的设置方法及地形条件，将每固定样地设为30m×50m的长方形，分为10m×10m的样方共15个。

南岭国家级保护区是我国亚热带常绿阔叶林的中心地带，是2008年冰雪灾害重灾区之一，尤其是海拔500~1000m的林木受损更严重。本研究分别在南岭和车八岭两个国家级自然保护区的缓冲区内，在海拔700m上下、坡度约30°的次生常绿阔叶林地段范围，根据受灾程度实地踏查

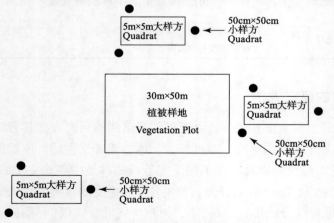

图8-1　凋落物调查样方设置示意图
Fig. 8-1　The schematic diagram of litter fall investigation sample plots

的基础上选择具有植被类型、受害程度代表性的林分建立固定样地，代表了两个保护区的中亚热带次生阔叶林受害情况。每样地设置了1500m²，按照相邻格子法将固定样地设为50m×30m的长方形，分为10m×10m的样方共15个。

在每个10m×10m样方中，对胸径≥1cm的植株进行每木检测，记录个体的位置、种名、胸径、高度、冠幅，并详细记载断梢、断枝、断干、断头、弯斜、倒地、翻蔸和正常等植株受害指标状况。

按"之"字形走向在每个固定样地的左下方、右边中部、上边中上方的外面分别建立3个5m×5m的大样方及在3个大样方四周共设置9个50cm×50cm的小样方，以进行凋落物收集。

2. 取样方法

将大样方内由于本次灾害造成的断梢、断枝作为"非正常凋落枝"，断干、断头及翻蔸的树干作为"非正常凋落干"。因为受灾植株凋落的树叶与地表原有枯落叶难以区分，而且受害产生的落叶重量相对于树干、枝条的重量而言，其所占的比例较小，因此将在大样方外、小样方内的所有未腐烂、半腐烂、新鲜的凋落叶及旧的枯枝全部收集作为"正常凋落物"称重，即包括灾前的现存凋落物和受灾造成的凋落叶作为灾后凋落叶组分进行统计分析。林冠残体收集时，用锯将样方内外的枝、干锯断分开，将大样方内由于本次灾害造成的枝和干组分分别进行全部收集、称湿重和取样。取样时，收集大样方中所有"非正常凋落枝"和"非正常凋落干"称重，根据样方内凋落物的树种和直径、枝条大小等重量比例，收集共500~1000g混合样品装入布袋，挂上标签，拿回室内测定含水率和恒干重；均匀抓取500g叶片样品放入布袋，放置标签，带回实验室80℃烘干测定含水率和恒干重。

三、结果与分析

1. 冰灾对乐昌杨东山十二度水保护区森林非正常凋落物量的影响

对样地凋落叶现存量的平均值测定结果如图8-2，凋落叶约为7.5~10.5t/hm²；各样地下坡位的凋落叶量大于上坡位及中坡位，原因之一可能是除坡度影响外，与上下坡位植被生物量产量多寡有关(图8-3)。但经方差分析表明，样地间、坡位间的凋落叶现存量差异均不显著($P<0.05$)。样地凋落枝现存量的平均值为3~10 t/hm²(图8-4)，坡位间差异不显著($P<0.05$)；样地凋落干现存量的平均值约为6~15t/hm²(图8-5)，样地间、坡位间的凋落干现存量差异均不显著($P<0.05$)。

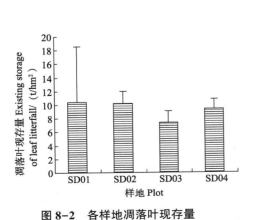

图8-2 各样地凋落叶现存量

Fig. 8-2 The existing storage of leaf litterfall in every plots

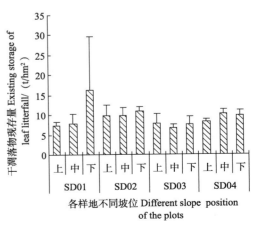

图8-3 各样地不同坡位凋落叶现存量

Fig. 8-3 The existing storage of leaf litterfall on different slope position of the plots

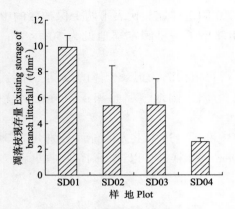

图8-4 各样地凋落枝现存量

Fig. 8-4 The existing storage of branch litterfall in every plots

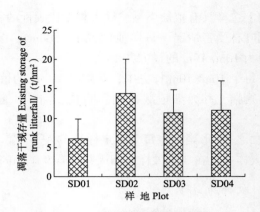

图8-5 各样地凋落干现存量

Fig. 8-5 The existing storage of trunk litterfall in every plots

以样地平均值的凋落叶、枝和干三者之和作为相应样地平均凋落物现存总量，其结果如图8-6，图中显示受害森林凋落物现存总量在 20~30t/hm² 之间，SD02 样地最高。样地间总凋落物量差异不显著($P < 0.05$)。样地凋落物不同组分比例见表8-2，枝和干两组分之和约占凋落物总量的 60%~70%。凋落叶约占总凋落物量的 30%~40%，而且其中包括灾前所有凋落物和灾害造成的新鲜凋落叶两部分，故灾害产生的新鲜凋落叶重量远不及产生的枝、干的凋落物现存量。所以在没有样地灾前原有凋落物量本底数据前提下，如果剔除灾害产生的新鲜凋落叶不算，仅以灾害产生的凋落枝、干现存量作为灾害造成"至少的非正常凋落量"，则非正常凋落量达到 13.96~19.59t/hm²(图8-7)。

表8-2 样地凋落物不同组分比例

Tab. 8-4 The Percentages of different litterfall component

样地号	干	枝	叶(包括灾前凋落物)
SD01	24.03	36.96	39.01
SD02	47.68	18.11	34.21
SD03	45.93	22.83	31.23
SD04	48.62	11.08	40.30

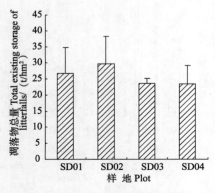

图8-6 各样地凋落物总量

Fig. 8-6 The total existing storage of litterfalls in every plots

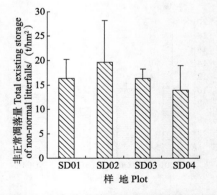

图8-7 灾害造成的样地非正常凋落物量

Fig. 8-7 The total existing storage of non-normal litterfalls caused by disaster strikes

2. 冰灾对车八岭和天井山森林非正常凋落物量的影响

车八岭和天井山天然次生林样地凋落叶现存量为 11.79~12.87t/hm²，平均 12.47t/hm²；样地凋落枝现存量为 10.81~17.90t/hm²，平均值为 14.00t/hm²；样地凋落干现存量为 6.38~19.84t/hm²，总平均值 14.41t/hm²（图 8-8）。方差分析表明，样地间的凋落物现存量均不存在显著差异（$P < 0.05$）。以各样地的凋落叶、凋落枝和凋落干三者之和作为相应样地林冠残体现存总量，则受害森林林冠残体总量为 38.12~43.52t/hm²，平均 41.25t/hm²（图 8-9）。方差分析表明，样地间林冠残体量差异不显著（$P < 0.05$）。

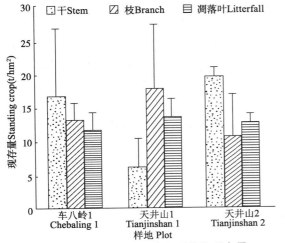

图 8-8 各样地林冠残体和凋落物现存量

Fig. 8-8 Thestanding crop of crown debris and litterfall in every plots

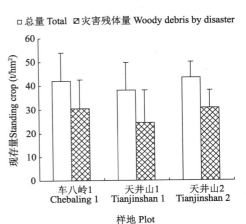

图 8-9 样地林冠残体量

Fig. 8-9 The standing crop of crown debris in plots

样地林冠残体不同组分比例见表 8-3，从中看到枝和干两组分之和约占林冠残体总量的 60%~70%，车八岭 1 号、天井山 2 号样地林冠残体以树干为多，而天井山 1 号样地林冠残体以树枝占大部分。凋落叶约占总林冠残体量的 30%~40%。在没有样地灾害前原有凋落物量本底数据前提下，如果剔除灾害产生的新鲜落叶不算，仅以凋落枝、凋落干现存量作为灾害产生"至少的非正常凋落物量"，则 3 个样地受灾后的非正常凋落物量分别为 30.32t/hm²、24.27t/hm² 和 30.65t/hm²，平均为 28.41t/hm²。

表 8-3 样地林冠残体不同组分比例
Tab. 8-3 The percentage of different component of crown debris

样地	干/%	枝/%	叶/%
车八岭 1	40.43	31.57	28.00
天井山 1	16.72	46.95	36.32
天井山 2	45.58	24.84	29.58

第三节 非正常凋落物的分解特征和对土壤碳的影响

一、¹³C 同位素示踪法在非正常凋落物分解研究中的应用

由于非正常凋落物的形成具有偶然性和突发性的特点，因此传统的研究手段较难对非正常凋落物的分解展开定量性的跟踪研究。稳定或放射性同位素在生态学中的广泛应用提供了一个精准的方

法来追踪被标记的元素在生物个体内、个体与个体之间和个体与环境的流通和周转过程。主要通过人为改变非正常凋落物中某种元素的δ值，来实现对非正常凋落物中该元素周转、代谢等途径的跟踪和研究。本文以^{13}C同位素为例，简要介绍一下如何获取标记有^{13}C稳定同位素的非正常凋落物材料。

$^{13}CO_2$的标记方法主要有2种，$^{13}CO_2$环境下的连续或脉冲标记法。连续标记法通常是将植物体长期（如从出苗开始到实验结束）暴露在具有某一恒定比例$^{13}CO_2$的空气中，通过植物体的固碳作用，显著提高植物体的$δ^{13}$C值。脉冲标记法是指在短期内向植物体环境中添加一次或若干次$^{13}CO_2$后，促进其枝叶等器官$δ^{13}$C值提高的办法。本研究采用脉冲标记法，其简要的操作流程为：

① 密闭气室的建立。选择亚克力板或其他透光材料搭建一个密封性良好的箱子。气室内放置有温湿度计、降温装置、用于促进气体混匀的风扇、补光灯管、$^{13}CO_2$气体输入设备等。

② 植株个体的遴选。挑选大小合适、体形相似、枝叶繁茂、健康无病虫害的植株个体放入密闭气室内。标记前应遮黑处理若干时间（例如2小时）。

③ $^{13}CO_2$的添加。向气室内添加$^{13}CO_2$。可以选择$Na^{13}CO_3$等标记有^{13}C的碳酸盐或碳酸氢盐与酸反应产生$^{13}CO_2$或是直接充入$^{13}CO_2$。

标记期间应注意气室内温湿度的控制、光源的补充和CO_2浓度是否适宜等情况；在植物充分光合作用后，可以向气室内输入适量$^{12}CO_2$以促进残留的$^{13}CO_2$的吸收。标记结束后打开气室通风。

二、非正常凋落物分解过程的碳流失特征

短期内，不同物种的非正常凋落物具有相似的分解过程：初期分解速度最快，而后不断衰减至一个相对恒定的低值。在为期110天的野外原位分解试验中，添加有鳃萼锥（Castanopsis fissa，CF）、马尾松（Pinus massoniana，PM）浙江润楠（Machilus chekiangensis，MC）、锥（C. chinensis，CC）非正常凋落物的土壤碳排放速率在初期（0~7天）迅速达到最大值，分别为496.89±53.43、716.88±118.04、429.26±51.48和766.05±140.94mg/（m^2·h）；而在110天时，各处理的碳排放速率分别降至22.21±0.07、14.26±0.10、22.90±0.22和49.01±0.20mg/（m^2·h）。在0~110天期间，CF、PM、MC和CC组非正常凋落物累计C排放分别为17.78g、11.60g、9.81g和16.62g，分别占其损失C的80.96%、77.16%、80.38%和87.90%（图8-10）。

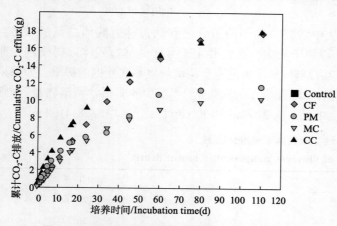

图8-10 不同处理非正常凋落物的C累计排放量

Fig. 8-10 C cumulative emission of abnormal litters under different treatments

注：CF、PM、MC和CC分别代表添加了鳃萼锥、马尾松、浙江润楠和锥的非正常凋落物的处理。

长期来看，非正常凋落物累积失重率和相对失重率呈季节性变化十分明显。从2008年5月至2011年11月期间，在甜槠（C. eyrei）群落（SD-I）、小红栲（C. cargesii）群落（SD-II）和虎皮楠（Daphniphyllum oldhamii）群落（SD-III）中，由冰雪导致的非正常凋落物在灾后一年期间，分解失重率在40%左右（图8-11，A）；2009年5月之后，3个森林群落凋落物累积失重率差异比较明显，并在分解实施2年时，3个群落的凋落物都分解了80%以上；在分解试验实施到2010年11月，甜槠（C. eyrei）群落（SD-I）凋落物累积失重率达到了99.17%，海拔最高的虎皮楠（D.

oldhamii)群落(SD-III)也达到92%左右。从每个季度分解失重速率看(图8-11,B),夏季(8月)达到最大;从年际变化特征,2009年达到最大失重率,2010年最小。

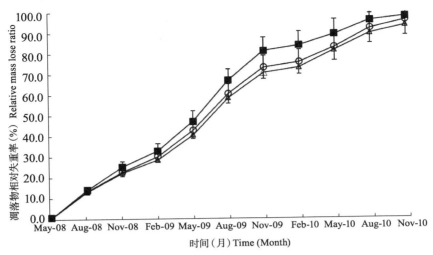

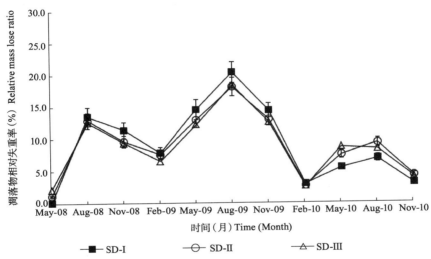

图8-11 各森林群落非正常凋落物分解过程中失重率变化

Fig. 8-11 Changes of weight loss rate in the process of abnormal litter decomposition in forest communities

三、非正常凋落物分解对土壤碳含量的影响

非正常凋落物的分解在短期内不一定能显著提高SOC含量。Yu等(2020)的研究表明,经过110天的分解培养后,添加有不同物种(鼠刺锥、马尾松、浙江润楠和锥)的非正常凋落物处理,不同深度(0~5cm,5~10cm和10~20cm)土壤中的碳含量均没有显著的变化。

但在长期试验中发现,非正常凋落物的分解能显著提高SOC含量(肖以华 等,2013)。在为期3年(2008年5月至2011年8月)的非正常凋落物去除与否的试验中,去除非正常凋落物后,除了2008年SD-III森林群落10~30cm和30~50cm土壤深度的SOC含量外,各群落样地SOC含量年平均值都要比未去除的对照样地低,而且相同土壤深度的SOC含量均存在显著差异(表8-4)。方差分析表明,凋落物去除后,各森林群落SOC年平均含量随时间推移有增加趋势,0~10cm和10~30cm土壤深度SOC含量年际间的变化显著($P=0.021$,$P<0.05$);30~50cm的SOC含量年际变化极显著($P=0.007$,$P<0.01$)。

表 8-4　去除非正常凋落物与对照样地各森林群落土壤有机碳(SOC)含量(g/kg 年)平均变化

Tab. 8-4　Annual average variation of soil organic carbon（SOC）content（g/kg）in forest communities between the removal of abnormal litter and the control

样地号	土壤深度(cm)	处理方式	2008 年	2009 年	2010 年	2011 年
SD-Ⅰ	0~10	对照	28.67+1.97a	33.04+2.73a	38.32+3.34a	37.89+2.26a
		去除	20.39+1.82b	21.31+2.06b	23.05+2.14b	23.63+2.02b
	10~30	对照	12.08+0.86a	18.02+1.35a	28.62+2.91a	26.14+3.61a
		去除	10.62+1.11b	11.91+1.03b	12.78+1.07b	13.27+1.07b
	30~50	对照	7.85+0.58a	11.80+0.87a	15.59+1.39a	16.58+1.16a
		去除	6.20+0.67a	8.53+0.81b	9.10+0.92b	10.07+1.22b
SD-Ⅱ	0~10	对照	24.28+1.95a	28.49+2.46a	32.05+2.74a	32.13+1.88a
		去除	19.31+2.13b	20.72+1.84b	21.84+2.23b	20.92+1.99b
	10~30	对照	11.23+0.86a	15.75+1.43a	22.91+1.96a	21.67+1.93b
		去除	7.03+0.84b	8.43+0.93b	10.76+1.01b	11.69+1.12b
	30~50	对照	6.97+0.74a	11.38+1.13a	14.79+1.07a	14.38+1.53a
		去除	3.63+0.44b	6.28+0.57b	8.07+0.83b	9.15+0.97b
SD-Ⅲ	0~10	对照	19.93+1.76a	28.01+2.06a	31.71+3.02a	34.17+3.33a
		去除	16.13+1.24b	18.10+1.97b	19.40+1.94b	21.07+2.61b
	10~30	对照	8.89+0.81a	16.60+1.33a	21.57+1.91a	22.23+2.17a
		去除	7.69+0.64b	9.09+0.95b	10.76+1.42b	11.13+1.03b
	30~50	对照	6.19+0.56a	10.68+0.79a	14.01+1.13a	14.99+2.44a
		去除	5.19+0.28a	7.01+0.46b	8.72+0.63b	8.36+0.77b

注：a、b表示同时期对应土壤深度不同处理方式的有机碳含量差异性，同字母表示差异不显著，不同表示有差异性。

　　去除"非正常凋落物"后各土壤深度的 SOC 含量年平均下降百分比例变化范围为 12.14%~55.34%，其中变化幅度最大的是 SD-I 群落的 10~30cm 土壤层。表层土壤 0~10cm 和 10~30cm 的 SOC 含量下降的百分比变化随着时间有增加趋势；30~50cm 的 SOC 年平均含量下降百分比变化不显著，但是其下降百分比值大于其他土壤层。上层土壤 0~30cm 的 SOC 含量下降率变化波动比较大，主要是由于上层的土壤受凋落物碳淋溶输入影响(图 8-12)。不同深度 SOC 含量都与凋落物有机碳损失重量呈显著的正线性相关，且随土壤深度增加而相关性减小。

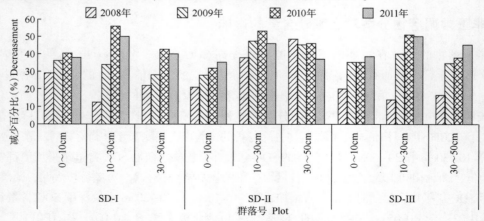

图 8-12　去除"非正常"凋落物后土壤有机碳含量下降的百分率年际变化

Fig. 8-12　Interannual variation of percentage of soil organic carbon content decline after removal of "abnormal" litter

注：SD-Ⅰ，SD-Ⅱ，SD-Ⅲ分别为甜槠群落、小红栲群落和虎皮楠群落。

四、非正常凋落物分解对土壤碳激发效应(PE)的影响

非正常凋落物的分解能引起强烈的碳 PE,不同物种的非正常凋落物导致的 PE 具有相似的变化模式(图 8-13):各处理碳激发方向均在 60 天时由负 PE 转为正 PE;负 PE 在 3~7 天时迅速达到最大值后呈对数级衰减,正 PE 也在 60 天后逐步衰减;正 PE 强度在 110 天时达到最小值,CF、

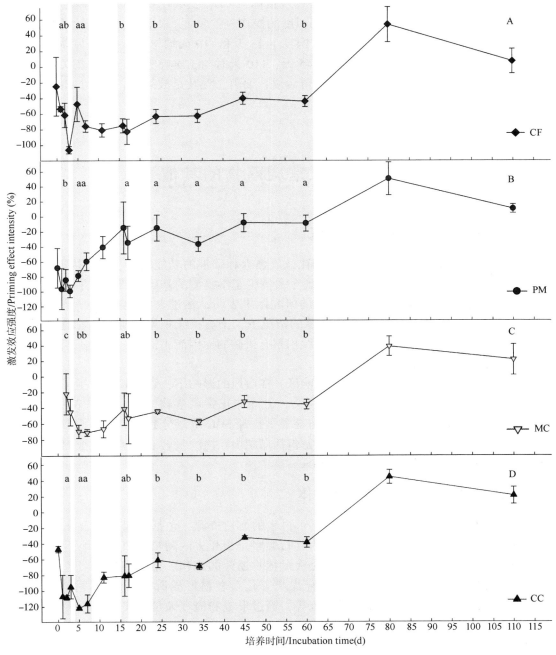

图 8-13 4 个处理组的碳激发(PE)变化模式

Fig. 8-13 Change pattern of carbon excitation (PE) in four treatment groups

注:PE 由添加有 ^{13}C 标记的新鲜凋落物的处理中土壤的 CO_2 排放量与对照组土壤 CO_2 排放量的对比而得。CF、PM、MC 和 CC 分别代表添加了鳀荷锥、马尾松、浙江润楠和锥的新鲜凋落物的处理。图中的数据为平均值±标准误。不同的小写字母代表不同的处理间具有显著性差异($P<0.05$)。MC 处理组的 0、1 天的数据已丢失。灰色的背景代表当天在不同处理间具有显著性差异。

PM、MC 和 CC 组的 PE 强度分别为 7.3±5.6%、10.4%±5.8%、21.9%±10.7% 和 20.8%±19.9%。非正常凋落物的分解速率与 PE 强度均有极显著的相关性，分别为 CF（r=−0.78，P <0.01），PM（r=−0.84，P <0.01），MC（r=−0.79，P<0.01）和 CC（r=−0.79，P<0.01）（Yu G, et al., 2020）。

通过对不同阶段的微生物多样性和物种组成指标监测发现，在属水平上，细菌和真菌的物种多样性指标与 C 排放具有更好的相关性：在 7 天时，真菌的 α 多样性指标与 PE 和土壤呼吸有显著负相关性（P <0.05）；在 24 天时，细菌的 α 多样性指标与 PE、土壤呼吸和非正常凋落物的分解有显著正相关性（P<0.05）。在 OTU（具有 97% 相似度的操作分类单元）水平上，微生物的物种组成与 C 排放具有更好的相关性：细菌的物种组成在 24 天、45 天和 110 天均与 PE 和非正常凋落物的分解有显著相关性（P <0.05）；真菌的物种组成在 45 天、110 天时与土壤呼吸具有显著相关性，在 110 天时与 PE 也具有显著相关性（P <0.05）。换句话说，细菌，尤其是放线菌门（Actinobacteria phyla），在触发和维持 PE 中可能具有更重要的作用。

第四节　非正常凋落物的其他意义

一、非正常凋落物与"碳失汇"问题

经典生态学理论认为：与非成熟森林相比，成熟森林碳汇的功能较弱，甚至接近于零，即"零碳汇"问题。"成熟森林碳循环趋于平衡"是现今大量生态学模型的基础。然而，中国科学院华南植物园周国逸研究员等（Zhou G et al., 2006）的研究结果表明，在过去 25 年期间，鼎湖山成熟森林（林龄>400 年）在地上部分净生产力几乎为零的情况下，土壤持续积累有机碳，表现出强大的碳汇功能。但是，到目前为止，成熟森林土壤持续积累有机碳的原因尚不清楚，也还不明确这一研究结果是区域性的还是全球性的普遍现象。

笔者认为，鼎湖山成熟森林处在台风影响区，在台风的影响下，森林频繁产生了大量的非正常凋落物，这对于森林的碳汇功能具有重要意义。去除非正常凋落物的试验结果表明（肖以华 等，2013），冰雪灾害导致的非正常凋落物的分解能显著提高 SOC 质量分数和储量。相似地，受台风影响而造成的大量非正常凋落物的输入，可能是包括鼎湖山在内的我国沿海诸省区成熟森林土壤持续积累有机碳的重要原因之一（吴仲民 等，2008）。

二、非正常凋落物与化石燃料的前体

化石燃料是指埋藏在地下和海洋下的不可再生的燃料资源，包括煤炭类、石油、油页岩、天然气、油砂以及可燃冰等。通常，人们认为化石燃料是由死去的动物和植物在地下经成矿作用而形成的。以煤炭为例，煤炭形成的第一步是大量植物遗体的堆积。正常的凋落物是难以提供数量巨大的植物遗体的。非正常凋落物可以解释煤炭等化石燃料形成所需的植物残骸的来源。一方面，地质灾害，如火山活动、滑坡、泥石流等，通过形成和掩埋大量的非正常凋落物来实现原位堆积作用；另一方面，河流、飓风等的搬运作用，也可以实现大量非正常凋落物的异位堆积作用。例如中国大部分煤炭资源分布在华北平原及东北平原南部，形成年代主要是晚石炭纪及早二叠纪，这一时期华北地区尚为浅海滩涂及河流入海口、地势低洼平缓、水流速度缓慢，来自西部高原地区的河流夹带的大量植物遗体在此堆积，形成了厚达数十米至数百米的堆积层，为煤炭的形成创造了物质条件。

在地质历史时期，大量植物遗体的堆积和埋藏是形成煤矿的物质基础和条件。这种储存效应使被森林固定的那部分碳素从地球的大气圈和生物圈进入到地球的土壤圈和岩石圈中。从石炭纪以来的 2 亿多年间，这种储存效应已经对地球大气圈和生物圈的碳循环产生重大而深远的影响；不仅如此，储存效应现在还在发生，这对减少目前地球大气中不断增加的 CO_2 具有积极的作用。

关于大量非正常凋落物如何形成和堆积从而成为化石燃料的前体？该问题还有待进一步的深入探索和研究。总而言之，随着全球气候变暖加剧，冰灾、台风等极端天气事件发生的频度和强度在增大。极端气候事件影响使受影响区的森林产生大量的非正常凋落物；继续开展非正常凋落物的监测和研究意义重大。

第九章　受损常绿阔叶林林隙特征及生物多样性影响研究

陆地上 80% 的生态系统都已受到了来自人类和天然的各种干扰，森林生态系统也不例外。广义上讲，森林干扰是普遍的、内在的和不可避免的，干扰影响到森林的各个水平。人类社会发展的历史可以认为是人类对森林干扰的历史。干扰是森林更新、演替的重要驱动力，在维持生态系统物种多样性、群落的稳定性和景观的异质性等方面有极其重要的作用。随着全球气候的变化，特别是大气环流异常和拉尼娜现象的出现，各种类型冰雪灾害的发生频率和强度将呈现明显增加的趋势（Gray，1990）。林隙干扰是森林生态系统最重要的小尺度的干扰类型，林隙的形成是森林循环中一种典型的干扰过程（朱教君 等，2007），是森林生态系统长期变化中不可或缺的驱动因素。林隙也是森林演替的一个重要阶段，林隙的动态特征与森林更新有着密切的关系，它是森林群落内众多物种共存和动态发展的基础，也是森林景观结构的基础。近年来的森林动态学研究表明，林隙在森林结构、动态和多样性等各方面起着重要作用，已成为当前森林生态学研究的最活跃领域之一（Runkle，1998；臧润国 等，1998；鲜骏仁 等，2007）。

第一节　林隙研究概述

一、林隙的概念

林隙有多种不同的定义，这是由于不同学者从各自的研究角度采取不同尺度而造成的（张远彬，等，2003）。但从总体来看，林隙的内涵基本一致，即由于森林群落中林冠层乔木的死亡而导致森林中相对连续的林冠层出现间断的现象，这种在空间上的不连续现象即为林隙。

早在 1947 年，英国著名植物学家 Watt 对英国 7 个植物群落进行研究，他在英国生态学会主办的生态学刊物 *Journal of Ecology* 上发表的关于植物群落中格局与过程（*Pattern and process in the plant communities*）一文中提出了林隙的概念，是现代生态学中有关种群、群落、生态系统及景观结构与动态理论的重要思想基础之一（Watt，1947）。Runkle（Runkle，1982）和 Brokaw（Brokaw，1982）通过对森林群落的进一步研究后指出："林隙就是丛林中单株树、树体的某一部分或者多株树木死亡而形成的林冠空隙"。Runkle 随后对林隙的概念进行了扩充，将其分为狭义的林隙和广义的林隙（Runkle，1989）。随着林隙研究的发展，林隙被分为两类，分别为冠林隙（Canopy Gap，CG）和扩展林隙（Extended Gap，EG），其中冠林隙是指直接处于林冠层下面的空间或土地面积，而扩展林隙是指由冠林隙周围树木的树干所围成的空间或土地面积（龙翠玲，2006）。而 Watt 则认为林隙主要是指森林群落中老龄树木死亡或由于偶然性因素，如台风、干旱、火灾等，而导致成熟阶段优势树种个体的死亡，从而在林冠层形成空隙的现象（张远彬 等，2006；周丹卉 等，2007）。李贵才等（2003）等对林隙的定义为：森林是由众多树木个体所组成的复合体，它的发育、更新以及演替的动态变化是通过树木个体的发育、生长和死亡等一系列过程来完成的。森林中部分林木个体死亡或者枝干折断后，便在森林的林冠层形成了空隙，这种林间的空隙被称为林窗或林隙。

二、林隙发生的普遍性

林隙在各种森林类型中都是普遍存在的，约占到森林景观面积的 10%~30%。Kathke 等对德国的云杉林研究发现，林隙可占到该森林面积的 10% 左右，并且随时间而动态变化（Kathke et al.，2010）。Alexander 等对美国阿拉斯加落叶森林的研究结果表明，林隙占森林的面积比例在 17%~29%（Alexander et al.，2017）。臧润国等对海南岛热带山地雨林的研究发现，该森林存在丰富的林隙，占森林面积的比例达到 25% 左右（臧润国 等，1999）。沈泽昊等对三峡山地常绿阔叶林的研究发现，该森林中林隙干扰较频繁，林隙面积可占森林面积的 10.09%（沈泽昊 等，2000）。闫淑君等对福建万木林的常绿阔叶林研究发现，林隙可占森林面积的 16.66%（闫淑君 等，2004）。刘少冲等对小兴安岭阔叶红松混交林林隙特征的研究表明，该森林林隙所占的面积比例为 15.71%（刘少冲 等，2014a）。吴庆贵等的研究表明，川西高山冷杉林的林隙占森林景观面积的 23.05%（吴庆贵 等，2013）。温远光等人的研究结果表明，广西大明山南亚热带山地常绿阔叶林林隙占森林景观面积的 52.90%，林隙特征不同于热带山地雨林，也与南亚热带低地的常绿阔叶林存在显著区别（温远光 等，2014）。

三、林隙特征

1. 林隙大小

林隙大小是林隙的重要空间特征，它直接影响着林隙内的光照、水、热等因子的强度及变化，最终影响到林隙中幼苗幼树地上部分和地下部分的生长发育，从而影响林隙更新及生物多样性的发生发展（王周平 等，2003）。目前，大多数研究者将其范围确定为 4~1000m² （Runkle，1982；Spies et al.，1990）。因为少于 4m² 的间隙很难与林分中的枝间隙区分开来；大于 1000m² 的范围则当作林间空地来处理（臧润国，1998）。臧润国等通过研究总结出，在温带森林群落中，大部分林隙平均大小都在 40~130m² 左右变动，而在热带森林中则较大些，平均大小在 80~600m² 左右变动（臧润国，1999）。林隙大小对光环境的影响很大，一天的光照时间内，小的林隙内光照较弱，不利于耐阴性差的树种的生存和发展。大林隙的中心比小林隙和郁闭层受到更多的光照，从而引起林隙内水、热、土壤养分等因子的变化。大林隙中，不仅光照水平比小林隙和林下高，而且光合有效辐射所占的比例也大。

2. 林隙的形状

林隙的形状是描述林隙特征的重要因子，它与林隙的大小一样引人关注（Robert et al.，1998）。大多数对于林隙形状的研究表明，林隙在总体上是不规则的，其形状主要有多边形、近椭圆形、近圆形等，但总体来说，其形状近似于椭圆形（Runkle，1981；Spies，1990）。因为树体大多呈圆锥形，并且树枝的长度从下向上逐渐减少，因此从垂直剖面上看，林隙的形状像不规则的双曲线旋转而成的柱状体，如果考虑林隙中的更新，则林隙更像是一个倒放的葫芦（Runkle，1982）。

3. 林隙的形成方式

林隙是由林冠上层的乔木受到干扰死亡或倒伏后形成的，这些干扰包括林木自身衰老以及病虫害，来自外部的雷电、风力、雪压以及人为砍伐等。林隙形成方式的研究主要包括以下几种：①掘根风倒。是在风力的作用下连根拔起而形成的；②断干。树木的主干在强大风力的作用下折断，且断口处多存在明显的撕裂痕迹；③折大枝。通常发生在感染有病害或虫害的大枝条；④枯立。是指林冠层乔木死亡后，主干仍直立于林中形成枯立的站杆；⑤其他。包括人为砍伐、自然火烧等。林分类型不同，形成林隙的各种主导因素也各不相同，而在林隙的形成和消亡过程中，各种因素所起的作用也不同。在同一个林隙中，常常可以见到各种形成方式的混合作用。此外，雪压、病虫害、雷劈、泥石流等也可能成为形成林隙的因子。在分析林隙的形成方式时，我们所见到的林隙往往不只是由一种形式死亡的形成木所形成，常常是多种形式的混合出现在一个林隙中。

4. 林隙的形成木

林隙形成木是指形成林冠空隙的主林层树木，当主林层树木达到一定高度和年龄后，在多种外界因子的作用下死亡，即形成林隙。林隙形成木的特征直接或间接地影响着林隙的各种特征以及树种的更新。由单株树木的死亡形成的林隙，可称其为单形成木林隙，由两株树木的死亡形成的林隙，可称其为双形成木林隙，而由3株及3株以上树木的死亡形成的林隙可称为多形成木林隙(Hubbell, et al. , 1986)。

5. 林隙边缘木

林隙边缘木是指包围整个林隙的树木，它是衡量林隙特征的一个重要指标。林隙边缘木种类、高度、大小等特征对林隙的小气候有重要影响(张一平 等, 2001)，同时边缘木也影响着林窗内物种的更新，它不仅是林窗内物种的重要种源，同时也影响着外来种子的散播(夏冰 等, 1997)。林隙边缘木的大小和高度直接影响着林隙内的生态环境，边缘木树体越高，优势度越大，对太阳辐射反射和吸收量越多，导致了林隙内光照指数和温度指数的下降，此种温湿环境为耐阴树种的发芽生存提供了良好环境。

6. 林隙的年龄

林隙的年龄是表征林隙动态特征和林隙更新动态的一个重要参数，它是指林隙从形成以来至调查时的年数。由单株树木形成的林隙的年龄即为形成木倒或枯后至调查时的年龄；对于有多个形成木的林隙，可取其中最早的一株形成木的形成年龄为多株形成木林隙的年龄(刘金福 等, 2003)。目前的研究多依据解析木资料或文献等手段测定枯立或倒木的年龄，并结合树基及倒木的腐烂状况以及当地森林调查者的经验，通过对比推测出林隙的形成年龄。

四、林隙对生境的影响

林隙的出现使地表的光照明显增加，改变了地表光照在时空上的变化过程(Ritter et al. , 2005；谭辉, 2007)。Muscolo等认为，无论在任何地理位置，林隙的光照依赖于林隙的大小、林隙所处的地形位置，同时也与林隙周围的高度、林隙内不同的部位、太阳入射角度等有关(Muscolo et al. , 2014)。林隙中心通常会出现很高的光合有效辐射值，而林缘的光合有效辐射值通常较低。吴甘霖等人对大别山五针松林林隙的研究结果表明，林隙斑块的光照强度明显高于林缘及林下(吴甘霖 等, 2017)。冯静等对阔叶红松混交林林隙光照研究表明，林隙中心的光量子通量密度要显著高于林缘(冯静 等, 2012)。刘少冲等对小兴安岭阔叶红松林林隙的光量子通量密度研究表明，大林隙的光量子通量大于小林隙(刘少冲 等, 2014b)。

光照的改变会引起林隙内空气温湿度、土壤温湿度的时空变化(Gray et al. , 2002)；同时，由于失去林冠层的遮蔽，降水在林隙内的分配过程也会发生变化(Runkle, 1982)。Gray等对美国俄勒冈州冷杉林的研究发现，林隙光照的改变会引起林隙内空气温湿度、土壤温湿度的时空变化；一些研究结果却证明，在针叶林中土壤温度会随林隙的增大而增加(Gray, 2002；Muscolo, 2014)。Ritter等研究发现，在生长季时林隙中央的温度要显著高于林隙边缘的温度(Ritter, 2005)。

五、林隙对群落幼苗更新的影响

林隙干扰通过改变森林空间条件并造就大量异质性生境斑块，进而对森林中树木种子的传播和萌发、幼苗定居生长等自然更新过程产生重要的影响(Runkle, 1981)。在林隙形成初期，林隙内光照条件得到改善，土壤种子库和外来侵入的喜光性树种的种子大量萌发，该阶段物种多样性增加，但是随着林隙的进一步发育，林内郁闭度也逐渐增加，环境的改变也越来越不适合耐阴性较小物种的生存，却有利于耐阴性较大的物种更新，因此大量耐阴性较小的物种会被耐阴性较大的物种所替代，该阶段物种多样性会降低。总的来说，林隙能促进群落幼苗的更新，如崔丽红等对华北落叶松和油松混交林林隙幼苗更新的研究表明，林隙中心区域的幼苗生长更好，而林缘位置的生长差于林隙中心区域（崔丽红 等，2015）。林隙主要是促进喜光性幼苗的更新，如龙翠玲等研究亚热带茂兰喀斯特森林的林隙更新发现，不同树种在林隙和非林隙的更新有显著差别，林隙内的幼苗以喜光树种为主（龙翠玲，2007）。此外，林隙内幼苗更新主要受林隙大小的影响，如朱凯月等人的研究结果表明，蒙古栎和水曲柳幼树的生长与林隙大小呈显著的正向关系（朱凯月 等，2017）。也有研究表明林隙不能促进幼苗更新，如 Alexander 等人在落叶林中的研究结果表明林隙并不能明显促进落叶林中的树木更新（Alexander，2017）。

六、林隙主要研究方法

目前对于林隙特征的调查方法多为样线调查法，对于林隙更新情况的调查多为样方法，即在林隙的不同位置及非林隙林分内部设置样方，并进行更新苗木以及生物多样性的调查。而地面调查的方法难以准确及时地获取大范围的林隙信息。近年来，遥感技术的发展为大面积获取林隙信息提供了一种自动和高效的手段，中等空间分辨率的遥感影像通常能够提取到面积 $30m^2$ 以上的林隙信息，但无法提取面积较小的林隙信息（Meloni et al.，2008；Schliemann et al.，2011）。随着 IKONOS、QuickBird、WorldView 等高空间分辨率遥感的出现，林隙的识别面积可以达到 $10m^2$ 左右（Hobi et al.，2016；毛学刚 等，2018）。虽然目前无人机激光雷达因其高质量的数据逐渐兴起，但目前还存在成本过高的问题（Katarzyna et al.，2016）。高空间分辨率遥感还是较为可靠而经济的林隙研究手段之一。在未来的研究中，遥感手段和地面调查相结合将会成为林隙研究的经济又有效的方法之一。

第二节 冰雪灾害对林隙形成及林下生物多样性的影响

目前，国外对冰雪灾害对森林生态系统影响的研究相对较多，国内这方面的研究很少，已有的报道也大多是对灾后的情况做简单的调查分析，并没有更深入的研究报道出现。因此，冰雪灾害对森林生态系统的影响研究尤为重要。

2008 年 1 月中下旬至 2 月上旬，我国南方广大地区遭受了 50 年一遇的重大冰雪灾害，大范围、长时间的强降雪及冰冻灾害给中国南方各地的森林资源造成了巨大的损失，林木成片倒伏或拦腰折断，折断木和枯枝落叶遍地都是，森林群落满目疮痍（李意德，2008）。森林生态系统因冰雪灾害造成了大量的林窗，林窗的形成改善了林内光照条件，形成了不同于郁闭林分的异质性生境，对林木种子萌发、苗木定居、幼树生长等自然更新过程有重要影响，从而引起林下植被的多样性也较高。林窗的生物多样性维持机制对灾后森林植被恢复具有重要的作用。

众多学者围绕森林林隙动态和物种多样性这一环节针对不同森林类型做了大量的研究工作，主要有研究林隙和非林隙密闭林分的物种多样性比较，以及不同大小、发育阶段林隙内物种多样性的变化等，而对因为突如其来的冰雪灾害造成的林隙与植物多样性的相关关系尚未见报道，特别是冰雪灾后常绿阔叶林林隙植物多样性的研究鲜有报道。有关冰雪灾害对杨东山十二度水省级自然保护区内木本植物损伤和植物区系等已有了较好的研究基础，在此基础上进一步开展冰灾受损栲类林林隙与植物多样性的研究，将有助于深入分析森林生物多样性的维持机制，为这一群落类型物种多样性保护与持续利用和为冰灾受损森林植被类型的生态恢复提供科学依据。

一、研究区概况与研究方法

1. 研究区概况

见第二章。

2. 材料与方法

（1）样地设置

在海拔 700~1000m 冰灾受损栲类林中，采用典型取样方法，根据海拔高度、坡度、坡向的不同，按照相邻格子样方的设置方法设置 4 个 50m×30m 的长方形固定样地，分别标记为 SD01，SD02，SD03，SD04，每个样地又分为 15 个 10m×10m 的样方。

（2）调查方法

从每个样地起点开始，调查样地内每一小样方中的林隙，并测量林隙最大直径(L)和与其中心相垂直的直径(W)。当扩展林隙面积≤20m² 时，对林隙内地径≥1cm 的木本植物进行每木调查，记录种类、地径(离地5cm)、高度等指标；地径<1cm 的木本植物记录种类、数量、平均高等指标；草本植物记录种类、平均高、覆盖度等；层间植物记录种类。当林隙面积大于20m² 时，在林隙内取 4 个 2m×2m 的小样方，对其中出现的木本和草本植物进行每木调查。

（3）数据分析

①林隙面积

假定林隙形状为椭圆形，采用椭圆面积计算公式计算林隙面积，公式如下：$S = \pi LW/4$

式中 L 为林隙中最长的直径，W 为与 L 垂直的最大直径，其相交点作为林隙的中心点。对各林隙面积进行分级，$S \leqslant 10\text{m}^2$ 记为 Ⅰ 级林隙，$10\text{m}^2 < S \leqslant 20\text{m}^2$，记为 Ⅱ 级林隙，$20\text{m}^2 < S \leqslant 30\text{m}^2$，记为 Ⅲ级林隙，$S > 30\text{m}^2$，记为 Ⅳ 级林隙。

②物种重要值

重要值是在计算、评估物种多样性时的重要指标，是以综合数值表示的植物物种在群落中的相对重要性。

重要值＝（相对多度+相对频度+相对显著度）/3

其中，相对多度＝（群落中某种植物的密度/群落中全部植物的总密度）×100%＝（群落中某种植物的个体数/群落中全部植物的个体数）×100%；

相对频度＝（某物种的频度/所有种的频度总和）×100%；

相对显著度＝（样方中某物种个体投影面积和/样方中全部个体投影面积总和）×100%；

频度是指一个种在所作的全部区段中出现的频率，相对频度指某种在全部区段中的频度与所有种频度和之比。

③生物多样性指数

物种多样性指数采用 Margale 丰富度指数、Simpson 优势度指数、Shannon-Wiener 指数和 Pielou 均匀度指数。具体公式如下：

Margale 丰富度指数（M）：

$$M = (S - 1)/\ln N$$

Simpson 指数（D）：

$$D = 1 - \sum_{i=1}^{s} P_i^2$$

Shannon-Wiener 指数（H）：

$$H = -\sum_{i=1}^{s} P_i \ln P_i$$

Pielou 均匀度指数（Jsw）：

$$J_{sw} = \left(-\sum P_i \ln P_i \right) / \ln S$$

式中，S 为样线出现的物种总数，N 为所有种的个体总数，P_i 为相对重要值。

④群落相似系数

计算公式如下：

$$C = c / (a + b - c)$$

式中，C 为相似系数，a 为林隙木本物种数，b 为林分木本物种数，c 为林隙和林分共有物种数。

⑤数据统计

主要采用 Excel 软件进行统计分析。

二、结果与分析

1. 林隙数量、大小与分布

本次调查面积≥4m²的林隙共有 49 个，林隙数量平均为 81.7 个/hm²，其中 SD03 样地最多，为 14 个，SD04 样地为 13 个，SD01 和 SD02 样地均为 11 个，各样地间差异不大。

本次调查的 49 个林隙主要为Ⅰ级和Ⅱ级林隙，其中Ⅰ级林隙 24 个，Ⅱ级林隙 19 个，二者占到林隙总数的 87.76%，Ⅲ级林隙 2 个，Ⅳ级林隙 4 个，占到林隙总数的 12.24%。各等级林隙分布见图 9-1。

2. 林隙产生原因

本次调查的 49 个林隙的产生原因及形成木见表 9-1。

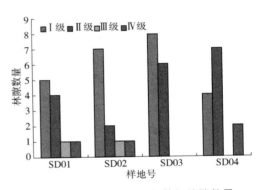

图 9-1 各样地不同面积等级林隙数量
Fig. 9-1 The number of gaps of different areas grades inplots

表 9-1 林隙形成的原因
Tab. 9-1 Reasons of the formation of forest gaps

林隙编号	面积（m²）	形成原因	形成木数	形成木种名
SD01-01	7.7	翻蔸、压弯	2	冬青
SD01-02	5.36	断梢、翻蔸	2	野漆
SD01-03	78.03	翻蔸、断干	3	黄樟、虎皮楠
SD01-04	19.1	断干、倒伏	2	甜槠、野漆
SD01-05	7.46	断干、翻蔸	2	雷公青冈
SD01-06	14.58	断干、压弯	4	甜槠、雷公青冈、鹿角杜鹃
SD01-07	5.36	断梢、翻蔸	2	甜槠、雷公青冈
SD01-08	5.61	压弯	2	甜槠
SD01-09	27.24	断干、翻蔸	4	甜槠、青皮木
SD01-10	17.48	翻蔸	4	甜槠、格药柃

（续）

林隙编号	面积（m²）	形成原因	形成木数	形成木种名
SD01-11	15.46	断梢、翻兜	2	甜槠
SD02-01	52.97	翻兜	4	南岭栲、交让木
SD02-02	6.03	倒伏	2	甜槠、交让木
SD02-03	4.12	翻兜	3	交让木
SD02-04	11.27	断梢、翻兜	2	甜槠、交让木
SD02-05	7.59	断干、翻兜	2	甜槠
SD02-06	24.03	翻兜	3	杉木、广东杜鹃
SD02-07	11.31	断梢	2	甜槠
SD02-08	6.79	断梢	2	甜槠
SD02-09	5.94	断干	2	冬青
SD02-10	5.28	断梢	3	甜槠、南岭栲
SD02-11	4.38	翻兜	4	黄樟、山乌桕
SD03-01	7.54	翻兜、压弯	4	虎皮楠、日本杜英
SD03-02	11.02	断梢	3	青冈
SD03-03	12.53	翻兜、断梢	4	虎皮楠、微毛柃
SD03-04	5.84	翻兜	4	广东润楠
SD03-05	15.27	压弯、翻兜	4	甜槠、钟花樱
SD03-06	14.14	翻兜	4	虎皮楠
SD03-07	4.41	翻兜	2	石楠
SD03-08	9.24	断干、翻兜	3	青冈、鹿角杜鹃
SD03-09	12.66	翻兜、断干	3	虎皮楠
SD03-10	5.61	翻兜	2	甜槠
SD03-11	6.28	断干	2	马尾松
SD03-12	10.23	翻兜	3	虎皮楠
SD03-13	4.71	翻兜	2	青冈
SD03-14	9.42	断梢、翻兜	4	冬青
SD04-01	10.45	断梢	3	小红栲
SD04-02	19.96	断干	4	南岭栲
SD04-03	9.07	翻兜、断干	2	南岭栲、小红栲
SD04-04	80.38	翻兜	2	南岭栲、青冈
SD04-05	11.31	断梢、死亡	5	小红栲、甜槠
SD04-06	16.74	断干、倒伏	2	南岭栲、格药柃
SD04-07	8.28	翻兜	2	小红栲
SD04-08	10.56	断干	3	小红栲、南岭栲
SD04-09	13.89	断梢、死亡	2	椿叶花椒
SD04-10	7.54	断梢、死亡	1	甜槠
SD04-11	10.96	断干	3	小红栲、广东杜鹃
SD04-12	30.66	断干	2	南岭栲、小红栲
SD04-13	6.32	断干	2	南岭栲

冰雪灾害对林区树木造成的机械损伤主要有断梢、压弯、断干、翻蔸、倒伏等类型，这些机械损伤造成了大量不同面积的林隙。受损林隙中，仅一种受损形式产生的林隙为27个，两种以上受损形式产生了22个，表明冰雪灾害形成的林隙中，往往有多种成因并存。在所有林隙成因中，包含压弯的有5个，包含倒伏的有3个，包含断梢的有14个，包含断干的有17个，包含翻蔸的有29个，包含死亡的有3个。从整体来看翻蔸是林隙产生的主要原因，占产生林隙总数的40.85%，断干和断梢也是林隙产生的重要原因。

本次调查的49个林隙共有形成木23种135株，平均每林隙有形成木2.76株。形成木的数量在林隙内分布很不均匀，其中2株形成木的林隙最多，有24个，占次生林总林隙数的48.98%，其次是4株和3株形成木林隙，分别为12个和11个，1株和5株形成木的林隙各有1个。形成木的树种中，包含甜槠的林隙最多，共有17个，其次为南岭栲、小红栲、虎皮楠、交让木、青冈，分别为9个、7个、6个、4个、4个。形成木的树种组成多为群落的优势种。

3. 林隙更新物种的种类组成

(1)林隙更新种的科属分布区类型

除去蕨类植物外，参照吴征镒等《世界种子植物科的分布区类型系统》对林隙调查记录的其余156种维管植物进行区系分析，结果如表9-2所示。本次调查的林隙维管植物分别归属于9种分布区类型，其中野生维管束植物中世界性广布的科(亚科)有蔷薇科(Rosaceae)、桑科(Moraceae)、茜草科(Rubiaceae)等15个科，占总科数的25.86%。热带广泛分布的科有樟科(Lauraceae)、山茶科(Theaceae)、桃金娘科(Myrtaceae)等19个科，占总科数的32.76%；温带的科有壳斗科(Fagaceae)、百合科(Liliaceae)、金缕梅科(Hamamelidaceae)等10个科。从科的地理成分所占的比例可知，在科级水平上，本次调查的种子植物区系以热带亚热带分布的科占优势，同时世界分布和温带分布科占一定的比例，这与本调查区为南亚热带的地理位置相符合。

表9-2　种子植物科分布区类型占比
Tab. 9-2　Proportion of floristic of seed plants families

序号	分布区类型	科数	科比例(%)
1	世界广布	15	25.86
2	泛热带分布	19	32.76
3	东亚及热带南美间断分布	7	12.07
5	热带亚洲至热带大洋洲分布	2	3.45
6	热带亚洲至热带非洲分布	1	1.72
7	热带亚洲分布	2	3.45
8	北温带分布	10	17.24
9	东亚及北美间断分布	1	1.72
14	东亚分布	1	1.72

除蕨类植物外，参照吴征镒教授"种子植物属的分布区类型"的划分，本次调查的156种维管植物可划分为14个分布区类型(表9-3)。热带广泛分布最多，有30个属，占总属数的26.09%，包括包括冬青属(Ilex)、杜英属(Elaeocarpus)、榕属(Ficus)等。中国特有属为杉木属(Cunninghamia)。本区系的热带亚热带成分占优势，而温带成分对本区有一定的影响，显示出南亚热带常绿阔叶季雨林植物区系的性质与特点。

表 9-3 种子植物属分布区类型占比

Tab. 9-3 Proportion of floristic of seed plants genus

序号	分布区类型	属数	属比例(%)
1	世界广布	4	3.48
2	泛热带分布	30	26.09
3	东亚及热带南美间断分布	5	4.35
4	旧世界热带分布	11	9.57
5	热带亚洲至热带大洋洲分布	6	5.22
6	热带亚洲至热带非洲分布	2	1.74
7	热带亚洲分布	17	14.78
8	北温带分布	11	9.57
9	东亚及北美间断分布	12	10.43
10	旧世界温带分布	2	1.74
11	温带亚洲分布	1	0.87
12	地中海区、西亚至中亚分布	2	1.74
14	东亚分布	11	9.57
15	中国特有分布	1	0.87

(2)林隙更新种的科属组成

本次调查的林隙中,共记录到植物种156种,分属于58科115属(表9-4)。其中SD01样地有61种,SD02样地有76种,SD03样地有95种,SD04样地有74种,各样地间植物种类存在一定的差异。物种组成以木本植物为主,共有108种,占植物种数的69.23%。植物类别中以双子叶植物为主,共有139种,占植物种数的89.10%。

表 9-4 各样地物种科属组成

Tab. 9-4 Composition of species families and genera in plots

样地	类别	总体			木本			藤本			草本		
		科	属	种	科	属	种	科	属	种	科	属	种
SD01	裸子植物	2	2	2	1	1	1	1	1	1	0	0	0
	双子叶植物	34	43	54	26	29	36	6	11	13	2	3	5
	单子叶植物	4	4	5	3	3	3	1	1	1	0	0	0
	合计	40	49	61	30	33	41	8	13	15	2	3	5
SD02	双子叶植物	35	57	66	23	35	37	8	15	18	4	7	11
	单子叶植物	6	9	10	4	7	8	1	1	1	1	1	1
	合计	41	66	76	27	42	45	9	16	19	5	8	12
SD03	裸子植物	2	2	2	2	2	2	0	0	0	0	0	0
	双子叶植物	40	68	87	30	50	64	8	13	17	2	5	6
	单子叶植物	3	5	6	1	3	3	2	2	3	0	0	0
	合计	45	75	95	33	55	69	10	15	20	2	5	6
SD04	双子叶植物	29	48	68	24	38	52	3	6	10	2	4	6
	单子叶植物	4	5	6	2	3	4	2	2	2	0	0	0
	合计	33	53	74	26	41	56	5	8	12	2	4	6

（续）

样地	类别	总体			木本			藤本			草本		
		科	属	种	科	属	种	科	属	种	科	属	种
所有样地	裸子植物	3	3	3	3	3	3	0	0	0	0	0	0
	双子叶植物	48	100	139	30	65	94	11	22	28	7	13	17
	单子叶植物	7	12	14	6	11	11	0	0	2	1	1	1
	合计	58	115	156	39	79	108	11	22	30	8	14	18

4. 林隙更新物种重要值

（1）不同样地物种重要值

各样地物种重要值排名前 5 位的植物种见表 9-5。4 个样地中，SD01、SD02 和 SD03 林隙中的物种重要值排名前 2 位的均为山乌桕和山苍子，这两种植物均为喜光性先锋种，表明冰雪灾害造成的林隙改变了林下光环境，促进了喜光性物种的大量生长。SD04 样地林隙物种重要值前 2 位的分别为甜槠和虎皮楠，这两种植物均为演替中后期物种，这可能是因为 SD04 样地林龄较前 3 个样地高。不同林龄的林隙内更新物种的差异表明冰雪灾害对森林结构的影响存在差异，冰雪灾害产生大量林隙使较小林龄的森林发生一定程度的逆向演替，但对较成熟森林的演替进程则有一定的促进作用。

表 9-5 不同样地林隙更新种重要值排名前 5 位的植物种

Tab. 9-5 Top 5 plant species in the ranking of importance value of regenerative species in different gaps in plots

样地	植物名称	相对优势度（%）	相对多度（%）	相对频度（%）	重要值（%）	重要值排名
SD01	山乌桕	6.51	26.28	8.33	13.71	1
	山苍子	7.53	17.09	7.41	10.68	2
	甜槠	10.08	6.84	7.41	8.11	3
	山莓	6.89	5.13	6.48	6.17	4
	虎皮楠	3.57	5.56	4.63	4.59	5
SD02	山乌桕	5.10	19.12	8.33	10.85	1
	山苍子	5.10	16.61	5.95	9.22	2
	甜槠	9.88	8.78	7.14	8.60	3
	红紫珠	4.63	4.08	5.95	4.89	4
	山莓	5.56	2.51	4.76	4.28	5
SD03	山乌桕	6.29	7.45	4.49	6.08	1
	山苍子	3.90	6.54	3.37	4.60	2
	杜茎山	2.05	8.49	3.00	4.51	3
	椿叶花椒	4.32	4.82	3.00	4.05	4
	草珊瑚	1.37	8.37	2.25	4.00	5
SD04	甜槠	10.99	14.25	6.90	10.71	1
	虎皮楠	5.80	8.87	6.21	6.96	2
	黄牛奶树	4.02	10.75	4.83	6.53	3
	石斑木	7.33	4.03	4.83	5.40	4
	山苍子	4.27	5.38	4.83	4.83	5

（2）不同大小等级林隙物种重要值

不同大小等级林隙物种重要值排名见表 9-6。面积最小的 I 级林隙内山乌桕和山苍子重要值排在前 2 位，而随着林隙面积的扩大，这两种先锋种的重要值出现下降趋势，而甜槠的重要值则随着林隙面积的扩大而增加。这说明小的林隙更容易促进喜光性先锋种的进入和生长，大的林隙则对演替中后期阶段树种的定居有利。

表9-6　不同大小等级林隙更新种重要值排名前5位的植物种

Tab. 9-6　Top 5 plant species in the ranking of importance value of regenerative species in different gap grades

林隙大小	植物名称	相对优势度(%)	相对多度(%)	相对频度(%)	重要值(%)	重要值排名
I级	山乌桕	5.66	14.27	3.72	7.88	1
	山苍子	4.42	10.61	2.97	6.00	2
	变叶榕	4.78	2.89	2.97	3.55	3
	椿叶花椒	3.67	3.86	2.60	3.37	4
	甜槠	4.14	3.38	2.23	3.25	5
II级	山苍子	4.61	8.97	4.82	6.13	1
	甜槠	6.03	6.76	4.39	5.73	2
	黄牛奶树	4.03	8.45	4.39	5.62	3
	山乌桕	4.06	6.63	3.51	4.73	4
	红楠	5.26	4.16	3.95	4.46	5
III级	山苍子	4.66	21.30	7.69	11.22	1
	甜槠	9.84	8.33	7.69	8.62	2
	山乌桕	2.07	19.44	3.85	8.45	3
	掌叶覆盆子	6.74	5.56	3.85	5.38	4
	变叶榕	7.77	2.78	3.85	4.80	5
IV级	甜槠	25.56	17.09	11.11	17.92	1
	山乌桕	4.93	24.79	5.56	11.76	2
	山苍子	9.42	6.84	8.33	8.20	3
	虎皮楠	6.28	7.69	8.33	7.43	4
	山莓	8.07	5.13	8.33	7.18	5

5. 林隙木本物种与林分木本物种相似性分析

冰雪灾害干扰形成的林隙中，更新种与林分物种间物种相似度指数为0.124～0.157，相似度较低(表9-7)。这说明灾害发生后林隙内产生的物种大多并不是来源自林分内而是由外部输入，灾害增加了林分的物种多样性。调查的4个样地的林隙物种中，共有种占林隙总物种的比例分别为41.46%、31.82%、30.43%和26.79%，随着样地海拔和林龄的增加逐渐减小，主要受林分物种组成影响。林龄越低，林内先锋种占比越高，共有种比例越高。

表9-7　林隙木本物种与林分木本物种相似性

Tab. 9-7　Similarity of woody species between gaps and stands

系数	SD01	SD02	SD03	SD04
a	41	44	69	56
b	104	83	86	80
c	17	14	21	15
C	0.133	0.124	0.157	0.124

对各样地林隙更新种重要值排名前 5 位的优势种的共有分析，发现优势种来源各样地间存在较大差异。SD01 样地中山乌桕、甜槠和虎皮楠为共有种，说明其来源自林冠层，而山苍子和山莓为非共有种，说明这两个物种是由外部输入的。SD02 样地中，山乌桕、山苍子和甜槠为共有种，红紫珠和山莓为非共有种，说明该样地林隙优势种主要来自林冠层，有少量喜光先锋种入侵。SD03 样地中重要值排名前 5 位的林隙更新种均为非共有种，说明该样地林隙内的喜光先锋种主要来自外部输入。SD04 样地中虎皮楠和石斑木为共有种，甜槠、黄牛奶树和山苍子为非共有种，说明该样地林隙内既有喜光性先锋种侵入，也有耐阴性树种侵入，林隙的产生可能会促进森林的演替。

6. 林隙生物多样性

（1）不同样地林隙生物多样性

林隙内物种丰富度指数、生物多样性指数 S 和 SW、物种均匀度指数均表现为随海拔升高先上升后下降的趋势，其中物种丰富度指数和物种多样性指数的峰值出现在海拔 870~890m，而物种均匀度指数在海拔 796~820m 和海拔 870~890m 比较接近（图 9-2）。需要指出的是，不同样地内林隙生物多样性差异受多种因素影响，海拔只是影响因子之一。受调查数据所限，其他因子如林龄、林冠层结构等对生物多样性的影响在本文中未做分析。

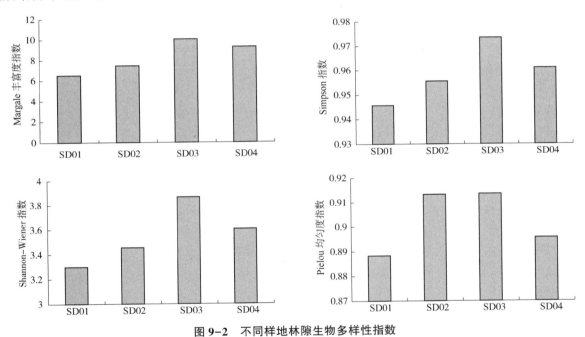

图 9-2　不同样地林隙生物多样性指数
Fig. 9-2　Biodiversity indices of gaps in plots

（2）不同大小等级林隙生物多样性

林隙内物种丰富度指数、生物多样性指数 S 和 SW 均表现为随林隙面积增大而减小的趋势，其中林隙面积Ⅰ级和Ⅱ级各指数比较接近。物种均匀度指数则在林隙面积为Ⅲ级时出现峰值（图 9-3）。生物多样性指数随林隙面积增大而减小。这可能是受本次调查各大小等级林隙数量不一致影响，林隙面积越小数量越多，而其中的物种数也就越多。

三、结论与讨论

4 块样地内共调查到林隙 49 个，林隙数量平均为 81.7 个/hm²，林隙最大面积为 80.4m²，最小面积为 4.1m²，冰雪灾害造成的林隙以面积 < 20m² 的小林隙为主，相对于其他林隙调查研究的面积要小。造成该现象原因一是次生林上层木林冠较小且林分密度较大；二是冰雪灾害对林冠的损伤并

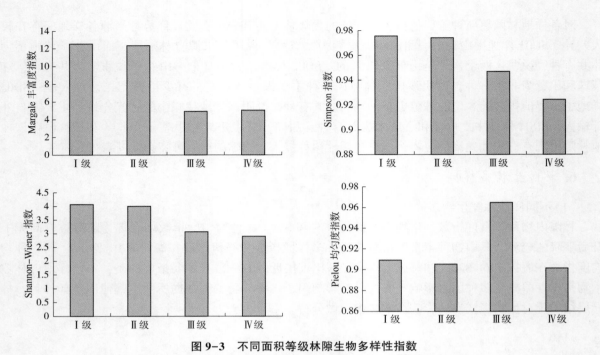

图 9-3 不同面积等级林隙生物多样性指数

Fig. 9-3 Biodiversity indices of gap of different area levels

不是连片的。翻蔸是林隙产生的主要原因，占产生林隙总数的 40.85%，其次为断干和断梢。每林隙平均有形成木 2.76 株，形成木包含甜槠的林隙最多，其次为南岭栲和小红栲，与林分结构一致。

林隙更新种的区系以热带和亚热带物种为主，同时世界广布和温带成分占一定比例，符合南亚热带植物区系特征。植物类型中以乔灌木植物种类最多，其次为藤本植物，草本植物种类最少，这与龙翠玲（2007）在茂兰喀斯特森林林隙前期的研究结果一致（龙翠玲，2007）。

冰雪灾害造成的林隙改变了林下光环境，促进了山乌桕和山苍子等喜光性物种的大量生长。林分结构和林龄影响林隙物种结构，成熟度低的林分产生的林隙内更新种主要以喜光性先锋种为主，而成熟度较高的林分林隙内更新种则包含有较多的耐阴性树种。这表明冰雪灾害产生大量林隙使较小林龄的森林发生一定程度的逆向演替，但对较成熟森林的演替进程则有一定的促进作用。但需要指出的是，冰雪灾害主要是对林冠的损伤，受损树木并没有大量死亡，大多可以通过萌条恢复（Wang et al.，2016；Zhao et al.，2018），加之受损树大部分原有根系未受损，大量的非正常凋落物的产生给植物生长提供了丰富的有机质来供给生长（吴仲民 等，2008），可以使产生的林隙在短时间内郁闭。在亚热带地区，这种恢复的速度是非常快的（Huang et al.，2019；Sun et al.，2012；Zhao et al.，2020）。这个特征与人为干扰、台风干扰产生的林隙恢复动态不同。因此，林隙更新优势的喜光树种只能在短时间内占据优势位置。在我们 2011 年的调查中发现，SD04 样地更新种椿叶花椒已开始出现部分的自然死亡。林分优势种甜槠、南岭栲、雷公青冈、虎皮楠、冬青、深山含笑、鹿角杜鹃、广东杜鹃、小红栲等在更新层中仍占有较大的份额，但是乔木层树种黄樟、红楠、黄牛奶树等数量大大增加，林分灌木层原来不占优势的种，如朱砂根、红枝蒲桃等数量明显增加。从总体来看，此次冰雪灾害不会改变原有栲类林的森林特征，但将来冠层物种组成会更丰富。在进一步研究冰雪灾害常绿阔叶林恢复动态时，应该将受损木的萌生能力考虑进来，不单纯是林下树种的更新。

林隙更新与林分物种相似度较低，说明灾害发生后林隙内产生的物种大多并不是来源自林分内而是由外部输入，灾害增加了林分的物种多样性。林隙更新种来源自上层林冠的比例随海拔和林龄的增加逐渐减小，林龄越低，林分先锋种占比越高，共有种比例也就越高。外部输入的林隙更新种中，林龄较低的林分主要以喜光性先锋种为主，林龄较高的林分则含有一定比例的耐阴种，这表明冰雪灾害产生的林隙可能会促进较高林龄的森林演替。

林隙内物种丰富度指数、生物多样性指数 S 和 SW、物种均匀度指数均表现为随海拔升高先上升后下降的趋势。海拔只是影响生物多样性的因子之一，其他因子如林龄、林冠层结构等对生物多样性的影响还需在未来研究中加以分析。林隙内物种丰富度指数、生物多样性指数 S 和 SW 均表现为随林隙面积增大而减小的趋势，在林隙面积<20m²时具有最高值。这主要是由于小面积林隙数量多造成的。物种均匀度指数则在林隙面积为 20~30m²时出现峰值。这主要是由于小面积林隙物种组成复杂但是不稳定，而中等面积林隙内物种多样性丰富，种类和组成也趋于稳定。

物种的灭绝，遗传多样性的丧失，生态系统的退化和崩溃，都直接和间接威胁到人类的生存基础，生物多样性的保护与持续利用研究受到了国际社会的普遍关注，已成为当今人类环境与发展领域的中心议题之一。在森林生态系统中，生物多样性的产生和维持来源于植物群落物种组成的多元化，它是生态系统其他组分和过程多样性的维持基础。Forman 认为，大斑块有利于生境种敏感的生存，能维持更近乎自然的生态干扰体系，在环境变化的情况下，对物种灭绝有缓冲作用；小斑块可以作为物种传播以及物种局部灭绝后重新定居的生境和"踏脚石"（stepping-stone），从而增加了景观的连接度，为许多边缘种以及一些稀有种提供生境（Forman et al.，1995）。因此，在灾后森林自然恢复过程中，除要加强原有林分的管理，林下更新层的管理也十分重要。

第十章　冰雪灾害受损常绿阔叶林 萌生规律研究

　　森林在受到干扰后，通过幼苗进行有性繁殖和通过萌生进行延续是树木更新的两种方式（Nanami et al., 2004）。萌条更新是植物适应各种干扰胁迫的有效更新方式（Bond et al., 2001；Cecília et al., 2007）。在土壤种子库缺乏的情况下，大多数木本植物利用干扰后残留下来的枝干活体的萌条迅速恢复森林植被结构和功能，成为木本植物应对干扰的有效适应机制（Bond et al., 1992；2001；Fagerstrom et al., 1997）。作为一种直接的再生方式，萌条更新在次生林保护、经营和管理中具有重要意义，其生态学意义越来越被研究者所关注（Calvo et al., 2002；Kammesheidt, 1998；Pascarella et al., 2000）。国外对干扰后森林萌条更新方面已开展了较多的研究，干扰类型主要包括台风（Walker, 1991；Yih et al., 1991；Bellingham et al., 1994）、龙卷风（Glitzenstein et al., 1988；Peterson et al., 1997）、雪灾（Angela et al., 2004）、火灾（Williamson et al., 1986；Kauffman, 1991；Sampaio et al., 1993；Miller et al., 1998）、采伐（Gorchov et al., 1993；Pinard et al., 1996）等；研究内容涉及萌芽在更新中的作用（SimÖes et al., 2007）、萌枝的生物学特征、个体生活史策略及影响因素（Bellingham et al., 2000），萌枝在种群、群落和景观水平上的"驻留生态位"效应（Bond et al., 2001）等方面。研究结果表明：不同的树木种类其萌生能力差异较大（Peterson & Rebertus 1997；Paciorek et al, 2000）；不同的伐桩高度对萌条有影响；不同的干扰强度对萌条的发生也产生不同的影响。但我国在这方面的研究较少，仅见个别地点的萌枝初步调查（贺金生 等，1998；何永涛 等，2000；王希华 等，2004）以及对一些营林树种萌蘖能力的研究（李景文 等，2000；张纪林 等，2004），研究树种主要为杉木（*Cunninghamia lanceolata*）（马祥庆 等，2000；叶镜中，2007）、杨树（*Populus*）（方升佐 等，2000；卢景龙 等，2001）、水曲柳（*Fraxinus mandshurica*）（荆涛 等，2002）、巨尾桉（*Eucalyptus grandis × E. urophylla*）（林星华，2001）和刺槐（*Robinia pseudoacacia*）（董金伟 等，2001）等人工造林树种，而对于冰雪灾害受损常绿阔叶林萌条特性的研究鲜见报道。

　　2008年1~2月，我国南方地区遭受百年罕见的雨雪冰冻天气灾害，南岭常绿阔叶林是此次灾害的重灾区，海拔500~1000m的林区，几乎看不到一株完整的树木（李意德，2008；肖文发，2008）。灾后森林如何恢复成为人们关注的焦点。受损木萌条的出现成为森林自然恢复的一个重要途径，同时这种大面积受损森林为开展冰雪灾害干扰后森林萌条更新研究提供理想的场所。为此，2008年4月，笔者在广东省乐昌杨东山十二度水省级自然保护区海拔700~1000m的常绿阔叶林内设立样地，开展灾后受损森林萌条特性研究。拟回答以下问题：①不同受损类型是否影响萌条状况；②不同优势种间萌条能力是否有差异；③胸径大小对萌条能力是否有影响；④乔木层与灌木层植物的萌条能力是否一致；⑤断干高度是否影响优势种萌条能力；⑥不同的林龄表现的何种规律。通过本研究，初步揭示南岭受损常绿阔叶林优势种萌条特性，为灾后森林群落的快速恢复提供理论依据，同时也可为亚热带地区生态公益林建设树种筛选提供依据。

一、研究区域

　　本研究区位于广东省乐昌杨东山十二度水省级自然保护区常绿阔叶次生林和广东省南岭国家级

自然保护区常绿阔叶老龄林内。

二、研究方法

1. 调查方法

在广东省乐昌杨东山十二度水省级自然保护区海拔 700~1000m 的常绿阔叶次生林内，按照相邻格子样方的设置方法设 4 个 50m×30m 的长方形固定样地，每个样地又分为 15 个 10m×10m 的样方。在广东省南岭国家级自然保护区海拔 550~600m 常绿阔叶老龄林内按照相邻格子样方的设置方法设 2 个 60m×60m 的植物样地。于 2008 年 11 月对样地进行调查，常绿阔叶次生林 4 个样地胸径大于 1cm 的共 4047 株，其中受损 3648 株，产生萌条的 2810 株；常绿阔叶老龄林内胸径大于 1cm 的共 535 株，其中受损 220 株，产生萌条的 196 株。对样地内胸径（DBH）≥1cm 木本植物进行每木调查，调查其树高（断干、断梢木以灾后残留高度为树高，压弯、倒伏、翻蔸木以整株长度为树高）、胸径及目前的生长状况、萌条数量及平均高度等。

2. 分析方法

萌条率=样地内产生萌条株数/样地受损活立木数

对样方调查数据采用 Excel 和 SPSS16.0 进行统计分析，采用单因子方差分析，Least-significant-difference（LSD）（齐次方差时采用）和 Tamhane's T2（非齐次方差时采用）进行平均数方差分析；相关性分析采用双尾 t 检验，皮尔逊相关性分析。

三、结果与分析

1. 不同受损类型对萌条率的影响

灾后树木萌条率是评价树木自然恢复的主要指标之一。常绿阔叶次生林受损木平均萌条率为 73.29%±4.40%，老龄林平均萌条率为 89.09%。老龄林受损木萌条率高于次生林。从图 10-1 中可以看出，在次生林中倒伏木萌条率最高，为 85.32%，翻蔸木萌条率最低，为 59.95%。各类型受损木按萌条率从高到低排序为：倒伏>断干>断梢>压弯>翻蔸，除翻蔸类型外，基本上呈现随着受损程度的增加萌条率增加。这与翻蔸木根系受损，进而影响营分对萌条发生的供给有关。在常绿阔叶老龄林中，翻蔸、倒伏木在调查样地中仅有 1、2 株，在此不做考虑。灾后常绿阔叶老龄林中近 90% 以上的树木均有萌条产生。在 4 种受损类型中，断干萌条率最高，达 92.00%，断梢最低，为 89.43%（图 10-2）。按萌条率从高到低排序为：断干>压弯>断梢>倒伏。这与次生林受损木萌条率存在差异，一是平均萌条率高于次生林，二是萌条率不是随着受损程度的增加而增加。从受损程度来划分的两类受损型看，常绿阔叶次生林重度受损型萌条率（67.87%）略高于轻度受损型，而常绿阔叶老龄林中，重度受损型和轻度受损型萌条率分别为 86.87% 和 84.98%，从这个角度来看两者又是一致的。

2. 受损木胸径对萌条个数的影响

从图 10-3、图 10-4 中可以看出，常绿阔叶次生林胸径与萌条数呈线性关系，而常绿阔叶老龄林呈幂指数关系。说明在常绿阔叶林树木中，在一定的范围内，受损木萌条发生的量随胸径的增加，单株产生的萌条数也增加，但超过一定范围后，将不呈现这种规律，同时也说明在老龄林单株萌条数除与树木胸径大小有关外还有相关因素影响，如树木的年龄、受损类型等。

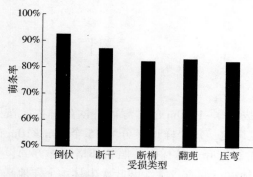

图 10-1　常绿阔叶次生林不同受损类型的萌条率
Fig. 10-1　Sprout proportion of different damaged types in evergreen broad-leaved secondary forest

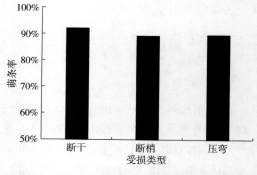

图 10-2　常绿阔叶老龄林不同受损类型的萌条率
Fig. 10-2　Sprout proportion of different damaged types in evergreen broad-leaved old-growth forest

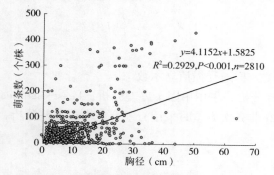

图 10-3　常绿阔叶次生林胸径与萌条数的关系
Fig. 10-3　Relationship between DBH and sprout number of damaged trees in secondary forest of evergreen broad-leaved forest

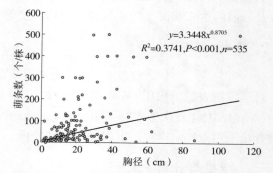

图 10-4　常绿阔叶老龄林胸径与萌条数的关系
Fig. 10-4　Relationship between DBH and sprout number of damaged in Original evergreen broad-leaved forest

　　从单个树种来看(表 10-1)，灾后受损优势种萌条率与植株胸径均具有明显的相关性。总体来看乔木层优势种胸径与萌条数相关性强，灌木层胸径与萌条数相关性弱。但灌木层溪畔杜鹃的 DBH 与萌条数呈负相关，且不显著。

表 10-1　常绿阔叶次生受损优势种胸径与萌条数的关系
Tab. 10-1　Relationship between DBH and sprout number of damaged trees in secondary forest of evergreen broad-leaved forest

生活型	种类	回归方程	相关系数	F	P	株数
灌木	鹿角杜鹃	$y = 5.383 + 3.018x$	0.231	15.3	<0.001	273
	广东杜鹃	$y = 18.903 + 2.197x$	0.203	10.8	0.001	254
	杜鹃	$y = 5.791 + 2.271x$	0.534	28	<0.001	72
	溪畔杜鹃	$y = 11.35 - 0.803x$	-0.219	3.03	0.087	62
	檵木	$y = -15.959 + 7.642x$	0.793	91.2	<0.001	56
乔木	甜槠	$y = 2.066 + 2.805x$	0.611	112.3	<0.001	191
	雷公青冈	$y = 11.963 + 2.501x$	0.384	31	<0.001	182
	南岭栲	$y = 19.996 + 3.087x$	0.452	26.9	<0.001	107
	冬青	$y = 2.356 + 4.515x$	0.6	56.2	<0.001	102
	交让木	$y = 7.07 + 2.168x$	0.424	18.2	<0.001	85
	大果蜡瓣花	$y = -4.167 + 7.243x$	0.491	17.4	<0.001	57

3. 不同优势种的萌条反应

从常绿阔叶次生林优势种的萌条情况来看，不同优势种间萌条特性存在一定差异。灌木层受损木平均萌条率(79.98%)低于乔木层(87.70%)。灌木层檵木平均萌条率最低(67.86%)，广东杜鹃平均萌条率最高。乔木层虎皮楠平均萌条率最低(76.92%)，小红栲平均萌条率最高(97.73%)。在0.05水平上，灌木层和乔木层层内各优势树种间无显著差异，但不同冠层间优势树种平均萌条率具有一定的差异，杜鹃与广东润楠($P=0.04$)、虎皮楠($P=0.025$)、交让木($P=0.042$)、小红栲($P=0.034$)间平均萌条率存在差异。檵木与格药柃在平均萌条数上有差异($P=0.032$)，檵木平均萌条高度与杜鹃($P=0.01$)、广东杜鹃($P=0.010$)和鹿角杜鹃($P=0.000$)间差异显著，其他灌木层优势种间无论在平均萌条数还是平均萌条高度上均无差异。

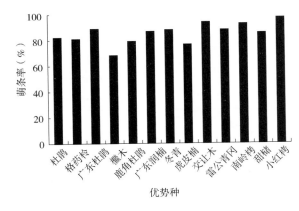

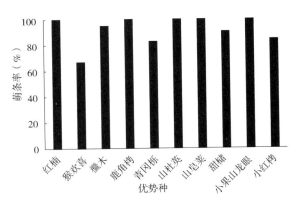

图 10-5 次生林各受损优势种萌条率
Fig. 10-5 sprouting proportion of damaged dominant sprout

图 10-6 常绿阔叶老龄林受损优势种萌条率
Fig. 10-6 Sprout proportion of damged dominant trees in origina evergreen broad-leaved forest

常绿阔叶老龄林中，灌木层檵木的萌条率高于乔木层的平均萌条率，这一点与常绿阔叶次生林的规律一致。就单个种间的比较，则不尽相同。山杜英和红楠萌条率高于檵木，其他的均低于檵木。由于常绿阔叶林下灌木种类较少，加上人为干扰，使样地内具有明显优势的灌木种类更少，此外，檵木具有高的萌条能力，这可能是常绿阔叶老龄林受损木不同冠层萌条率不同于常绿阔叶次生林的主要原因。乔木层中猴欢喜萌条率最低，山杜英和红楠最高。

4. 优势种萌条数与萌条高度的关系

灌木层檵木平均萌条数多(35 ± 4.45个/株)，格药柃平均萌条数最少(15 ± 1.51个/株)，但萌条高度最大(0.598 ± 0.380m)；乔木层小红栲平均萌条数最多(183 ± 30.2个/株)，冬青平均萌条数最少(21 ± 1.73个/株)，且平均萌条高度最小(0.230 ± 0.019m)，交让木平均萌条高度最大(0.685 ± 0.042m)。从各层总体来看，在平均萌条高度方面，冬青与广东润楠($P=0.044$)和甜槠($P=0.010$)，广东润楠与雷公青冈($P=0.025$)，雷公青冈与甜槠($P=0.006$)差异显著；在平均萌条数上，冬青与小红栲($P=0.003$)，广东润楠($P=0.024$)、交让木($P=0.007$)、雷公青冈($P=0.003$)、冬青($P=0.035$)、南岭栲($P=0.010$)、小红栲与甜槠($P=0.005$)和南岭栲($P=0.010$)差异显著，其他各乔木层优势种间均无差异。

表 10-2　常绿阔叶次生林各优势种萌条生长量

Tab. 10-2　Growth of sprout of damaged dominant trees in secondary evergreen broad-leaved forest

层次	种名 Species	萌条数平均值(个/株)	萌条平均高(m)
乔木层 tree layer	冬青	21±1.73	0.230±0.019
	广东润楠	24±6.78	0.513±0.134
	虎皮楠	53±9.16	0.491±0.045
	交让木	35±3.34	0.685±0.042
	雷公青冈	26±1.65	0.321±0.017
	南岭栲	54±6.13	0.490±0.039
	甜槠	24±2.28	0.652±0.088
	小红栲	183±30.2	0.533±0.050
灌木层 shrub layer	杜鹃	35±4.45	0.427±0.036
	格药柃	25±1.71	0.171±0.037
	广东杜鹃	15±1.51	0.598±0.380
	檵木	17±1.06	0.239±0.023
	鹿角杜鹃	23±0.77	0.120±0.027

从表 10-3 中可以看出,冰雪灾害受损木中,灌木层除鹿角杜鹃外,其他优势种萌条数与平均萌条高度间无明显的相关性,$R>0.533$;乔木层优势木(交让木、甜槠、小红栲和冬青)受损后萌条数与平均萌条高度相关系数较高,但广东润楠两者呈负相关。除杜鹃外,胸径对受损木萌条数影响较大,具有明显的相关性,但对萌条平均高度影响不大,仅有交让木、雷公青冈和甜槠相关性比较明显,冬青、杜鹃、格药柃、广东润楠萌条高度与胸径相关性较小。

表 10-3　萌条数与平均萌条高度、胸径平均萌条高度相关性分析

Tab. 10-3　Correlation analysis among number and mean height of sprout, DBH and number of sprout and, DBH and mean height of sprout

树种	株数	萌条数与平均萌条高度		胸径与平均萌条高度	
		相关系数	显著性	相关系数	显著性
杜鹃	65	0.037	0.769	0.025	0.841
格药柃	39	0.029	0.860	0.032	0.846
广东杜鹃	241	0.041	0.533	0.125	0.056
檵木	38	0.048	0.776	0.218	0.189
鹿角杜鹃	224	0.212 * *	0.001	0.080	0.234
冬青	100	0.209 *	0.037	0.000	0.999
广东润楠	44	-0.079	0.611	0.027	0.788
虎皮楠	40	0.168	0.301	0.247	0.124
交让木	81	0.427 * *	0.000	0.313 *	0.004
雷公青冈	165	0.181 *	0.020	0.272 * *	0.000
南岭栲	106	0.112	0.254	0.086	0.382
甜槠	175	0.308 * *	0.000	0.245 * *	0.001
小红栲	43	0.351 *	0.021	0.241	0.120

注:" * * "表示相关系数的显著性概率水平为 0.01;" * "表示相关系数的显著性概率水平为 0.05。

5. 断干高度对萌条的影响

因灌木层以压弯木居多，本文仅对乔木层优势木断干类型进行断干高度与萌条数和平均萌条高度进行分析。通常情况下，树木的基部与中、上部的萌生能力不同，存在着位置效应。从表 10-4 中可以看出不同树种间断干高度与萌条数、萌条高度相关性具有较大差异。交让木、小红栲断干高度与萌条数、平均萌条高度相关性弱。虎皮楠、雷公青冈断干高度与萌条数相关性不明显，而虎皮楠断干高度与萌条数和萌条高度呈负相关。南岭栲、甜槠断干高度与萌条数相关性强，与萌条高度相关性较小。冬青、广东润楠断干高度与萌条数、萌条高度相关系数较大，但不显著。

表 10-4 断干高度与萌条数及平均萌条高度相关性分析
Tab. 10-4 Correlation analysis among height of trunk breakage and number of sprout, height of trunk breakage and mean height of sprout

树种	株数	断干高度与萌条数		断干高度与平均萌条高度	
		相关系数	显著性	相关系数	显著性
冬青	15	0.546	0.341	0.559	0.327
广东润楠	13	0.786	0.214	0.857	0.344
虎皮楠	14	-0.015	0.985	-0.887	0.113
交让木	10	0.041	0.916	0.003	0.994
雷公青冈	17	-0.037	0.889	0.187	0.472
南岭栲	22	0.637**	0.002	0.059	0.811
甜槠	22	0.369	0.099	0.174	0.452
小红栲	11	0.122	0.721	0.211	0.533

注："**"表示相关系数的显著性概率水平为 0.01；"*"表示相关系数的显著性概率水平为 0.05。

四、结论与讨论

1. 受损木的高萌条率为灾后自然恢复提供重要的保障

调查木 90.00% 以上受到不同类型的机械损伤，但受损木萌条率高于 70.00%，老龄林萌条率高于次生林，乔木层优势木平均萌条数高于灌木层。同时在调查过程中发现，正常木极少有萌条发生，可见干扰是刺激萌条发生的重要因素。与 2000 年 Brommit 等（2004）对 1998 年发生在魁北克特大雪灾害后受损木萌条[其森林主要组成为糖槭（Acer rubra）、北美红枫（Acer rubrum）、危地马拉松（Pinus spp.）、洋白蜡（Fraxinus pennsylvanica）、青冈类（Fraxinus spp.）、椴木（Tilia americana）、美国榆（Ulmus americana）、加拿大铁木（Ostrya virginiana）等]调查结果 25.00% 相比，我国南岭地区常绿阔叶林受损木冰雪灾害后萌条率为其 2 倍以上，也高出 Duguay 等（2001）在加拿大蒙特利尔调查受损木的萌条率（53.00%）。可见我国南岭地区常绿阔叶林受损木萌条率高于北美落叶林或针阔混交林受损木的萌条率，冰雪灾害后南岭常绿阔叶林高的萌条率可能由多种原因共同导致的结果：首先，灾害发生在 1~2 月，这时正值常绿阔叶林休眠期或低速生长期，树木的树干和根系中储存着大量的碳水化合物和营养元素，尽管植物体地上部分损失较大，但大部分受损木保留着完好的根系，且研究区域土壤肥沃，这为萌芽的发生提供了良好的物质基础。其次，南岭常绿阔叶林为典型的栲类林（祁承经，1992），萌生有利于损失生物量的恢复（Zimmerman et al，1994），并且能够阻止栲属植物个体的死亡（Sakai et al，1994），尤其是南岭栲个体（Nanami et al，2004）。光照是影响植物萌生能力的主要环境因子之一（陈沐 等，2008），光照增加，植物体内可移动的碳水化合物含量升高，植物萌生能力逐渐增加（苏建荣 等，2012）。灾后大量树冠的损失（肖文 发，2008），为林分提供了充足的光照，有利于刺激芽体的发生，这为萌芽发生提供了良好的环境条件。这为南岭地区冰雪灾害后受损森林生态系统快速恢复与重建提供保障。

2. 优势木萌条特性的差异将导致森林结构与组成的变化

萌条的发生为林分保持原有林分的结构具有重要意义，Bond（2002）称之为"滞留生态位"。由于群落乔木层发生了断梢、断干等机械损伤，树种的自然萌芽更新将再次形成林冠，林冠的恢复能力取决于各树种的萌芽能力（Satoshi NANAMI，2004），如果能够受损的上层乔木在萌芽基础上依然能够占据群落上层，群落的片层结构不会发生本质上的改变，反之，由林下更新层或者一些喜光树种占据上层，一些萌芽能力弱的树种可能因荫蔽而死亡（Shozo Hiroki，1998）。但是不同受损优势木萌条率存在差异。倒伏木虽全部有萌条发生，但萌条处于近地表位置，使其失去保持冠层的优势，但对于形成生态系统的复层结构有利。灌木层金缕梅科檵木在各受损类型中萌条率基本上最低，而杜鹃花科的几个种具有高的萌条率，树冠的损失为灌层提供了充足的光照，有利于杜鹃花科植物的开花结实，同时其在灾害过程中，受损较轻，多为压弯类型，这种现象一方面保持了南岭常绿阔叶林灌层杜鹃花科的优势，另一方面也强化了其在灌层的优势地位。在常绿阔叶次生林中，乔木层虎皮楠平均萌条率最低，小红栲平均萌条率最高，而常绿阔叶老龄林中乔木层中猴欢喜萌条率最低，山杜英和红楠最高，栲树、甜槠、青冈和鹿角栲居中。这种不同树种间萌条能力的差异，加之萌条的发生部位，残留木的高度、胸径大小等的不同，可能导致干扰后森林结构与组成的变化，进一步影响未来土壤种子库的来源。据预测，未来在广东至广西北部和云南中部部分地区，"最大"连续低温日数略有增加；江西南部、广东东部以及福建西部部分地区降雪量有增加的趋势（宋瑞艳 等，2008）；另据在调查过程中与当地林农了解，该区每隔15年左右会有一场雪害发生。如果这冰雪灾害在该区发生的频度增加，可能促进萌条率高的树种在群落中的优势更强，从而加速现有群落组成的变化，栲类林（Castanopsis foresty）的特征更加明显，这也可能是该区形成栲类林的重要因素。Kammesheidt（1998）和 Pascarella 等（2000）的研究结论，他们认为在演替前期萌枝特征对群落的形成具有重要作用，但随着群落逐步走向成熟，萌枝的重要性就不显著了。加之各优势种的自疏机理还不清楚，下一步林分的恢复动态如何还有待进一步研究。

3. 冰雪灾害后受损木萌条特性（数量和高度）与树木特性（DBH 和受损类型）之间相关性分析应作为一个特例进行研究

彭鉴等（1992）提出萌条能力的强弱可用萌生势来表示，即指伐桩上萌生枝条数量，萌生枝条生长的强弱（以枝条的长度、粗度或以枝条的生物量为评价指标）。本文对冰雪灾害后南岭常绿阔叶林萌条数与平均萌条高度分析结果表明，不同树种两者之间相关性不同，鹿角杜鹃、冬青、交让木、雷公青冈、甜槠和小红栲具有相关性，其他优势种相关性不明显。胸径与萌条数具有明显的相关性，但常绿阔叶次生林与老龄林两者表现不同。次生林的研究结果与杨曾奖（2001）等对尾叶桉（Eucalyptus urophla S. T. Blake）伐桩萌芽更新研究结果相一致。除交让木、雷公青冈和甜槠外，其次生林中其他优势种胸径与平均萌条高度无明显相关性，这与杨曾奖（2001）对尾叶桉研究结果相左。断干高度对萌条的影响，各乔木层优势种表现不同，除南岭栲外，其他优势种萌条数和断干高度无明显相关性。这与叶镜中（2007）对杉木更新的研究结果不同。冰雪灾害对常绿阔叶林干扰后的萌条更新与人工皆伐、择伐后伐桩萌条更新相比，其发生、生长要复杂得多，虽然国内外已对干扰后的萌生更新进行了较多的研究，但如何来评价残桩的萌生能力，不同的学者提出了不同的评价方法（Luoga et al，2004；Rijks et al，1998；Kammesheidt，1999；彭鉴 等，1992），但是对南岭冰雪灾害后常绿阔叶林受损木的萌生能力进行评价都表现出不足，因此应作为一个特例进行进一步深入的研究，建立一个合理的评价体系，为应对日益增强的极端气候事件对森林干扰进行理论或技术贮备。从灾后快速自然恢复方面考虑，萌条率与萌条高度相对萌条数量更为重要。

　　据此建议在我国亚热带地区森林自然干扰频发区，在人工促进恢复时多选用格药柃、小红栲和交让木等，有利于各层次结构与组成的保持。由于树体的养分制造能力和储存能力所限，在萌条生长过程中，出现养分竞争，从而导致部分萌条死亡，不能保证养分的集中利用，影响自然快速恢复进程。国内外有关树体对萌条承载力的研究鲜见报道（唐大岳，2004；张福 等，2009），有待进一步加强，这对灾后树体管理和森林经营具有重要意义。虽然 1 年生萌条中随着时间的推移会有大量萌条死亡（Rijks *et al*，1998；Kammesheidt，1999），但大量萌条的出现对短期内提高树冠截流、弥补灾后森林固碳能力等方面发挥着重要生态功能。

第十一章　不同区系成分树种对冰雪灾害的响应

南岭山地是我国 11 个具有国际意义的陆地生物多样性关键地区之一（中国生物多样性国情研究报告编写组，1998），是中国南部重要的自然地理界线，其植物区系在中国以及亚洲植物区系中占有非常重要的位置，长期以来是生态学家和植物学家关注的重要地区。2008 年雨雪冰冻灾害，对南岭森林产生巨大的破坏。灾后，已有不同的学者对灾害进行了评估（赵霞 等，2008；王旭 等，2009；苏志尧 等，2010），但从植物区系方面对灾害的评估还不多见。植被的退化特征表现在诸多方面，其中植物区系特征不仅可以反映退化植被的种类组成、区系地理成分等基本性质（王荷生，1996），也能反映植被退化的环境特征和退化程度（温远光 等，1998）。

本研究以广东乐昌杨东山十二度水自然保护区样地数据为基础，采用植物群落学和植物地理学的方法对南岭冰灾受损常绿阔叶林群落的植物区系进行研究，将植物区系地理成分视为群落组成因子引入群落学研究中，分析区系地理成分在冰雪灾害中的受损状况、萌条特征以及林下更新特征，探讨区系地理方法对南岭冰雪灾害受损群落评价的可行性，进一步揭示不同地理起源植物对冰雪灾害的适应性。

一、各地理成分在群落中的重要值

一个地方的植物区系是植物与该地生态环境长期适应和改造的结果，对该地的气候、土壤、地形等方面具有良好的适应性，不同地理成分的起源或者来源不同，在应对自然灾害的能力上有着较大的悬殊，对于 2008 年我国南方出现的特大冰雪灾害的突发性自然灾害，森林群落中不同地理成分的植物均遭受了重创，特别是木本植物。故此，在分析冰雪灾害对不同地理成分的损伤时，仅考虑胸径≥1cm 的木本植物。

在广东乐昌杨东山十二度水自然保护区的 4 块冰灾受损群落样地，共划分为 12 个地理成分，分别是中国—日本分布（14SJ）、热带亚洲分布（7）、北温带分布（8）、东亚至北美洲间断分布（9）、中国特有成分下有江南分布（15-1）、华南分布（15-2）、南岭特有（15-3）、华中—南岭分布（15-4）、华中—华东—南岭（华南）分布（15-5）、华东—南岭（华南）分布（15-6）、西南—华中—南岭（华南）分布（15-7）、华东—南岭（华南）—西南分布（15-8）等 8 个亚型。在群落中的重要值（表 11-1）排序为 14SJ>15-5>15-1>7>15-2>15-8>15-3>15-4>15-6>15-7>9>8，中国—日本分布在南岭森林群落中的构建作用显著，这更加说明了南岭山地属于中国—日本森林植物区的重要分布区，植物区系表现出密切的亲缘关系。而热带亚洲分布的种类（表 11-2）在所有成分中是最多的，且较中国—日本成分为多，两者植株数量相当，但热带亚洲的显著度明显低于中国—日本分布型，但前者的频度高，种类多数为林下重要组成，这说明该地的热带性质。而华中—华东—南岭（华南）分布和江南分布的重要值位居第二位和第三位，说明广布种在南岭森林群落构建中起到重要的作用，区系上说明南岭森林群落的热带向亚热带的南北过渡特征明显。华南分布的种类通常以南岭为分布北界，该成分中有较多的群落上层分子，其重要值32.28，位居第五；如再加上南岭特有成分，这两者以本地起源的种类在群落中的数量、显著度以及重要值均较高，仅次于中国—日本成分，说明该地森林群落中华南分布和南岭特有成分的重要构建作用。

虽然地理成分总体上以中国—日本成分占有绝对优势，但在不同的群落类型中，各自的贡献是有较大差异的。SD01 为雷公青冈+栲树+甜槠—鹿角杜鹃+广东杜鹃群落，其中国—日本分布型最高，达 74.51，植株数量也最多，其次为热带亚洲分布、江南分布和华南分布，这与南岭总体特征相符；SD02 为甜槠+雷公青冈+虎皮楠—鹿角杜鹃群落，其重要值以江南广布成分最大，其次为热带亚洲分布、华南分布和华中—华东—南岭（华南）分布，再才是中国—日本分布；SD03 为南岭栲+小红栲—广东杜鹃+格药柃群落，其华南成分在群落中重要值凸显，成为最优势的成分，其次为江南广布成分和华中—华东—南岭（华南）成；SD04 为雷公青冈+广东润楠+甜槠—鹿角杜鹃+溪畔杜鹃群落，华中—华东—南岭（华南）成分在数量上显著高于其他成分，重要值与中国—日本相当，两者几为共优。

表 11-1 各地理成分在群落中的重要值
Tab. 11-1 Important values of flora of trees in forest communities

分布区类型	株数	频度	相对频度	相对多度	胸高断面积	相对显著度	重要值
14SJ	511	54	11.23	13.85	137188.8	34.19	59.26
15-5	819	55	11.43	22.2	57316.39	14.28	47.91
15-1	442	60	12.47	11.98	73731.43	18.37	42.83
7	500	56	11.64	13.55	42983.97	10.71	35.9
15-2	447	58	12.06	12.11	32537.65	8.11	32.28
15-8	267	47	9.77	7.24	31963.79	7.97	24.97
15-3	342	41	8.52	9.27	9620.125	2.4	20.19
15-4	192	39	8.11	5.2	9250.923	2.31	15.62
15-6	107	37	7.69	2.9	3639.174	0.91	11.5
15-7	52	25	5.2	1.41	2978.331	0.74	7.35
9	10	8	1.66	0.27	50.3185	0.01	1.95
8	1	1	0.21	0.03	4.2	0	0.24

表 11-2 不同地理成分在不同群落类型中的重要值
Tab. 11-2 Important values of flora of trees in forest communities in different plots

分布区类型	SD01		SD02		SD03		SD04	
	株数	重要值	株数	重要值	株数	重要值	株数	重要值
14SJ	213	74.51	89	27.16	47	25.47	162	62.73
15-8	19	9.73	118	26.57	56	27.13	74	25.5
15-7	16	9.17	16	6.81	6	6.69	14	6.74
15-6	29	15.97	25	9.09	29	17.91	24	9.13
15-5	92	28.09	248	41.9	65	31.94	414	63.38
15-4	2	2.09	75	20.06	27	17.83	88	21.09
15-3	119	26.33	79	16.43	70	29.37	74	17.39
15-2	78	39.18	170	43.48	112	62.75	87	24.07
15-1	115	46.82	186	66.85	63	56.84	78	34.98
9	7	5.11	1	0.92	0	0	2	1.77
8	0	0	0	0	1	1.11	0	0
7	145	42.99	183	40.73	39	22.96	133	33.22

二、不同地理成分的受损特征

1. 不同地理成分的受损类型组成

根据十二度水自然保护区 6000m² 的样地资料统计分析（图 11-1），其中北温带（8）分布的仅 1

株，东亚至北美洲间断分布(9)10株，做图时忽略不计。受损率最高的为15-8(92.52%)，其次为15-5(90.64%)，最低的为15-1(84.61%)，其次为15-2(84.64%)，平均受损率为88.61%。10个地理成分均是压弯的比例最大，最低为15-1，有44.44%，最高为15-5分布型，为83.92%，各地理成分压弯比例平均受损率为67.25%。在冰雪灾害中未受到机械损伤比例最小的是华东—南岭(华南)分布(15-6)，有7.48%，最高的为西南—华中—南岭(华南)分布15-5分布型，有15.38%，与之相当的为华东—南岭—西南分布(15-8)，有15.36%；而翻蔸、断干和倒伏等3种受损类型为重度受损，严重受损型中15-3(4.97%)受损最低，15-1(24.66%)受损最高。其中南岭特有(15-3)为南岭起源的地理成分，与环境有着最为良好的生态适应性，其受损比例最小，也是对突发性冰雪灾害抗性最强的成分；而分布较为广泛的江南分布(15-1)和中国—日本分布(14SJ)虽然具有较宽泛的生长区域，但应对灾害的能力远不如本地起源的种类。华南分布型的种类多数以南岭为分布北界，该地是其在气候带上的自然极端区域，抵抗极端气候条件能力较弱，有近1/3的林木重度受损。而其余具有我国南北过渡的分布区类型的严重受损率均在1/4以下，其对冰雪灾害的应对能力处在中间。

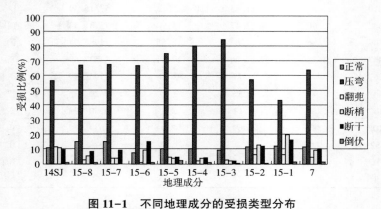

图11-1 不同地理成分的受损类型分布

Fig. 11-1 Proportion of damaged trees of different floar in 4 plots

2. 不同受损类型的地理成分组成

冰雪灾害对南岭森林群落的机械损伤中，各受损类型几乎涵盖所有地理成分(图11-2)，其中北温带分布型(8)和东亚至北美间断分布(9)因种类和植株数量少，在一些受损类型中缺乏，倒伏受损类型中无15-7。压弯受损木中，15-1分布型最低(43.44%)，15-3分布型最高(83.92%)；断梢受损木中，15-3分布型最低(2.34%)，15-1分布型最高(19.68%)；翻蔸受损木中，15-6分布型最低(0.93%)，14SJ分布型最高(11.74%)；断干受损木中，15-3分布型最低(2.05%)，15-1分布型最高(16.52%)；倒伏受损木中，15-2分布型最低(0.22%)，15-1分布型最高(1.58%)。15-4和15-3分布型在正常和压弯的类型中占有最高的比例，这可能是因为华中-华东-南岭(华南)分布和热带亚洲分布的种类多数处于林下层，其受损动力来源于上层树干倒伏、断冠或者断干、翻蔸等，故而被压弯的林木多集中于这两个类型。在重度类型中，各有较为优势的地理成分：翻蔸占15%以上地理成分为14SJ(30.77%)和15-3(17.95%)；断干中各成分相对较为分散，占15%以上的有14SJ(15.48%)、15-2(17.03%)和7(15.48%)；倒伏则集中在15-5，有44.74%，占15%以上的还有15-1(18.42%)和7(15.79%)。

由图11-2可知，15-5分布型在所有受损类型中都占有较高比例，其次为15-1分布型，再为7分布型，最后为14SJ分布型，后三者在各重度受损类型占有较大比例。这4个分布型是南岭森林群落重要值最大，相对显著度最高的地理成分，在森林群落上层林木多出自于该成分，也因此成为了冰雪灾害的直接受害者，出现了较多的重度受损。但与此同时，本地起源的南岭特有成分和以此为分布北界的华南成分也有较多种类为群落优势种，但却在轻度受损类型中比例较高，其余地理成分均处于中间比例。这两种现象的并存一方面说明了南岭山地森林植物区系具有强烈的过渡性质，并发展出具有自身特色的区系特征；另一方面说明了本地起源的种类较与其他地方共有的种类更具抗性，与本地气候环境更为亲和，更能有效地应对突发性的气候事件。

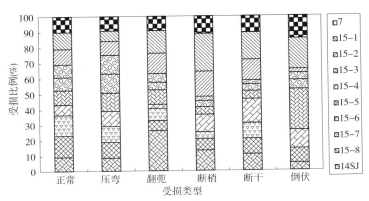

图 11-2　不同受损类型的地理成分组成

Fig. 11-2　Composition of different flora of the different damaged trees types

三、不同群落类型中地理成分受损差异

在十二度水的 4 个固定样地中，虽然都为常绿阔叶林，但群落类型各不相同，SD01 为雷公青冈+南岭栲林，SD02 为甜槠林，SD03 为南岭栲+小红栲林，SD04 为雷公青冈+广东润楠林，各地理成分在每个样地中的组成比例各不相同，各受损类型的地理成分组成也不尽一致。

甜槠林：华中-华东-南岭(华南)分布的植株数量最大，其次为江南分布和华南分布，但其重要值却是江南分布最大，其次为华南分布和华中-华东-南岭(华南)分布，再为热带亚洲分布，说明其区系明显的热带亚热带的南北过渡性质。在甜槠林中胸径≥1cm 的木本植物共有 11 种地理成分(图 11-3)，轻度受损的以 15-5 所占比例最高(图 11-4)，其次为 15-3、15-2 和 7 分布型，其余类型所占比例均小于 10%；而在严重受损类型中，翻兜以 15-5 最为严重，断干均以 15-1 的比例最高，其次为 15-2、14SJ，而 15-5 成分在翻兜和倒伏中所占比例最大，而属本地起源的 15-3 成分在各严重类型中的比例均不到 4%。

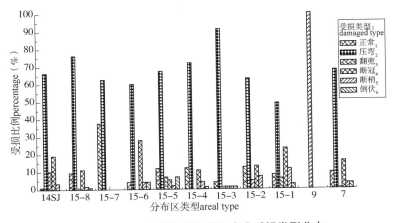

图 11-3　SD01 样地中各地理成分受损类型分布

Fig. 11-3　Proportion of damged types of different floras trees in SD01 plot

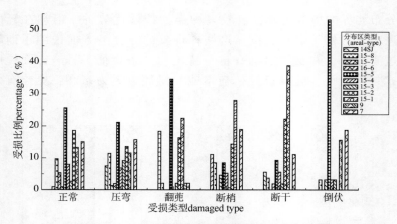

图 11-4　SD02 样地中各受损类型地理成分组成

Fig. 11-4　Proportion of floras trees of different damged types in SD02 plot

雷公青冈+南岭栲林：重要值和植株数量在前 5 位的地理成分有 14SJ(74.51, 213 株)、15-1 (46.82, 115 株)、7(42.99, 145 株)、15-2(39.18, 78 株)、15-3(26.33, 119 株)，这些亦是该群落区系的表征成分。从图 11-5、图 11-6 分析，各地理成分均以压弯的比例最高，14SJ 在各受损类型中比例均较大，14SJ、15-1、7、15-2 在严重受损类型(翻兜、断梢、断干、倒伏)中比例较大，15-5 则以轻度受损(压弯)为主，达 92.4%，南岭特有成分 15-3 也仅有 0.83% 的植株属于严重受损，这两种地理成分在该群落中表现出最强的抗灾能力。

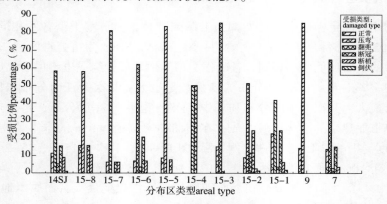

图 11-5　SD03 样地中各地理成分受损类型分布

Fig. 11-5　Proportion of damged types of different floras trees in SD03 plot

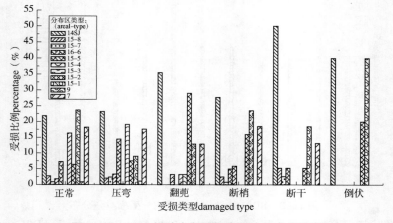

图 11-6　SD04 样地中各受损类型地理成分组成

Fig. 11-6　Proportion of floras trees of different damged types in SD04 plot

　　雷公青冈+广东润楠林：该群落中 15-5 有 414 株，重要值 63.38，成为群落中最为优势的地理成分，表明该群落植物区系华南向华东-华中过渡特征显著，同时 15-8 华东-南岭(华南)-西南成分的重要值(25.5)跃居第五位，说明其区系性质的东西过渡性质，而 15-2 和 15-3 相对于其他群落的同类比例来说最小，表明雷公青冈+广东润楠林的特有性质较其他群落弱。而就地理成分组成对冰雪灾害的响应(图 11-7、图 11-8)来说，各分布型中轻度受损比例均在 50% 以上，受损强度最大的为 14SJ、15-1、7、15-2，这几个成分中，严重受损类型比例均在 40% 以上。15-5 的压弯和正常类型比例在 30% 以上，其余类型则在 15% 以下；翻蔸类型中，14SJ 有近 40%，15-5 和 7 均有近20%；14SJ、7、15-5、15-2、15-1 在断梢、断干类型中比例相当；15-8 在各类型中的比例均低于 10%。

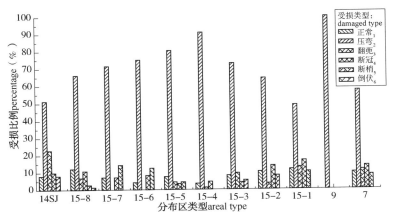

图 11-7　SD04 样地中各地理成分受损类型分布

Fig. 11-7　Proportion of damged types of different floras trees in SD04 plot

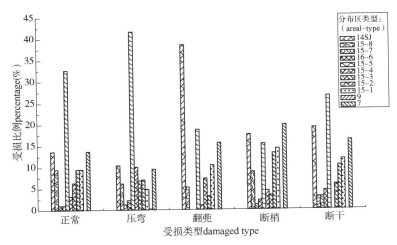

图 11-8　SD04 样地中各受损类型地理成分组成

Fig. 11-8　Proportion of floras trees of different damged types in SD04 plot

　　南岭栲+小红栲林：该群落以 15-2 的重要值(62.75)最大，说明其华南成分在群落中有着最为重要的构建作用，其次为 15-1(重要值为 56.84)、15-5(31.94)、15-3(29.37)、14SJ(25.47)，表明了该群落的南北过渡以及区域特有性。在冰雪灾害中(图 11-9)，14SJ 和 15-8 分布型中，保持正常的植株比例超过 30%，压弯的则近 50%，其次还有 15-5、15-4、15-2、7 等成分中有超过 60%的植株属于轻度受损；而 15-7 的翻蔸和断干均超过 30%，15-1 有超过 40% 的植株断梢和近 30% 的植株断干。从图 11-10 来看，15-2 占了翻蔸类型的 30% 以上，占断干近 40% 的比例；15-1 占断冠类型的40%多，在翻蔸和断干中比例也超20%；南岭特有15-3在压弯类型中比例最大。总体看来，在南岭栲+小红栲林中，重要值大的华南成分、南岭特有成分和江南广布种类严重受损，成为冰雪灾害的直接受害者；而其他地理成分则多保持正常和压弯，从一定程度上躲避了冰雪灾害对其造成的重大创伤。

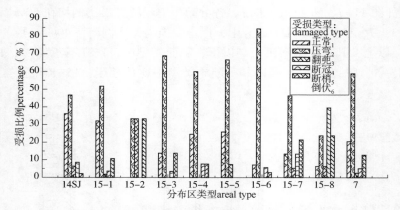

图 11-9　SD03 样地中各地理成分受损类型分布

Fig. 11-9　Proportion of damged types of different floras trees in SD03 plot

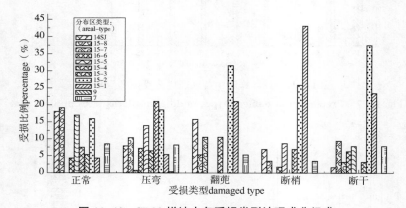

图 11-10　SD03 样地中各受损类型地理成分组成

Fig. 11-10　Proportion of floras trees of different damged types in SD03 plot

四、不同地理成分的萌条特征

萌条是植物适应干扰的有效更新机制。第十章中已对不同的优势种的萌条能力进行了分析。不同地理成分是否也表现出相同的规律还未知。从图 11-11 中，可以看出，15-3 分布型萌条率最高（90.42%），其次为 15-7 分布型（86.67%）和 15-8 分布型（84.52%）；最低的为 7 分布型（73.47%）。而各分布型中，受损率最高的为 15-6，其次是 15-3 和 15-4 分布型，受损率最低的为 15-7 分布型，其次为 15-8 分布型；受损严重程度中，15-1 分布型最为严重，14SJ 和 15-2 分布型次之，最低的为 15-3 分布型，其次为 15-4 分布型，这一点与从种或群落水平上研究结果有差异。同时也证明了南岭特有(15-3)分布型是长期对当地环境条件适应的结果。

五、不同地理成分的林下更新特征

4 块样地(SD01、SD02、SD03、SD04)林下更新种隶属 61 科 115 属 213 种，地理起源于 14 个分布类型，分别为 2 分布型(泛热带分布型，1 种)、6 分布型(热带亚洲至热带非洲分布，2 种)、7 分布型(热带亚洲分布，63 种)、8 分布型(北温带分布，1 种)、9 分布型(东亚和北美洲间断分布，2

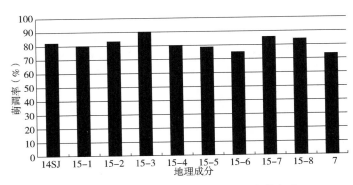

图 11-11 样地中不同地理成分受损木萌条率

Fig. 11-11 sprouting proportion of damged trees of different flora in plots

种)、14SJ 分布型(中国-日本分布，26 种)和 15 分布型(中国特有分布，114 种)，中国特有分布下划分亚型，分别为 15-1 分布型(江南分布，34 种)、15-2 分布型(华南分布，12 种)、15-3 分布型(南岭特有，4 种)、15-4 分布型(华中-南岭分布，11 种)、15-5 分布型(华中-华东-南岭(华南)分布，37 种)、15-6 分布型(华东-南岭分布，7 种)、15-7 分布型(西南-华中-南岭以(华南分布)分布，8 种)和 15-8 分布型(华东-南岭-西南分布，5 种)。

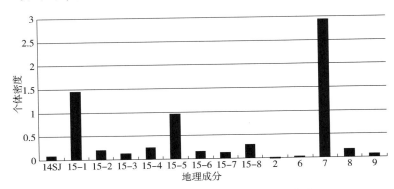

图 11-12 林下更新不同地理成分个体密度

Fig. 11-12 Individual density of regeneration trees of different flora in plots

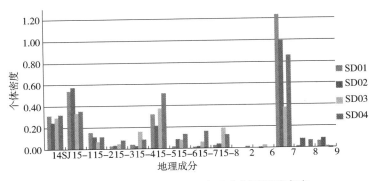

图 11-13 不同样地不同地理成分更新种密度

Fig. 11-13 Individual density of regeneration trees of different flora in different plots

从图 11-12 和图 11-13 中可以看出，林下更新种中 7 分布型数量最多，其次为 15-1 分布型，最低的为 2 分布型，4 块样地仅有 3 株，其次为 6 分布型。相对多度排序为 7>15-1>15-5>14SJ>15-8>15-4>15-2>8>15-6>15-7>15-3>9>6>3，与群落原有相对多度相比(14SJ>15-5>15-1>7>15-2>15-8>15-3>15-4>15-6>15-7>9>8)，发生了较大的变化，原来相对多度较小的 7 分布型，在更新层中相对多度最大，同时更新层中增加了 2 分布型和 6 分布型。从各样地的情况来看，7 分布型均为最高，但相对多度最低有所差异，SD01 和 SD02 均为 15-7 分布型，SD03 和 SD04 均为 9 分布型。新增加的 2 分布型，仅在 SD04 样地中出现，6 分布型出现在 SD02 和 SD03 样地中；8 分布型未在 SD03 样地中出现。

六、结论与讨论

1. 样地的区系特征

广东省杨东山十二度水省级自然保护区常绿阔叶林群落区系成分中，中国—日本分布、江南广布、热带亚洲分布、华中—华东—南岭(华南)分布、华南分布、南岭特有等成分在森林中具有显著的构建作用，表现出强烈的中亚热带南北过渡区系特征，同时不乏其特有性质。各成分在不同的森林群落中有着不同的构建作用，是南岭森林生物多样性的主要组成。

2. 群落地理成分受损特征及其规律

不同地理成分对灾害的应对能力和方式是不同的，在杨东山十二度水省级自然保护区森林中，各地理成分以轻度受损比例最大，均大于 60%，其中以南岭特有种比例最为突出，几近 90%，而轻度受损比例较小的则为江南广布和中国—日本分布；同时，在不同的受损类型中，华中—华东—南岭(华南)分布在各类型中比例均最大，而江南分布、热带亚洲分布在翻蔸、断干、倒伏中所占比例大，而正常、压弯等轻度受损类型中以华南分布和南岭特有成分比例最大。说明本地起源的种类抵抗冰雪灾害干扰能力强于热带起源种。

在不同森林群落中，各地理成分的配置不同，其对冰雪灾害响应也不相同。甜槠林中，为显著过渡特征的华中—华东—南岭(华南)成分、江南广布、热带亚洲分布等地理成分严重受损比例大，而本地起源的南岭特有成分几乎未受损。雷公青冈+南岭栲林中国—日本分布在各种类型表现均突出，其次为江南分布、热带亚洲分布等，且在重度受损类型的比例较大；而华南分布和南岭特有成分则表现出较高的轻度受损。雷公青冈+广东润楠林以中国—日本分布、热带亚洲、江南广布、华南分布的重度受损比例最高，而作为群落重要值最大的华中—华东—南岭(华南)分布却出现较小的重度受损比例，同时具有东西过渡性质的西南—南岭(华南)—华东分布重要值虽然位居前列，但受损强度却最小。在南岭栲+小红栲林中，重要值大的华南成分、南岭特有成分和江南广布种类严重受损，成为冰雪灾害的直接受害者；而其他地理成分则多保持正常和压弯，从一定程度上躲避了冰雪灾害对其造成的重大创伤。

3. 群落自我恢复能力特征

森林群落受到干扰后，萌条更新和林下实生更新是其主要的方式。各分布型萌条发生率大于 70%，南岭分布种最高，达到了 90%。说明南岭分布种对南岭气候分界线上长期适应干扰的结果。干扰形成有利的光照和温度条件，为热带起源种的更新提供了良好的环境条件，灾后林下更新种热带亚洲分布型的数量大大增加，同时增加了新的热带起源分布型 2 个 3 种。而以南岭为分布中心的种增加不明显。

群落乔木层是冰雪灾害的直接受害者，且损伤最为严重，出现了不同程度的断干、断梢、翻蔸等机械损伤，乔木层种类主要来自于热带亚洲、中国-日本分布、华南分布等几种地理成分，这些种类本属于热带亚热带分布，且当地的历史气候较为温暖，没有经历过抗寒锻炼，一般树冠开阔，树体高大，成为了冰灾最为主要的受害者。处于林下的灌木和幼树受损程度相对较轻，由于上层乔木断干、断枝等所压而主要出现压弯或者翻蔸等损害。

综合各地理分布的受损特征、萌条特性和林下更新特性，中等程度的干扰有利于萌条的发生，如南岭分布型，严重受损程度处于中等，而萌条发生率最高，这一点支持中性理论（魏媛，2007），而于 Bond 和 Midgley（2001）的研究结果不同，他们认为随着干扰强度的增加，萌条能力也增加。萌条率高的地理分布型，其林下实生更新的数量较少，这与 Bellingham 等（2000）的研究结果一致。虽然冰雪灾害对森林影响的评价研究较多，但大多是从群落学的角度进行研究，而从植物地理学进行研究还未见报道。通过我们的研究结果，可以证明植物地理学也可作为冰雪灾害对森林影响评价的方法，其研究结果与从群落学研究相差不大。但与群落学相比，其尺度会更大，更适用于群落水平和景观水平之间的研究。利用植物地理学进行冰雪灾害的评价仅在常绿阔叶次生林中进行应用，其是否适用于常绿阔叶老龄林、常绿针阔混交林、针叶林，甚至推广应用到其他林分类型上，还有待进一步研究。

通过本文的分析来看，如果灾后进行人工促进更新，选择以南岭为起源中心的种更有利，如南岭栲、广东杜鹃等。一是这些种长期适应当地的气候环境条件，有利于快速恢复；二是在全球气候变化的条件下，极端事件发生的频度也不断增加（秦大河，2005），作为我国重要的南北气候分界线之一，其发生自然干扰的可能性更大，这些种抵抗干扰和自我恢复能力更强，有利于灾后的快速恢复。

第十二章 抗冰雪灾害树种选择

随着全球气候的变化，极端气候事件发生的频率也不断增加(Dale et al.，2001；IPCC，2011)。特大雨雪冰冻灾害是极端气候事件的一种形式，其对森林生态系统产生的干扰十分严重(Irland，1998，Zhou et al.，2010)。2008年1~2月中国南方19个省(自治区、直辖市)发生了历史上罕见的重大雨雪冰冻天气，受损森林面积达0.193亿hm^2，给我国南方地区森林生态系统以重创(沈国舫，2008；肖文发，2008)。南岭是我国中亚热带与南亚热带重要的气候分界线，在阻挡南北气流的运行发挥着重要作用，同时也是我国亚热带常绿阔叶林的主要分布区(祁承经 等，1992)。2008年南方特大雨雪冰冻灾害给当地森林造成严重的破坏，海拔500~1000m的林区，几乎看不到一株完整的树木，90%以上的树木受到不同程度的机械损伤(Stone，2008；李意德，2008；王旭 等，2009)。受损木萌条率在73%以上，林下更新幼苗密度为2~14株/m^2，林隙更新种与林分木本植物相似系数仅为0.112~0.269(王旭，2012)。萌条更新是植物适应各种干扰胁迫的有效更新方式之一，成为木本植物应对干扰的有效适应机制(Yih et al.，1991；Simões and Marques，2007)。这些情况给森林管理提出了新的问题。一是如果这类灾害再次发生，哪些树种有更好的抵抗能力？二是为保持亚热带常绿阔叶林地带性植被，在灾后森林人工促进恢复中应选择哪些树种？因此很有必要开展抗冰雪灾害树种的选择。

虽然国内外有关树种筛选方面研究较多，大多从待选树种在实验室或不同生境等条件下，观测或测量其个体或器官的生长状况、生理生化指标和生态功能等方面进行评比，筛选出所需的树种(McLeod，2000；杨学军 等，2003；李昆 等，2004；Stanturf et al.，2004；侯元凯 等，2009；李世友 等，2009；岳春雷 等，2012)，评选出抗风、耐旱、耐盐碱、防火等树种，对抗冰雪灾害能力树种的选择未见报道。因抗冰雪灾害树种筛选，无法在实验室或野外模拟，从而限制了其研究。基于模糊数学的理论，运用多维价值理论在果树优良品种筛选(赵思东 等，2002；王旭 等，2004)应用中已达到理想的效果。但对抗冰雪灾害树种进行评价，未见报道，本文利用2008年发生在中国南方的特大雨雪冰冻灾害南岭受损森林提供的良好机会，结合野外调查数据，采用多维价值理论，以群落的重要值、受损指数、萌条率和林下更新种丰度等因子为指标进行评价筛选，以期筛选出适合南岭地区生长，又可抵抗冰雪灾害的树种，为灾后恢复重建提供技术支撑。

一、研究方法

1. 调查方法

在广东乐昌十二度水省级自然保护区海拔700~1000m冰雪灾害严重影响的常绿阔叶林内设置4块样地(表12-1)，分别编号为SD01、SD02、SD03和SD04，样地调查在2008年11月进行，调查因子包括树高、胸径及生长状况、萌条数及单株平均萌条高度。树木受损类型划分为倒伏、断干、断梢、翻蔸、压弯和正常6类。正常木，指树冠受损低于10%的树木。根据受损类型产生的破坏程度划分重度受损型和轻度受损型，其中倒伏、断干、翻蔸类型定为重度受损型；断梢、压弯类型定为轻度受损型。同一树木有不同种受损类型发生时，以受损严重的类型定义为该树木的受损类型，受损严重程度排序为：翻蔸>倒伏>断干>断梢>压弯。林下更新调查，主要调查样方内所有木本植物的种类、数量、地径、高度和盖度。按照相邻格子法把每个样地分为 10m×10m 的小样方，每个 10m×10m 的小样方的四个角，距小样方两边线 1m 设置 2m×2m 的林下木本调查样方，在 2m×2m 的林下木本调查样方的四个角设置 1m×1m 的草本调查样方。

2. 计算方法

重要值（*IV*，importance value）= 相对多度（*RA*，relative abundance）+ 相对频度（*RF*，relative frequency）+ 相对显著度（*RD*，relative dominance）（王伯荪 等，1996）

$$萌条率 = 样地内有萌条产生树种株数/样地该树种总株数 \tag{1}$$
$$轻度受损率 = \sum 轻度受损型株数/\sum 各受损类型株数 \times 100\% \tag{2}$$
$$重度受损率 = \sum 严重受损型株数/\sum 各受损类型株数 \times 100\% \tag{3}$$
$$受损程度指数 = 轻度受损率/重度受损率 \tag{4}$$
$$林下更新种丰度 = 样地中出现该种幼苗的株数 \tag{5}$$

3. 模型建立

多维价值理论　为实现一个评价目标，建立一个多级递阶的目标树结构，最高一级的是评价目标，往下各级对应评价指标的分价值，最低一级的价值是系统所应具有的一些特性，这些特性是能精确描述的、可测定的或直接评价的，通过代换组合规则、加法规则和乘法规则对各价值进行组合，计算出终值，以终值越大表示距目标越近，终值越小表示距目标越远（王浣尘，1982）。

建立模型　根据多维价值理论，按照下面流程，建立树种筛选模型。

（1）本研究以各样地内重要值较大的前 9 个树种作为待选种，以重要值、受损指数、萌条率、林下更新种的丰度 4 个指标为评价指标。

（2）单因素指标的合理—满意度的计算

所谓"合理—满意度"是指树种所表现出来的特性满足人们需要的合理或满意的程度。若树种的某一特性完全符合"规律"，则其合理度为 1；若肯定不合乎"规律"则其合理度用 0~1 的某一实数表示相应的合理度。所有合理度（*Ha*）应满足 $0 \le Ha \le 1$。据此可计算树种特性的满意度 Mb_i，满意度 Mb_i 同样应满足 $0 \le Mb_i \le 1$。假设满意度与某指标呈线性关系，则有：

$$M(b_i) = \frac{1}{b_{jmax} - b_{imin}}(b - b_{imin}) \tag{6}$$

其中：b_{jmax} 为树种某一特性中的最大值；b_{imin} 为树种某一特性中的最小值；b 为树种中某一特性中除最大值和最小值之外的值。

（3）合成合理满意度的计算

通过上述方法计算得出了各单因素指标的合理度或满意度。假设它们的变化是各自独立的，对抗冰雪灾害特性的总贡献可以近似地看成没有本质差别，则可用加法合并规则计算出各树种抗冰雪灾害特性的合理满意度（*V*）。可用公式表示为：

$$V = \sum_i^n W_i M_i \tag{7}$$

其中：W_i 为第 i 个指标的加权数，满足 $0 \le W_i \le 1$，加权数由 6 位参加样地调查的研究人员打分给出；M_i 为第 i 单因素指标的满意度。

二、结果与分析

1. 评价指标确定

表 12-1　待选树种的评价指标

Tab. 12-1　Evaluation index of species

样地号	种名	重要值(%)	萌条率(%)	受损指数(%)	更新种丰度	株数(株)
SD01	甜槠 *Castanopsis eyrei*	48.93	86.26	2.61	0	142
	雷公青冈 *Cyclobalanopsis hui*	30.39	82.84	3.00	16	139
	鹿角杜鹃 *Rhododendron latoucheae*	24.12	78.36	3.66	10	176
	冬青 *Ilex chinensis*	12.94	91.38	7.17	1	70
	杜鹃 *Rhododendron simsii*	12.60	76.83	10.14	0	88
	广东杜鹃 *Rhododendron kwangtungense*	11.87	96.00	22.67	3	81
	虎皮楠 *Daphniphyllum oldhamii*	9.60	79.17	0.92	0	26
	乌饭树 *Vaccinium bracteatum*	9.43	90.48	6.00	0	17
	大果蜡瓣花 *Corylopsis multiflora*	9.10	91.07	6.00	1	43
SD02	甜槠 *Castanopsis eyrei*	55.76	71.74	4.86	0	49
	交让木 *Daphniphyllum macropodum*	44.31	94.05	3.11	6	89
	南岭栲 *Castanopsis fordii*	22.78	68.75	2.50	0	36
	广东杜鹃 *Rhododendron. kwangtungense*	19.84	77.57	14.83	5	118
	檵木 *Loropetalum chinense*	12.65	70.00	5.88	5	61
	鹿角杜鹃 *Rhododendron latoucheae*	10.87	62.96	50.00	0	57
	罗伞 *Brassaiopsis glomerulata*	8.14	60.00	21.00	0	31
	鼠刺 *Itea chinensis*	6.22	76.00	11.00	3	26
	石栎 *Lithocarpus glaber*	5.98	66.67	6.67	0	24
SD03	虎皮楠 *Daphniphyllum oldhamii*	28.92	26.56	1.00	26	17
	甜槠 *Castanopsis eyrei*	23.11	50.00	1.88	61	35
	青冈栎 *Cyclobalanopsis glauca*	19.04	17.39	2.00	0	23
	冬青 *Ilex chinensis*	18.13	16.13	6.00	21	44
	溪畔杜鹃 *Rhododendron rivulare*	12.54	29.87	14.00	24	75
	广东杜鹃 *Rhododendron kwangtungense*	11.74	36.36	7.25	10	22
	南方荚蒾 *Viburnum dilatatum*	11.16	20.63	8.67	0	60
	雷公青冈 *Cyclobalanopsis hui*	9.56	68.18	11.33	0	44
	米碎花 *Eurya chinensis*	7.71	21.95	7.00	3	41
SD04	小红栲 *Castanopsis carlesii*	52.09	91.89	2.83	8	38
	广东杜鹃 *Rhododendron kwangtungense*	18.90	96.97	6.50	8	76
	冬青 *Ilex chinensis*	14.29	95.12	1.00	18	44
	广东润楠 *Machilus kwangtungensis*	9.65	94.25	1.85	9	20
	深山含笑 *Michelia maudiae*	8.99	95.00	4.33	18	20
	格药柃 *Eurya muricata*	8.71	70.00	6.00	5	20
	黄瑞木 *Adinandra millettii*	7.54	57.14	4.00	0	14
	雷公青冈 *Cyclobalanopsis hui*	7.39	85.71	10.00	2	14
	榕叶冬青 *Ilex ficoidea*	6.47	93.33	4.00	1	15

森林群落对冰雪灾害的抗性，主要表现在对机械损伤的忍受能力、受损木萌生更新和林隙的产生及林下更新。从表 12-1 中可以看出，SD01 样地中，乔木层和灌木层萌条率最高的分别为冬青和大果蜡瓣花，均为 90% 以上；乔木层和灌木层受损较轻的分别为冬青和广东杜鹃，林下幼苗更新丰

度最高的分别是雷公青冈和鹿角杜鹃。SD02 样地中，乔木层和灌木层萌条率最高的分别为交让木和广东杜鹃；乔木层和灌木层受损较轻的分别为石栎和鹿角杜鹃，林下幼苗更新丰度最高的分别是交让木和檵木、广东杜鹃。SD03 样地中，乔木层和灌木层萌条率最高的分别为雷公青冈和广东杜鹃；乔木层和灌木层受损较轻的分别为雷公青冈和溪畔杜鹃，林下幼苗更新丰度最高的分别是虎皮楠和溪畔杜鹃。SD04 样地中，乔木层和灌木层萌条率最高的分别为冬青和广东杜鹃；乔木层和灌木层受损较轻的分别为雷公青冈和广东杜鹃，林下幼苗更新丰度最高的分别是深山含笑、冬青和广东杜鹃。

2. 合理—满意度计算

利用公式(6)可算出各树种的重要值满意度。同理计算出各树种其他指标的满意度。通过计算，可得待选各树种的单因素满意度，如表 12-2 所示。

表 12-2　待选树种的单因素满意度

Tab. 12-2　Single factor satisfied degree of candidate varieties of trees

样地号	种名	重要值	萌条率	受损指数	更新种丰度
SD01	甜槠 Castanopsis eyrei	1	0.49	0.08	0
	雷公青冈 Cyclobalanopsis hui	0.53	0.31	0.10	1
	鹿角杜鹃 Rhododendron latoucheae	0.38	0.08	0.13	0.63
	冬青 Ilex chinensis	0.10	0.76	0.29	0.06
	杜鹃 Rhododendron simsii	0.09	0	0.42	0
	广东杜鹃 Rhododendron kwangtungense	0.07	1	1	0.19
	虎皮楠 Daphniphyllum oldhamii	0.01	0.12	0	0
	乌饭树 Vaccinium bracteatum	0.01	0.71	0.23	0
	大果蜡瓣花 Corylopsis multiflora	0	0.74	0.23	0.06
SD02	甜槠 Castanopsis eyrei	1	0.34	0.05	0
	交让木 Daphniphyllum macropodum	0.77	1	0.01	1
	南岭栲 Castanopsis fordii	0.34	0.26	0	0
	广东杜鹃 Rhododendron kwangtungense	0.28	0.52	0.26	0.83
	檵木 Loropetalum chinense	0.13	0.29	0.07	0.83
	鹿角杜鹃 Rhododendron latoucheae	0.1	0.09	1	0
	罗伞 Brassaiopsis glomerulata	0.04	0	0.39	0
	鼠刺 Itea chinensis	0	0.47	0.18	0.5
	石栎 Lithocarpus glaber	0	0.2	0.09	0
SD03	虎皮楠 Daphniphyllum oldhamii	0.77	0.2	0	0.43
	甜槠 Castanopsis eyrei	0.56	0.65	0.07	1
	青冈栎 Cyclobalanopsis glauca	0.41	0.02	0.08	0
	冬青 Ilex chinensis	0.38	0	0.38	0.34
	溪畔杜鹃 Rhododendron rivulare	0.17	0.26	1	0.39
	广东杜鹃 Rhododendron kwangtungense	0.15	0.39	0.48	0.16
	南方荚蒾 Viburnum dilatatum	0.12	0.09	0.59	0
	雷公青冈 Cyclobalanopsis hui	0.07	1	0.79	0
	米碎花 Eurya chinensis	0	0.11	0.46	0.05

（续）

样地号	种名	重要值	萌条率	受损指数	更新种丰度
	小红栲 Castanopsis carlesii	1	0.87	0.2	0.44
	广东杜鹃 Rhododendron kwangtungense	0.27	1	0.61	0.44
	冬青 Ilex chinensis	0.17	0.95	0	1
	广东润楠 Machilus kwangtungensis	0.07	0.93	0.09	0.5
SD04	深山含笑 Michelia maudiae	0.06	0.95	0.37	1
	格药柃 Eurya muricata	0.05	0.32	0.56	0.28
	黄瑞木 Adinandra millettii	0.02	0	0.33	0
	雷公青冈 Cyclobalanopsis hui	0.02	0.72	1	0.11
	榕叶冬青 Ilex ficoidea	0	0.91	0.33	0.06

3. 树种特性的合成合理—满意度计算

表 12-3　参试树种评价指标的合成合理—满意度

Tab. 12-3　Synthesis-proper satisfied degree of the properties of candidate varieties of trees

种名	SD1	SD2	SD3	SD4
大果蜡瓣花 Corylopsis multiflora	0.22			
冬青 Ilex chinensis	0.27		0.29	0.49
杜鹃 Rhododendron simsii	0.13			
格药柃 Eurya muricata				0.29
广东杜鹃 Rhododendron kwangtungense	0.52	0.46	0.28	0.54
广东润楠 Machilus kwangtungensis				0.35
虎皮楠 Daphniphyllum oldhamii	0.03		0.38	
黄瑞木 Adinandra millettii				0.09
檵木 Loropetalum chinense		0.32		
交让木 Daphniphyllum macropodum		0.68		
雷公青冈 Cyclobalanopsis hui	0.50		0.42	0.43
鹿角杜鹃 Rhododendron latoucheae	0.32	0.30		
罗伞 Brassaiopsis glomerulata		0.11		
米碎花 Eurya chinensis			0.15	
南方荚蒾 Viburnum dilatatum			0.20	
南岭栲 Castanopsis fordii		0.15		
青冈栎 Cyclobalanopsis glauca			0.15	
榕叶冬青 Ilex ficoidea				0.28
深山含笑 Michelia maudiae				0.55
石栎 Lithocarpus glaber		0.06		
鼠刺 Itea chinensis		0.26		
甜槠 Castanopsis eyrei	0.42	0.38	0.57	
乌饭树 Vaccinium bracteatum	0.20			
溪畔杜鹃 Rhododendron rivulare			0.45	
小红栲 Castanopsis carlesii				0.63

依据公式（6）和表 12-2 可计算出树种南岭抗冰雪灾害能力的合成—合理满意度。在此以 SD1 样地待选树种为例。根据 6 位参加调查人员的打分，重要值、萌条率、受损指数和更新种丰度的加权值分别为 0.3、0.2、0.25 和 0.25。

$$V = \{0.3 \quad 0.2 \quad 0.25 \quad 0.25\} \begin{bmatrix} 1 & 0.53 & \cdots & 0 \\ 0.49 & 0.31 & \cdots & 0.74 \\ 0.08 & 0.1 & \cdots & 0.23 \\ 0 & 1 & \cdots & 0 \end{bmatrix}$$

$$= \{0.22 \quad 0.27 \quad \cdots \quad 0.2\}$$

同理，可计算出 SD2，SD3，SD4 参试树种的合成—合理满意度。所得结果见表 12-3。

从表 12-3 可以看出，样地 SD01 中参试树种中以甜槠、雷公青冈和广东杜鹃表现较好，合成合理—满意度分别为 0.52、0.50 和 0.42。样地 SD02 中参试树种中以交让木、广东杜鹃和甜槠较优，合成合理—满意度分别为 0.68、0.46 和 0.38。SD03 中以甜槠、鹿角杜鹃、溪畔杜鹃和雷公青冈表现较好，合成合理—满意度分别为 0.57、0.45 和 0.42。SD04 中小红栲、深山含笑和广东杜鹃有较高的合成合理—满意度，分别为 0.63、0.55 和 0.54。

三、结论与讨论

通过对 4 块样地中待选树种的评价分析，适宜在南岭山地栽培或用于灾后恢复的优良树种为甜槠、雷公青冈、交让木、小红栲和深山含笑等乔木，以及广东杜鹃、鹿角杜鹃、溪畔杜鹃等灌木树种。乔木层筛选出的 4 个树种分别是壳斗科（Fagaceae）、交让木科（Daphniphyllaceae）和木兰科（Magnoliaceae）植物，灌木层优势种为杜鹃花科（Ericaceae）植物，所选树种符合亚热带常绿阔叶林群落优势种的特征（祁承经，1992；李锡文，1996；包维楷 等，2000；吴征镒 等，2006），且为当地优良的乡土树种。已有研究表明，乡土树种抗灾害能力大于外来树种（蔡子良 等，2008），常绿阔叶树种抗灾害能力大于针叶树种（汤景明 等，2008）。因此采用这些树种进行灾后恢复不仅可达到稳定群落结构的目的，同时还可应对全球气候变化背景下，极端气候事件发生频度不断增加而对森林的干扰。

模型计算中指标（或参数）如何选择是决定模型是否能达到研究目的的关键。树种的抗逆性强弱一方面取决于对当地气候条件的长期适应性，再者与灾害时受损程度、灾后的自我恢复能力等有关。不同的树种对灾害的响应也不相同，同样的受损强度，灾后有的萌生能力强，有的萌生能力弱。不同的树种对灾害的反应不同（Nadrowski et al.，2014），如常绿树种比落叶树种受损严重，外来树种比乡土树种严重等（汤景明，2008）。树木对冰雪灾害抵抗能力还与根系土盘固着力（Valinger et al.，1994）、胸径（Petty et al.，1981）、木材特性（Chilba，2000；Peltola et al.，2000）、树木的弹性系数（Peltola et al.，1997）、分枝习性（Nyknen et al.，1997）、管理水平和经营状况（Megahan et al.，1987；Zhou et al.，2010）等有关。但在实际操作过程中对这些指标进行一一研究分析，将需消耗大量的人力物力。重要值最大的树种为群落的优势种，是植物对群落生境的适应性的结果。萌条更新对受干扰群落而言，是植物适应各种干扰胁迫的有效更新方式，可最大限度保证其生态位的稳定性（Simões et al，2007）。由于萌条数量随着残桩基径的增大而增加，萌枝数量与萌枝高度之间呈负相关（黄世能，1990；罗菊春 等，2002；闫淑君 等，2010）；树种不同，其萌条数量也不相同（王旭 等，2010）；萌条通过母树强大根系，更有效地利用土壤中的养分资源，实现快速生长，此外树木萌条更新的自疏现象将使部分萌条死亡，最终能长成树枝和树干的仅是少数（王传华 等，2009；岳华峰 等，2012）。因此，在筛选抗冰雪灾害树种时以受损树木的萌条率来说明其自然恢复能力。受损率对于森林经营者来说，希望越小越好，这与模型的运算规则——数值越大，该特性越好不一致，因此采用轻度受损率与重度受损率的比值（受损指数）来调整数据，同时以受损指数来表征受损程度能更好地说明树种抵抗冰雪灾害的机械损伤能力。更新种丰度，可说明干扰过后林下自然更新能力,可用以预测群落的演替趋势。因此,根据灾后实地调查,把树种抗冰雪灾害能力强弱评价重点放在树木的重要值、受损指数、萌条率、林下更新种的丰度,来衡量树木对冰雪灾害的抵抗能力。

模糊数学自 Zadeh(1965)提出以来,已得到较充分的发展,同时被广泛用于生产实践中(王浣尘,1982;Guleda et al.,2004)。在树种选择过程中,涉及的因素较多,蕴藏的决策目标很难确切描述。在模型运用过程中,假设各评价的变化是各自独立的,对抗冰雪灾害特性的总贡献可以近似地看成没有本质差别指标,可用加法合并规则计算出各树种抗冰雪灾害特性的合成合理满意度。在基于模糊矩阵的模糊评判中,评判指标和权值由人为主观确定,如何减少确定过程中的主观性,是决定模型可靠性的关键因素。本研究中,以参加实地调查的专家为评判指标和权值的确定者,最大可能地避免确定的主观性,通过加大专家人数,取平均值,避免单因素评判的主观性。本研究表明,该模型在抗冰雪灾害树种选择中能达到理想的效果。该模型层次清楚,意义明确,也可适用于其他目的树种筛选。

附录　植物名录

　　本名录是基于对样地内各层植物野外识别、照片拍摄和标本的采集，查阅《广东植物志》《湖南树木志》《乐昌植物志》《湖南植物志》《中国高等植物》《中国植物志》《Flora of China》等资料鉴定而成。共记载了维管束植物 390 种（包括种下等级），隶属 206 属 97 科；其中蕨类植物 11 科 13 属 13 种。裸子植物 4 科 4 属 4 种。被子植物 82 科 189 属 373 种。蕨类植物科按秦仁昌（1978）系统，裸子植物科按郑万钧（1977）系统，被子植物科按哈钦松（1926，1934）系统编排，属、种按照字母顺序排列，科拉丁名后的括号内字符为系统科号。

蕨 类 植 物 门　Pteridophyta

卷柏科　Selaginellaceae（P04）
　　翠云草　*Selaginella uncinata* Sprin

木贼科　Equisetaceae（P06）
　　节节草　*Equisetum ramosissimum* Desf

紫萁科　Osmundaceae（P13）
　　紫萁　*Osmunda japonica* Thunb.

里白科　Gleicheniaceae（P15）
　　芒萁　*Dicranopteris pedata*（Houtt.）Nakaike
　　里白　*Diplopterygium glaucum*（Thunb. ex Houtt.）Naka

海金沙科　Lygodiaceae（P17）
　　海金沙　*Lygodium japonicum*（Thunb.）Sw.

鳞始蕨科　Lindsaeaceae（P23）
　　乌蕨　*Stenoloma chusanum* Ching

蕨科　Pteridiaceae（P26）
　　蕨　*Pteridium aquilinum* Kuhn var. *latiusculum* Underw

铁线蕨科　Adiantaceae（P31）
　　扇叶铁线蕨　*Adiantum flabellulatum* L.

金星蕨科 Thelypteridaceae（P38）
华南毛蕨 *Cyclosorus parasiticus*（Linn.）Farwell.

乌毛蕨科 Blechnaceae（P42）
狗脊蕨 *Woodwardia japonica* Sm.

水龙骨科 Polypodiaceae（P56）
江南星蕨 *Microsorium fortunei* Chin
石韦 *Pyrrosia lingua* Parwel

裸 子 植 物 门　Gymnospermae

松科 Pinaceae（G4）
马尾松 *Pinus massoniana* Lamb.

杉科 Taxodiaceae（G5）
杉木 *Cunninghamia lanceolata*（Lamb.）Hook.

罗汉松科 Podocarpaceae（G7）
竹柏 *Nageia nagi*（Thunb.）Zoll. et Mor. ex Zoll.

三尖杉科 Cephalotaxaceae（G8）
三尖杉 *Cephalotaxus fortunei* Hook. f.

被 子 植 物 门　Angiospermae

木兰科 Magnoliaceae（1）
南方木莲 *Manglietia chingii* Dandy
木莲 *Manglietia fordiana* Oliv.
毛桃木莲 *Manglietia moto* Dandy
乳源木莲 *Manglietia yuyuanensis* Law
深山含笑 *Michelia maudiae* Dunn
阔瓣含笑 *Michelia platypetala* H. -M.
野含笑 *Michelia skinneriana* Dunn

八角科 Illiciaceae（2A）
披针叶八角 *Illicium lanceolatum* A. C. Smith

五味子科 Schizandraceae（3）
黑老虎 *Kadsura coccinea*（Lem.）A. C. Smith
冷饭藤 *Kadsura oblongifolia* Merr.

番荔枝科　Annonaceae（8）

　　瓜馥木　*Fissistigma oldhamii*（Hemsl.）Merr.

樟科　Lauraceae（11）

　　猴樟　*Cinnamomum bodinieri* Levl.

　　沉水樟　*Cinnamomum micranthum*（Hayata）Hayata

　　黄樟　*Cinnamomum parthenoxylon*（Jack）Meissn.

　　少花桂　*Cinnamomum pauciflorum* Nees.

　　辣汁树　*Cinnamomum tsangii* Merr.

　　厚壳桂　*Cryptocarya chingii* Cheng

　　山苍子　*Litsea cubeba*（Lour.）Pers.

　　黄丹木姜子　*Litsea elongata*（Wall. ex Nees）Benth. et Hook. f.

　　清香木姜子　*Litsea euosma* W. W. Smith

　　毛叶木姜子　*Litsea mollis* Hemsl.

　　红皮木姜子　*Litsea pedunculata*（Diels）Yang et P. H. Huang

　　木姜子　*Litsea pungens* Hemsl.

　　栓皮木姜子　*Litsea suberosa* Yang et P. H. Huang

　　广东润楠　*Machilus kwangtungensis* Yang

　　薄叶润楠　*Machilus leptophylla* H. −M.

　　建润楠　*Machilus oreophila* Hance

　　刨花楠　*Machilus pauhoi* Kan.

　　凤凰润楠　*Machilus phoenicis* Dunn

　　红楠　*Machilus thunbergii* Sieb. et Zucc.

　　绒毛润楠　*Machilus velutina* Champ. et Benth.

　　云和新木姜子　*Neolitsea aurata*（Hayata）Koidz. var. *paraciculata*（Nakai）Yang et P. H. Huang

　　大叶新木姜子　*Neolitsea levinei* Merr.

　　闽楠　*Phoebe bournei*（Hemsl.）Yang

　　竹叶楠　*Phoebe faberi*（Hemsl.）Chun

　　紫楠　*Phoebe sheareri*（Hemsl.）Gamble

　　檫木　*Sassafras tzumu* Hemsl.

毛茛科　Ranunculaceae（15）

　　威灵仙　*Clematis chinensis* Osbeck

小檗科　Berberidaceae（19）

　　北江十大功劳　*Mahonia shenii* W. Y. Chun

木通科　Lardizabalaceae（21）

　　木通　*Akebia quinata*（Thunb.）Decne.

　　三叶木通　*Akebia trifoliata*（Thunb.）Koidz.

　　白木通　*Akebia trifoliata*（Thunb.）Koidz. ssp. *australis*（Diels）T. Shimizu

防己科 Menispermaceae（23）

木防己 *Cocculus trilobus*（Thunb.）DC.

粉防己 *Stephania tetrandra* S. Moore

金粟兰科 Chloranthaceae（30）

草珊瑚 *Sarcandra glabra*（Thunb.）Nakai

罂粟科 Papaveraceae（32）

博落回 *Macleaya cordata*（Willd.）R. Br.

堇菜科 Violaceae（40）

堇菜 *Viola verecunda* A. Gray.

远志科 Polygalaceae（42）

尾叶远志 *Polygala caudata* Rehd. et Wils.

长叶远志 *Polygala longifolia* Poir

蓼科 Polygonaceae（57）

火炭母 *Polygonum chinense* L.

虎杖 *Polygonum cuspidatum* Sieb. et Zucc.

山龙眼科 Proteaceae（84）

小果山龙眼 *Helicia cochinchinensis* Lour.

网脉山龙眼 *Helicia reticulata* W. T. Wang

海桐花科 Pittosporaceae（88）

狭叶海桐 *Pittosporum glabratum* Lindl. var. *neriifolium* Rehd. et Wils.

薄圆果海桐 *Pittosporum kobuskianum* Gowda

崖花子 *Pittosporum truncatum* Pritz.

山茶科 Theaceae（108）

两广黄瑞木 *Adinandra glischroloma* H. –M.

杨桐 *Adinandra millettii*（Hook. et Arn.）Benth. et Hook. f. ex Hance

心叶毛蕊茶 *Camellia cordifolia*（Metc.）Nakai

尖连蕊茶 *Camellia cuspidata*（Kochs）Wright ex Gard.

油茶 *Camellia oleifera* Abel

柳叶毛蕊茶 *Camellia salicifolia* Champ.

茶 *Camellia sinensis*（L.）O. Kuntze

红淡比 *Cleyera japonica* Thunb.

尖叶毛枌 *Eurya acuminatissima* Merr. et Chun

翅枌 *Eurya alata* Kob.

米碎花 *Eurya chinensis* R. Br.

微毛枌 *Eurya hebeclados* L. K. Ling

枸 *Eurya loquiana* Dunn

黑枸 *Eurya macartneyi* Champ.

格药枸 *Eurya muricata* Dunn

细齿叶枸 *Eurya nitida* Korth.

单耳枸 *Eurya weissiae* Chun

银木荷 *Schima argentea* Pritz.

木荷 *Schima superba* Gardn. et Champ.

厚皮香 *Ternstroemia gymnanthera*（Wight et Arn.）Sprague

华南厚皮香 *Ternstroemia kwangtungensis* Merr.

尖萼厚皮香 *Ternstroemia luteoflora* Hu ex L. K. Ling

粗毛石笔木 *Tutcheria hirta*（H. -M.）Li

猕猴桃科 Actinidiaceae（112）

中华猕猴桃 *Actinidia chinensis* Planch.

毛花猕猴桃 *Actinidia eriantha* Benth.

华南猕猴桃 *Actinidia glaucophylla* F. Chun

小叶猕猴桃 *Actinidia lanceolata* Dunn

多花猕猴桃 *Actinidia latifolia*（Gardn. et Champ.）Merr.

桃金娘科 Myrtaceae（118）

赤楠 *Syzygium buxifolium* Hook. et Arn.

红枝蒲桃 *Syzygium rehderianum* Merr. et Perry

野牡丹科 Melastomaceae（120）

柏拉木 *Blastus cochinchinensis* Lour.

地稔 *Melastoma dodecandrum* Lour.

金锦香 *Osbeckia chinensis* Linn. ex Walp.

锦香草 *Phyllagathis cavaleriei*（Levl. et Vant.）Guillanum

藤黄科 Guttiferae（126）

多花山竹子 *Garcinia multiflora* Champ.

椴树科 Tiliaceae（128）

扁担杆 *Grewia biloba* G. Don

杜英科 Elaeocarpaceae（128A）

中华杜英 *Elaeocarpus chinensis*（Gardn. et Champ.）Hook. f. ex Benth.

冬桃 *Elaeocarpus duclouxii* Gagnep.

日本杜英 *Elaeocarpus japonicus* Sieb. et Zucc.

山杜英 *Elaeocarpus sylvestris*（Lour.）Poir.

猴欢喜 *Sloanea sinensis*（Hance）Hemsl.

古柯科　Erythroxylaceae（135）

东方古柯　*Erythroxylum kunthianum*（Wall.）Kurz.

大戟科　Euphorbiaceae（136）

山麻杆　*Alchornea davidii* Franch.

日本五月茶　*Antidesma japonicum* Sieb. et Zucc.

柳叶五月茶　*Antidesma pseudomicrophyllum* Croiz.

毛果巴豆　*Croton lachnocarpus* Benth.

算盘子　*Glochidion puberum*（L.）Hutch.

白背叶　*Mallotus apelta*（Lour.）Muell. -Arg.

野桐　*Mallotus japonicus* Muell. Arg. var. *floccosus*（Muell. -Arg.）S. M. Huang

红叶野桐　*Mallotus paxii* Pamp.

粗糠柴　*Mallotus philippensis*（Lam.）Muell. -Arg.

杠香藤　*Mallotus repandus*（Willd.）Muell. -Arg. var. *chrysocarpus*（Pamp.）S. M. Huang

青灰叶下珠 *Phyllanthus glaucus* Wall. ex Muell. -Arg.

山乌桕　*Sapium discolor*（Champ.）Muell. -Arg.

乌桕　*Sapium sebiferum*（L.）Roxb.

油桐　*Vernicia fordii*（Hemsl.）Airy-Shaw

交让木科　Daphniphyllaceae（136A）

牛耳枫　*Daphniphyllum calycinum* Benth.

交让木　*Daphniphyllum macropodum* Miq.

虎皮楠　*Daphniphyllum oldhamii*（Hemsl.）Rosenth

鼠刺科　Escalloniaceae（139）

鼠刺　*Itea chinensis* Hook. et Arn.

厚叶鼠刺　*Itea coriacea* Wu

腺鼠刺　*Itea glutinosa* H. -M.

矩叶鼠刺　*Itea oblonga* H. -M.

蔷薇科　Rosaceae（143）

钟花樱　*Cerasus campanulata*（Maxim.）Yu et Li

山樱花　*Cerasus serrulata*（Lindl.）G. Don ex London

大花枇杷　*Eriobotrya cavaleriei*（Levl.）Rehd.

枇杷　*Eriobotrya japonica*（Thunb.）Lindl.

刺叶桂樱　*Laurocerasus spinulosa*（Sieb. et Zucc.）Schneid.

大叶桂樱　*Laurocerasus zippeliana*（Miq.）Yu et Lu

中华石楠　*Photinia beauverdiana* Schneid.

椤木石楠　*Photinia davidsoniae* Rehd. et Wils.

光叶石楠　*Photinia glabra*（Thunb.）Maxim.

桃叶石楠　*Photinia prunifolia*（Hook. et Arn.）Lindl.

石楠　*Photinia serrulata* Lindl.

石斑木　*Rhaphiolepis indica*（L.）Lindl.

野蔷薇 *Rosa multiflora* Thunb.

粗叶悬钩子 *Rubus alceaefolius* Poir.

山莓 *Rubus corchorifolius* L. f.

鸡爪茶 *Rubus henryi* Hemsl. et Kuntz.

灰毛泡 *Rubus irenaeus* Focke

高粱泡 *Rubus lambertianus* Ser.

茅莓 *Rubus parvifolius* L.

锈毛泡 *Rubus reflexus* Ker Gawl.

空心泡 *Rubus rosaefolius* Smith

红腺悬钩子 *Rubus sumatranus* Miq.

石灰花楸 *Sorbus folgneri*（Schneid.）Rehd.

含羞草科 Mimosaceae（146）

藤金合欢 *Acacia vietnamensis* I. Nielsen

山合欢 *Albizia kalkora*（Roxb.）Prain

苏木科 Caesalpiniaceae（147）

阔裂叶羊蹄甲 *Bauhinia apertilobata* Merr. et Metcalf.

龙须藤 *Bauhinia championii*（Benth.）Benth.

粉叶羊蹄甲 *Bauhinia glauca* Wall.

湖北羊蹄甲 *Bauhinia hupehana* Craib.

广西紫荆 *Cercis chuniana* Metc.

山皂荚 *Gleditsia japonica* Miq.

蝶形花科 Papilionaceae（148）

两广黄檀 *Dalbergia benthamii* Prain

藤黄檀 *Dalbergia hancei* Benth.

黄檀 *Dalbergia hupeana* Hance

中南鱼藤 *Derris fordii* Oliv.

长柄山蚂蝗 *Desmodium podocarpum* DC.

广东金钱草 *Desmodium styracifolium*（Osbeck）Merr.

大叶胡枝子 *Lespedeza davidii* Franch.

香花崖豆藤 *Millettia dielsiana* Harms ex Diels

网络崖豆藤 *Millettia reticulata* Benth.

软荚红豆 *Ormosia semicastrata* Hance

旌节花科 Stachyuraceae（150）

中国旌节花 *Stachyurus chinensis* Franch.

金缕梅科 Hamamelidaceae（151）

大果蜡瓣花 *Corylopsis multiflora* Hance

大果马蹄荷 *Exbucklandia tonkinensis*（Lecomte）Steenis

金缕梅 *Hamamelis mollis* Oliv.

枫香　*Liquidambar formosana* Hance
檵木　*Loropetalum chinense*（R. Br.）Oliv.
壳菜果　*Mytilaria laoensis* H. Lecomte
水丝梨　*Sycopsis sinensis* Oliv.

杨梅科　Myricaceae（159）
杨梅　*Myrica rubra* Sieb. et Zucc.

桦木科　Betulaceae（161）
光皮桦　*Betula luminifera* H. Minkl.

鹅耳枥科　Corylaceae（162）
粤北鹅耳枥　*Carpinus chuniana* Hu
雷公鹅耳枥　*Carpinus viminea* Wall.

壳斗科　Fagaceae（163）
锥栗　*Castanea henryi*（Skan）Rehd. et Wils.
茅栗　*Castanea seguinii* Dode
米槠　*Castanopsis carlesii*（Hemsl.）Hayata
甜槠　*Castanopsis eyrei*（Champ.）Tutch.
罗浮栲　*Castanopsis fabri* Hance.
栲树　*Castanopsis fargesii* Franch.
南岭栲　*Castanopsis fordii* Hance
鹿角栲　*Castanopsis lamontii* Hance
钩栲　*Castanopsis tibetana* Hance
青冈栎　*Cyclobalanopsis glauca*（Thunb.）Oerest.
细叶青冈　*Cyclobalanopsis gracilis*（Rehd. et Wils.）Cheng et T. Hong
雷公青冈　*Cyclobalanopsis hui*（Chun）Chun
小叶青冈　*Cyclobalanopsis myrsinaefolia*（Bl.）Oerst.
亮叶水青冈　*Fagus lucida* Rehd. et Wils.
金毛石栎　*Lithocarpus chrysocomus* Chun et Tsiang
石栎　*Lithocarpus glaber*（Thunb.）Nakai
木姜叶石栎　*Lithocarpus litseifolius*（Hance）Chun
榄叶石栎　*Lithocarpus oleaefolius* A. Camus
麻栎　*Quercus acutissima* Carr.
小叶栎　*Quercus chenii* Nakai

榆科　Ulmaceae（165）
黑弹朴　*Celtis bungeana* Bl.
山油麻　*Trema cannabina* Lour. var. *dielsiana*（H. -M.）C. J. Chen

桑科　Moraceae（167）
白桂木　*Artocarpus hypargyreus* Hance

构树 *Broussonetia papyrifera*（L.）L'Hert. ex Vent.
石榕树 *Ficus abelii* Miq.
天仙果 *Ficus erecta* Thunb. var. *beecheyana*（Hook. et Arn.）King
异叶榕 *Ficus heteromorpha* Hemsl.
琴叶榕 *Ficus pandurata* Hance
变叶榕 *Ficus variolosa* Lindl. ex Benth.

冬青科 Aquifoliaceae（171）
梅叶冬青 *Ilex asprella*（Hook. et Arn.）Champ. ex Benth.
凹叶冬青 *Ilex championii* Loes.
冬青 *Ilex chinensis* Sims
黄毛冬青 *Ilex dasyphylla* Merr.
榕叶冬青 *Ilex ficoidea* Hemsl.
小果冬青 *Ilex micrococca* Maxim.
毛冬青 *Ilex pubescens* Hook. et Arn.
四川冬青 *Ilex szechwanensis* Loes.
尾叶冬青 *Ilex wilsonii* Loes.

卫矛科 Celastraceae（173）
哥兰叶 *Celastrus gemmatus* Loes.
卫矛 *Euonymus alatus*（Thunb.）Sieb. et Zucc.
常春卫矛 *Euonymus hederaceus* Champ. ex Benth.
大果卫矛 *Euonymus myrianthus* Hemsl.

茶茱萸科 Icacinaceae（179）
马比木 *Nothapodytes pittosporoides*（Oliv.）Sleumer

铁青树科 Olacaceae（182）
华南青皮木 *Schoepfia chinensis* Gardn. et Champ.

鼠李科 Rhamnaceae（190）
多花勾儿茶 *Berchemia floribunda*（Wall.）Brongn.
枳椇 *Hovenia acerba* Lindl.
北枳椇 *Hovenia dulcis* Thunb.
刺藤子 *Sageretia melliana* H. –M.

胡颓子科 Elaeagnaceae（191）
胡颓子 *Elaeagnus pungens* Thunb.

葡萄科 Vitaceae（193）
显齿蛇葡萄 *Ampelopsis grossedentata*（H. –M.）W. T. Wang
乌蔹莓 *Cayratia japonica* var. *pseudotrifolia*（W. T. Wang）C. L. Li
爬山虎 *Parthenocissus tricuspidata*（Sieb. et Zucc.）Planch.

三叶崖爬藤　*Tetrastigma hemsleyanum* Diels et Gilg
东南葡萄　*Vitis chunganensis* Hu
狭叶葡萄　*Vitis tsoii* Merr.

芸香科　Rutaceae（194）
　臭辣吴茱萸　*Evodia fargesii* Dode
　樗叶花椒　*Zanthoxylum ailanthoides* Sieb. et Zucc.
　花椒簕　*Zanthoxylum scandens* Bl.
　野花椒　*Zanthoxylum simulans* Hance

苦木科　Simarubaceae（195）
　苦木　*Picrasma quassioides*（D. Don）Benn.

无患子科　Sapindaceae（198）
　栾树　*Koelreuteria paniculata* Laxm.

槭树科　Aceraceae（200）
　三角槭　*Acer buergerianum* Miq.
　紫槭　*Acer cordatum* Pax
　青榨槭　*Acer davidii* Franch.
　罗浮槭　*Acer fabri* Hance
　广东毛脉槭　*Acer pubinerve* Rehd. var. *kwangtungense*（Chun）Fang
　中华槭　*Acer sinense* Pax

清风藤科　Sabiaceae（201）
　腺毛泡花树　*Meliosma glandulosa* Cufod.
　异色泡花树　*Meliosma myriantha* Sieb. et Zucc. var. discolor Dunn
　红枝柴　*Meliosma oldhamii* Maxim.
　笔罗子　*Meliosma rigida* Sieb. et Zucc.
　绿樟　*Meliosma squamulata* Hance
　灰背清风藤　*Sabia discolor* Dunn

省沽油科　Staphyleaceae（204）
　锐尖山香圆　*Turpinia arguta*（Lindl.）Seem.

漆树科　Anacardiaceae（205）
　南酸枣　*Choerospondias axillaris*（Roxb.）Burtt et Hill
　盐肤木　*Rhus chinensis* Mill.
　野漆　*Toxicodendron succedaneum*（L.）O. Kuntze

胡桃科　Juglandaceae（207）
　少叶黄杞　*Engelhardtia fenzelii* Merr.
　圆果化香　*Platycarya longipes* Wu

山茱萸科 Cornaceae（209）
尖叶四照花 *Dendrobenthamia angustata*（Chun）Fang
香港四照花 *Dendrobenthamia hongkongensis* Hemsl.

八角枫科 Alangiaceae（210）
八角枫 *Alangium chinense*（Lour.）Harms
毛八角枫 *Alangium kurzii* Craib

五加科 Araliaceae（212）
楤木 *Aralia chinensis* L.
头序楤木 *Aralia dasyphylla* Miq.
刺茎楤木 *Aralia echinocaulis* Hand. −Mazz.
罗伞 *Brassaiopsis glomerulata*（Bl.）Regel.
树参 *Dendropanax dentigerus*（Harms）Merr.
刺楸 *Kalopanax septemlobus*（Thunb.）Koidz.
短梗大参 *Macropanax rosthornii*（Harms）C. Y. Wu ex Hoo

杜鹃花科 Ericaceae（215）
滇白珠 *Gaultheria yunnanensis*（Franch.）Rehd.
珍珠花 *Lyonia ovalifolia*（Wall.）Drude
刺毛杜鹃 *Rhododendron championae* Hook.
广东杜鹃 *Rhododendron kwangtungense* Merr. et Chun
鹿角杜鹃 *Rhododendron latoucheae* Franch.
满山红 *Rhododendron mariesii* Hemsl. et Wils.
马银花 *Rhododendron ovatum*（Lindl.）Planch. ex Maxim.
溪畔杜鹃 *Rhododendron rivulare* H. −M.
杜鹃 *Rhododendron simsii* Planch.
凯里杜鹃 *Rhododendron westlandii* Hemsl.

越橘科 Vacciniaceae（216）
乌饭树 *Vaccinium bracteatum* Thunb.
江南越橘 *Vaccinium sprengelii*（G. Don）Sleumer

柿树科 Ebenaceae（221）
野柿 *Diospyros kaki* Thunb. var. silvestris Makino
君迁子 *Diospyros lotus* L.
罗浮柿 *Diospyros morrisiana* Hance
油柿 *Diospyros oleifera* Cheng
柿树 *Diospyros tsangii* Merr.
岭南柿 *Diospyros tutcheri* Dunn

紫金牛科 Myrsinaceae（223）
细罗伞 *Ardisia affinis* Hemsl.

少年红　*Ardisia alyxiaefolia* Tsiang ex C. Chen

九管血　*Ardisia brevicaulis* Diels

朱砂根　*Ardisia crenata* Sims

百两金　*Ardisia crispa*（Thunb.）A. DC.

酸藤子　*Embelia laeta*（L.）Mez

网脉酸藤子　*Embelia rudis* H. -M.

杜茎山　*Maesa japonica*（Thunb.）Moritzi ex Zoll.

鲫鱼胆　*Maesa perlarius*（Lour.）Merr.

安息香科　Styracaceae（224）

拟赤杨　*Alniphyllum fortunei*（Hemsl.）Makino

赛山梅　*Styrax confusus* Hemsl.

山矾科　Symplocaceae（225）

山矾　*Symplocos caudata* Wall. ex A. DC.

黄牛奶树　*Symplocos laurina*（Retz.）Wall.

白檀　*Symplocos paniculata*（Thunb.）Miq.

老鼠矢　*Symplocos stellaris* Brand

木樨科　Oleaceae（229）

白蜡树　*Fraxinus chinensis* Roxb.

华清香藤　*Jasminum sinense* Hemsl.

清香藤　*Jasminum lanceolarium* Roxb.

小蜡树　*Ligustrum sinense* Lour.

网脉木樨　*Osmanthus reticulatus* P. S. Green

夹竹桃科　Apocynaceae（230）

络石　*Trachelospermum jasminoides* var. *heterophyllum* Tsiang

茜草科　Rubiaceae（232）

流苏子　*Coptosapelta diffusa*（Champ. ex Benth.）Van Steenis

绣花针　*Damnacanthus indicus* Gaertn. f.

栀子花　*Gardenia jasminoides* Ellis

耳草　*Hedyotis auricularia* L.

日本粗叶木　*Lasianthus japonica* Miq.

玉叶金花　*Mussaenda pubescens* Ait. f.

薄叶新耳草　*Neanotis hirsuta*（L. f. ex Boerl.）W. H. Lewis

宝剑草　*Rubia lanceolata* Hayata

华南乌口树　*Tarenna austrosinensis* Chun et How

狗骨柴　*Tricalysia dubia*（Lindl.）Ohwi

忍冬科　Caprifoliaceae（233）

华南忍冬　*Lonicera confusa*（Sweet）DC.

忍冬　*Lonicera japonica* Thunb.

荚蒾　*Viburnum dilatatum* Thunb.

直角荚蒾　*Viburnum foetidum* Wall. var. *rectangulatum*（Graebn.）Rehd.

南方荚蒾　*Viburnum fordiae* Hance

菊科　Compositae（238）

铁灯兔儿风　*Ainsliaea macroclinidioides* Hayata

鬼针草　*Bidens pilosa* L.

倒盖菊（金挖耳）　*Carpesium divaricatum* Sieb et Zucc.

野茼蒿　*Crassocephalum crepidioides*（Benth.）S. Moore

一点红　*Emilia sonchifolia*（L.）DC. ex Wight

鼠麴草　*Gnaphalium affine* D. Don

羊耳菊　*Inula cappa*（Buch. – Ham. ex D. Don）DC.

马兰　*Kalimeris indica*（L.）Sch. –Bip.

千里光　*Senecio scandens* Buch. – Ham. ex D. Don

龙胆科　Gentianaceae（239）

香港双蝴蝶　*Tripterospermum nienkui*（Marq.）C. J. Wu

紫草科　Boraginaceae（249）

长花厚壳树　*Ehretia longiflora* Champ.

粗糠树　*Ehretia macrophylla* Wall.

厚壳树　*Ehretia thyrsiflora*（Sieb. et Zucc.）Nakai

玄参科　Scrophulariaceae（252）

泡桐　*Paulownia fortunei*（Seem.）Hemsl.

马鞭草科　Verbenaceae（263）

紫珠　*Callicarpa bodinieri* Levl.

杜荏花　*Callicarpa formosana* Rolfe

枇杷叶紫珠　*Callicarpa kochiana* Makino

广东紫珠　*Callicarpa kwangtungensis* Chun

红紫珠　*Callicarpa rubella* Lindl.

秃红紫珠　*Callicarpa rubella* Lindl. var. *subglabra*（Pei）Chang

兰香草　*Caryopteris incana*（Thunb.）Miq.

大青　*Clerodendrum cyrtophyllum* Turcz.

赪桐　*Clerodendrum japonicum*（Thunb.）Sweet

海通　*Clerodendrum mandarinorum* Diels

豆腐柴　*Premna microphylla* Turcz.

唇形科　Labiatae（264）

金疮小草　*Ajuga decumbens* Thunb.

地埂鼠尾草　*Salvia scapiformis* Hance

韩信草　*Scutellaria indica* L.

鸭跖草科　Commelinaceae（280）
竹叶子　*Streptolirion volubile* Edgew.

姜科　Zingiberaceae（290）
华山姜　*Alpinia chinensis*（Retz.）Rosc.

百合科　Liliaceae（293）
山菅兰　*Dianella ensifolia*（Linn.）Redouté
阔叶山麦冬　*Liriope platyphylla* Wang et Tang
山麦冬　*Liriope spicata* Lour.
麦冬　*Ophiopogon japonicus*（L. f.）Ker. -Gawl.

菝葜科　Smilacaceae（297）
菝葜　*Smilax china* L.

薯蓣科　Dioscoreaceae（311）
黄独　*Dioscorea bulbifera* L.

兰科　Orchidaceae（326）
建兰　*Cymbidium ensifolium*（L.）Sw.
春兰　*Cymbidium goeringii*（Rchb. f.）Rchb. f.

莎草科　Cyperaceae（331）
浆果苔草　*Carex baccans*
蕨状苔草　*Carex filicina* Nees
舌叶苔草　*Carex ligulata* Nees
条穗苔草　*Carex nemostachys* Steud.
扁穗莎草　*Cyperus compressus* L.
毛轴莎草　*Cyperus pilosus* Vahl.

竹亚科　Bambusoideae（332A）
篊竹　*Bambusa albo-lineata* Chia
箬竹　*Indocalamus tessellatus*（Munro）Keng f.
南岭箭竹　*Sinarundinaria basihirsutus*（McClure）C. D. Chu et C. S. Chao

禾亚科　Agrostidoideae（332B）
淡竹叶　*Lophatherum gracile* Brengn.
五节芒　*Miscanthus floridulus*（Lab.）Warb. ex Schum. et Laut.
芒　*Miscanthus sinensis* Anders.

参考文献

包维楷，刘照光，等，2000. 中亚热带原生和次生湿性常绿阔叶林种子植物区系多样性比较[J]. 云南植物研究，22(4)：408-418.

蔡达深，宋相金，2005. 广东车八岭国家级自然保护区生物资源及保护对策[J]. 生态科学，24(3)，282-285.

蔡子良，钟秋平，刘清元，等，2008. 广西主要树种冰雪灾害调查及恢复措施[J]. 林业科学研究，21(6)：101-105.

曹照忠，2008. 广东杨东山十二度水自然保护区植物区系研究[D]. 广州：中国科学院华南植物园.

曹坤芳，常杰，2010. 突发气象灾害的生态效应：2008 年中国南方特大冰雪灾害对森林生态系统的破坏[J]. 植物生态学报，34(2)：123-124.

陈百炼，杨富燕，彭芳，2020. 凝冻灾害特征及其天气成因分析[J]. 自然灾害学报，29(1)：175-182.

陈北光，苏志尧，谢正生，等，2003. 广东南岭国家级自然保护区主要森林植被类型及其结构特征[M]//广东南岭国家级自然保护区生物多样性研究. 广州：广东科技出版社：312-332.

陈利顶，傅伯杰，2000. 干扰的类型、特征及生态学意义[J]. 生态学报，20(4)：581-586.

陈炼，1998. 莽山自然保护区植补调查[J]. 江汉学术，17(6)：84-87.

陈灵芝，1993. 中国的生物多样性——现状及其保护对策[M]. 北京：科学出版社：31-70.

陈沐，房辉，曹敏，2008. 云南哀牢山中山湿性常绿阔叶林树种萌生特征研究[J]. 广西植物，28(5)：627-632.

陈蓬，2004. 国外天然林保护概况及我国天然林保护的进展与对策[J]. 北京林业大学学报(社会科学版，3(2)：50-54

陈涛，张宏达，1994. 南岭植物区系地理学研究 I. 植物区系的组成和特点[J]. 热带亚热带植物学报，2(1)：10-23.

陈锡沐，李镇魁，冯志坚，等，2003. 广东南岭国家自然保护区种子植物区系分析[M]//广东南岭国家级自然保护区生物多样性研究. 广州：广东科技出版社：204-211.

程俊，何昉，刘燕，2009. 岭南村落风水林研究进展[J]. 中国园林，2009，25(11)：93-96.

崔丽红，孙海静，张曼，等，2015. 华北落叶松和油松混交林林隙特征及更新研究[J]. 西北林学院学报，30(1)：14-19.

邓志平，卢毅军，2007. 不同干扰强度对杭州西湖山区植被多样性的影响[J]. 江西林业科技(2)：15-17.

杜纪山，2008. 对南方森林植被灾后恢复重建的思考[J]. 林业科学，44(6)：1-2.

杜永胜，舒立福，2008. 南方冰雪灾害对森林防火的影响[J]. 森林防火，96(1)：12-15

方向民，丁彰琪，刘足根，等. 赣南不同类型森林冰雪灾害后的受损与恢复研究[C]// 中国植物学会会员代表大会暨八十周年学术年会.

冯静，段文标，陈立新，2012. 阔叶红松混交林林隙大小和林隙内位置对小气候的影响[J]. 应用生态学报，23(7)：1758-1766.

傅伯杰，陈利顶，马克明，等，2001. 景观生态学原理及应用[M]. 北京：科学出版社：73-81.

高辉，陈丽娟，贾小龙，等，2008.2008 年 1 月我国大范围低温雨雪冰冻灾害分析 II. 成因分析[J].

气象(4)：101-106.

官丽莉，周国逸，张德强，等，2004. 鼎湖山南亚热带常绿阔叶林凋落物量 20 年动态研究[J]. 植物生态学报，28(4)：449-456

国家环境保护局，中国科学院植物研究所，1987. 中国珍稀濒危保护植物名录[M]. 北京：科学出版社：1-96.

郭剑芬，杨玉盛，陈光水，等 .2006，森林凋落物分解研究进展[J]. 林业科学(4)：93-100.

广东省植物研究所，1976. 广东植被[M]. 北京：科学出版社 .

郝占庆，陶大立，赵士洞，1994. 长白山北坡阔叶红松林及其次生白桦林高等植物物种多样性比较[J]. 应用生态学报，5(1)：16-23.

贺金生，陈伟烈，1997. 陆地植物群落物种多样性的梯度变化特征[J]. 生态学报，17(1)：91-99.

贺庆棠，2001. 中国森林气象学[M]. 北京：中国林业出版社：62-69，403-413.

洪伟，林成来，吴承祯，等，1999. 福建建溪流域常绿阔叶防护林物种多样性特征研究[J]. 生物多样性，7(3)：208-213.

侯玲玲，毛子军，孙涛，等，2013. 小兴安岭十种典型森林群落凋落物生物量及其动态变化[J]. 生态学报，33(6)：1994-2002.

侯宽昭，1998. 中国种子植物科属词典[M]. 2 版 . 北京：科学出版社：1-632.

侯庸，王伯荪，张宏达，1998. 黑石顶自然保护区南亚热带常绿阔叶林的凋落物[J]. 生态科学，17(2)：14-18.

侯元凯，刘松杨，黄琳，等，2009. 我国生物柴油树种选择与评价[J]. 林业科学研究，22(1)：7-13.

胡钰玲，赵中军，康彩燕，等，2017. 中国南方 2008 年与 2016 年两次低温雨雪冰冻天气过程对比分析[J]. 冰川冻土(6)：1180-1191.

黄世能，1990. 不同伐桩直径及高度对马占相思萌芽更新影响的研究[J]. 林业科学研究，3(3)：242-248.

黄忠良，孔国辉，何道泉，2000. 鼎湖山植物群落多样性的研究[J]. 生态学报(2)：193-198.

乐昌植物志编委会，1990. 乐昌植物志上册[M]. 广州：广东世界图书出版公司：249-253.

李贵才，何永涛，韩兴国，2003. 哀牢山中山湿性常绿阔叶林林窗特征研究[J]. 生态学杂志(3)：16-20.

李家湘，王旭，黄世能，等，2010. 南岭中段冰灾受损群落和植物区系特征及保护生物学意义[J]. 林业科学，46(3)：166-172.

李昆，张春华，崔永忠，等，2004. 金沙江干热河谷区退耕还林适宜造林树种筛选研究[J]. 林业科学研究，17(5)：555-563.

李磊，朱春子，王金星，等，2019. 典型厄尔尼诺、拉尼娜事件我国雨水情特征分析[J]. 水文(5)：91-95.

李世友，罗文彪，舒清态，等，2009. 昆明地区 25 种木本植物的燃烧性及防火树种筛选[J]. 浙江林学院学报，26(3)：351-357.

李锡文，1996. 中国种子植物区系统计分析[J]. 云南植物研究，18(4)：363-384.

李秀芬，朱教君，王庆礼，等，2005. 森林的风/雪灾害研究综述[J]. 生态学报，25(1)：148-157

李意德，2008. 低温雨雪冰冻灾害后的南岭山脉自然保护区[J]. 林业科学，44(4)：2-4.

黎昌汉，严岳鸿，邢福武，2005. 广东南岭自然保护区堇菜属植物垂直分布格局的研究[J]. 热带亚热带植物学报，2005，13(2)：139-142.

梁天刚，高新华，刘兴元，2004. 阿勒泰地区雪灾遥感监测模型与评价方法[J]. 应用生态学报，15(12)：2272-2276.

梁晓东，叶万辉，2001. 林窗口研究进展(综述)[J]. 热带亚热带植物学报，9(4)：355-364.

刘国华，傅伯杰，2001. 全球气候变化对森林生态系统的影响[J]. 自然资源学报，16(1)：71-78.

刘金福，洪伟，李俊清，等，2003. 格氏栲林林窗自然干扰规律[J]. 生态学报，23(10)：1991-1999.

刘庆，吴彦，2002. 滇西北亚高山针叶林林窗大小与更新的初步分析[J]. 应用与环境生物学报，8
　　（5）：453-459

刘少冲，段文标，陈立新，2014. 小兴安岭阔叶红松林不同大小林隙光照时空分布特征[J]. 东北林
　　业大学学报，42（8）：46-51.

刘漩，刘潇，2019. "低温雨雪冰冻"天气过程锋区特征分析[J]. 农家参谋（21）：94+109.

刘志民，赵晓英，2002. 干扰与植被的关系[J]. 草业科学，11（4）：1-9.

刘足根，钟梁，袁小兰，等，2014. 雨雪冰冻灾害对竹阔混交林植物多样性的影响[J]. 江西科学，32
　　（1）：26-31.

龙翠玲，2006. 茂兰喀斯特森林林隙边缘木特征的研究[J]. 西南农业大学学报（自然科学版），28
　　（6）：1039-1044.

龙翠玲，2007. 茂兰喀斯特森林林隙植被恢复的物种组成及生活型特征[J]. 云南植物研究，29（2）：
　　201-206.

卢俊培，刘其汉，1988. 海南岛尖峰岭热带林凋落物研究初报[J]. 植物生态学报（12）：104-112.

陆钊华，徐建民，韩超，等，2008. 南方桉树人工林雨雪冰冻经济损失评估与分析[J]. 林业科学，
　　44（11）：37-41.

罗菊春，王广发，2002. 水曲柳萌芽更新的研究[J]. 北京林业大学学报，24（4）：12-15.

骆高远，2000. 我国对厄尔尼诺、拉尼娜研究综述[J]. 地理科学（3）：264-269.

骆土寿，张国平，吴仲民，等，2008. 雨雪冰冻灾害对广东杨东山十二度水保护区常绿与落叶混交
　　林凋落物的影响[J]. 林业科学，44（11）：177-183.

马鹤翟，2018. 太阳活动对欧亚冬季大气环流和极端气温的影响[D]. 南京：南京信息工程大学.

毛学刚，杜子涵，刘家倩，等，2018. 基于面向对象的 QuickBird 遥感影像林隙分割与分类[J]. 应用
　　生态学报，29（1）：1-10.

莫柱孙，叶伯丹，等，1980. 南岭花岗岩地质学[M]. 北京：地质出版社：1-342.

彭华，吴征镒，2001. 无量山半湿润常绿阔叶林的区系特征及保护生物学意义[J]. 云南植物研究，
　　23（3）：278-286.

彭鉴，丁圣彦，王宝荣，等，1992. 昆明地区常绿栎类萌生灌木群落特征与地上部分生物量的研究
　　[J]. 云南大学学报（自然科学版），14（2）：167- 177.

彭少麟，刘强，2002. 森林凋落物动态及其对全球变暖的响应[J]. 生态学报，22（9）：1534-1544.

祁承经，1990. 我国亚热带天然林的开发与保护问题[J]. 武汉植物学研究，8（2）：147-156.

祁承经，肖育檀，曹铁如，等，1992. 南岭植被的研究[J]. 中南林学院学报，12（1）：1-10.

秦仁昌，1978. 中国蕨类植物科属系统排列和历史来源[J]. 植物分类学报，16（3）：1-9.

秦仁昌，1978. 中国蕨类植物科属系统排列和历史来源[J]. 植物分类学报，16（3）：16-37.

任海保，张林艳，马克平，2005. 不同植物类群物种丰富度垂直分布格局分形特征的比较[J]. 植物
　　生态学报，29（6）：901-909.

沈国舫，2008. 关注重大雨雪冰冻灾害对我国林业的影响[J]. 林业科学，44（3）：1.

沈泽昊，李道兴，王功芳，2001. 三峡大老岭山地常绿落叶阔叶混交林林隙干扰研究Ⅰ. 林隙基本
　　特征[J]. 植物生态学报，25（3）：276-282

石胜友，等，2002. 缙云山风灾基地人工混交林生态恢复过程中物种多样性研究[J]. 生物多样性，
　　10（3）：274-279.

宋永昌，2001. 植被生态学[M]. 上海：华东师范大学出版社.

宋永昌，陈小勇，王希华，2005. 中国常绿阔叶林研究的回顾与展望[J]. 华东师范大学学报（自然
　　科学版）（1）：1-8.

苏建荣，刘万德，张志钧，等，2012. 云南中南部季风常绿阔叶林恢复生态系统萌生特征[J]. 生态
　　学报，32（3）：805-814.

苏雪，孙坤，2009. 青藏高原特有植物块茎堇菜地上地下结果性及其散布机制[J]. 草业科学，26
　　（4）：16-19.

苏志尧，陈北光，吴大荣，2002. 广东英德石门台自然保护区的植被类型和群落结构[J]. 华南农业大学学报，23(1)：58-62.

孙晓瑞，高永，杨光，等，2017. 森林冰雪灾害致损因子研究综述[J]. 浙江林业科技，37(3)：79-84.

谭辉，2007. 林窗干扰研究[J]. 生态学杂志，26(4)：587-594.

汤景明，宋丛文，戴均华，等，2008. 湖北省主要造林树种冰雪灾害调查[J]. 林业科学，44(11)：2-10.

陶建平，臧润国，2004. 海南霸王岭热带山地雨林林隙幼苗库动态规律研究[J]. 林业科学，40(3)：33-38.

王伯荪，马曼杰，1982. 鼎湖山自然保护区森林群落的演变：热带亚热带森林生态系统研究[M]. 广州：科学普及出版社广州分社：142-156.

王伯荪. 余世孝，彭少麟，1996. 植物群落学实验手册[M]. 广州：广东高等教育出版社.

王伯荪，1987. 植物群落学[M]. 北京：高等教育出版社：220.

王伯荪，余世孝，彭少麟，1996. 植物群落学实验手册[M]. 广州：广东高等教育出版社.

王传华，杨莹，李俊清，2009. 鄂东南低山丘陵区枫香种群的天然更新方式与特征[J]. 植物学报，44(6)：710-717.

王厚麟，缪绅裕，邓敏，等，2007. 广东乐昌杨东山十二度水保护区广东松群落的特征[J]. 生态科学，26(2)：115-119.

王浣尘，1982. 多维价值准则在工业技术系统选择和设计中的应用[J]. 国外自动化(1)：11-21.

王立龙，陆林，2010. 雪灾对九华山风景区毛竹林的影响[J]. 植物生态学报，34：233-239.

王琪，廖玉芳，2011. 2008年湖南低温雨雪冰冻灾害成因分析[J]. 安徽农业科学(16)：9905-9907+9987.

王庆瑞，1991. 中国植物志：第51卷[M]. 北京：科学出版社：8-129.

王旭，赵思东，傅海军，等，2004. 湘潭地区欧亚葡萄品种的选优研究[J]. 中外葡萄与葡萄酒(4)：33-35.

王旭，黄世能，周光益，等，2009. 冰雪灾害对杨东山十二度水自然保护区栲类林建群种的影响[J]. 林业科学，45(9)：42-45.

王旭，黄世能，李家湘，等，2010. 冰雪灾害后南岭常绿阔叶林受损优势种萌条特性[J]. 林业科学，46(11)：66-72.

王旭，2012. 冰雪灾害对南岭常绿阔叶林结构的影响[D]. 北京：中国林业科学研究院.

王颖，黄勇，卓东奇，2008年我国南方雨雪冰冻异常天气特点与成因研究[C]. 中国气象学会2008年年会极端天气气候事件与应急气象服务分会场.

王周平，李旭光，石胜友，等，2003. 缙云山森林林隙与非林隙物种多样性比较研究[J]. 应用生态学报，14(1)：7-10.

魏斌，张霞，吴热风，1996. 生态学中的干扰理论与应用实例[J]. 生态学杂志，15(6)：50-541.

魏媛，喻理飞，张金池，2007. 喀斯特地区不同干扰条件下构树萌株种群生物量构成[J]. 南京林业大学学报(自然科学版)，31：123-127.

温远光，林建勇，朱宏光，等，2014. 南亚热带山地常绿阔叶林林隙及其自然干扰特征研究[J]. 广西科学，21(5)：447-453.

吴刚，尹若波，周永斌，1999. 长白山红松阔叶林林隙动态变化对早春草本植物的影响[J]. 生态学报，19(5)：659-663

吴甘霖，羊礼敏，段仁燕，等，2017. 大别山五针松林林窗、林缘和林下的微气候特征[J]. 生物学杂志，34(4)：64-66.

吴撵溪，2006. 人促常绿阔叶次生林凋落物数量、组成及动态[J]. 山地学报，4(2)：215-221.

吴庆贵，吴福忠，杨万勤，等，2013. 川西高山森林林隙特征及干扰状况[J]. 应用与环境生物学报，19(6)：922-928.

吴征镒，1980. 中国植被[M]. 北京：科学技术出版社：306-356.

吴征镒，1991. 中国种子植物属的分布区类型[J]. 云南植物研究（增刊Ⅳ）：1-113.

吴征镒，2003.《世界种子植物科的分布区类型系统》的修订[J]. 云南植物研究，25（3）：535-539.

吴征镒，周浙昆，孙航，等，2006. 种子植物分布区类型及其起源和分化[M]. 昆明：云南科技出版社.

吴仲民，李意德，周光益，等，2008. "非正常凋落物"及其生态学意义[J]. 林业科学，44（11）：28-31.

夏冰，邓飞，1997. 林窗研究进展[J]. 植物资源与环境，6（4）：50-57.

鲜骏仁，胡庭兴，张远彬，等，2007. 林窗对川西亚高山岷江冷杉幼苗生物量及其分配格局的影响[J]. 应用生态学报（4）：721-727.

肖笃宁，李秀珍，高峻，等，2007. 景观生态学[M]. 北京：科学出版社：7-11

肖文发，2008. 由亚热带常绿阔叶林雨雪冰冻灾情引发的思考[J]. 林业科学，44（4）：2-3.

肖以华，刘世荣，佟富春，等，2013. "非正常"凋落物对冰雪灾后南岭森林土壤有机碳的影响[J]. 生态环境学报，22（9）：1504-1513.

谢晋阳，陈灵芝，1994. 暖温带落叶阔叶林的乔木层物种多样性特征[J]. 生态学报，14（4）：327-334.

谢正生，古炎坤，陈北光，等，2003. 广东南岭国家级自然保护区森林群落物种多样性分析. 广东南岭国家级自然保护区生物多样性研究[C]. 广州：广东科技出版社：305-311.

徐凤兰，钱国钦，杨伦增，2008. 冰冻灾害造成森林生态服务价值损失的经济评估——以福建省受灾森林为例[J]. 林业科学，44（11）：193-201.

徐捷，王希华，2010. 中国山顶苔藓矮曲林的分布及其特征[J]. 华东师范大学学报（自然科学版）（4）：44-57.

徐卫华，欧阳志云，黄璜，等，2006. 中国陆地优先保护生态系统分析[J]. 生态学报，26（1）：271-280.

徐燕千，1993. 车八岭国家级自然保护区调查研究论文集[M]. 广州：广东科技出版社：1-8.

许鸿川，王发明，2006. 遗传多样性分析方法及其在常绿阔叶林优势种研究中的应用[J]. 福建林学院学报，26（2）：186-192.

许彬，张金屯，杨洪晓，等，2007. 百花山植物群落物种多样性研究[J]. 植物研究（1）：112-118.

薛建辉，胡海波，2008. 冰雪灾害对森林生态系统的影响与减灾对策[J]. 林业科学，44（4）：1-3.

闫淑君，洪伟，吴承祯，2010. 海风干扰形成朴树残桩萌枝更新的初步研究[J]. 热带作物学报，31（11）：1912-1917.

杨锋伟，鲁绍伟，王兵，2008. 南方雨雪冰冻灾害受损森林生态系统生态服务功能价值评估[J]. 林业科学，44（11）：101-110.

杨玲，黄晓兰，王希华，等，2006. 台风对天童地区常绿阔叶林干扰的一般特征[J]. 浙江林业科技，26（5）：11-14.

杨梅，林思祖，曹光球，等，2007. 人为干扰对常绿阔叶林主要种群分布格局的影响[J]. 中国生态农业学报，15（1）：9-11

杨学军，郑天，储亦婷，2003. 上海地区沿海防护林树种的筛选应用[J]. 防护林科技（4）：5-7.

叶镜中，2007. 杉木萌芽更新[J]. 南京林业大学学报，31（2）：1-4.

叶居新，1994. 中国的猴头杜鹃矮林[J]. 武汉植物学研究，1994，12（2）：170-174.

叶万辉，练琚蒨，曹洪麟，2002. 中国栲属植物建群种地理分布与替代规律分析[C]. 中国生物多样性保护与研究进展——第五届全国生物多样性保护与持续利用研讨会论文集.

尹爱国，苏志尧，陈北光，等，2002. 广东白云山常绿阔叶林系成分分析[J]. 华南农业大学学报：自然科学版，23（4）：45-48.

尹伟伦，2008. 要高度重视我国南方森林的灾后恢复重建工作[J]. 林业科学，44（3）：1-2.

应俊生，2001. 中国种子植物物种多样性及其分布格局[J]. 生物多样性，9（4）：393-398.

俞剑蔚，赵启航，陈雨，2008. "08.1"低温雨雪过程不同地域的特征对比分析[C]. 中国气象学会，中国科学技术协会：524-532.

岳春雷，韩玉玲，李贺鹏，等，2012. 沿海围垦河道生态建设树种筛选及种植辅助措施初步研究[J]. 浙江林业科技，32(1)：26-29.

岳华峰，井振华，邵文豪，等，2012. 浙江天目山苦槠种群结构和动态研究[J]. 植物研究，32(4)：473-480.

昝启杰，1996. 林隙在森林群落中的作用[J]. 中山大学研究生学刊(自然科学版)，17(2)：70-75.

臧润国，杨彦承，刘静艳，等，1999. 海南岛热带山地雨林林隙及其干扰特征[J]. 林业科学，35(1)：2-8.

臧润国，1999. 林隙动态与森林生物多样性[M]. 北京：中国林业出版社.

臧润国，徐化成，1998. 林隙(GAP)干扰研究进展[J]. 林业科学，34(1)：90-98.

张德强，叶万辉，余清发，等，2000. 鼎湖山演替系列中代表性森林凋落物研究[J]. 生态学报，20(6)：938-944.

张金屯译，1999. 生态学调查方法手册[M]. 北京：科学技术文献出版社.

张尚炬，范海兰，等，2007. 干扰强度对仙人谷国家森林公园森林群落结构特征的影响[J]. 亚热带农业研究(3)：39-43.

张一平，王进欣，刘玉洪，等，2001. 西双版纳不同季节热带次生林林窗光照时空分布特征[J]. 南京林业大学学报(自然科学版)，25(1)：13-17.

张远彬，王开运，Kellomaki Seppo，2003. 针叶林林窗研究进展[J]. 世界科技研究与发展，25(5)：69-74.

张远彬，王开运，鲜骏仁，2006. 岷江冷杉林林窗小气候及其对不同龄级岷江冷杉幼苗生长的影响[J]. 植物生态学报，30(6)：941-946.

张艳华，聂绍荃，王志西，1999. 林隙对草本植物的影响[J]. 植物研究，19(1)：94-99.

张志祥，刘鹏，邱志军，等，2010. 浙江九龙山自然保护区黄山松种群冰雪灾害干扰及其受灾影响因子分析[J]. 植物生态学报，34：223-232.

赵娟，韩延本，2002. 第18届年会北京地区年雨量变化与太阳活动的关系[C]. 中国地球物理学会，340.

赵利群，翁国盛，高秀芹，2006. 次生林综述[J]. 防护林科技，74(5)：47-49.

赵培娟，邵宇翔，李周，等，2008. 冻雨形成的天气条件分析[J]. 气象与环境科学，31(4)：36-39.

赵思东，汪明，杨谷良，等，2002. 12个猕猴桃品种引种栽培果实品质评价研究[J]. 农业现代化研究，23(6)：455-457.

赵霞，沈孝清，黄世能，等，2008. 冰雪灾害对杨东山十二度水省自然保护区木本植物机械损伤的初步调查[J]. 林业科学，44(11)：164-167.

郑万钧，1978. 中国植物志：第7卷[M]. 北京：科学出版社.

《中国生物多样性国情研究报告》编写组，1998. 中国生物多样性国情研究报告[M]. 北京：中国环境科学出版社：147-163.

中国科学院华南植物园，2000. 广东植物志：第四卷[M]. 广州：广东科技出版社.

中国科学院生物多样性委员会，2004. 中国生物多样性保护与研究进展第五届全国生物多样性保护与持续利用研讨会论文集[C]. 281-287. 北京：气象出版社.

周丹卉，贺红士，孙国臣，等，2007. 林窗模型及其在全球气候变化研究中的应用[J]. 生态学杂志(8)：1303-1310.

朱教君，2002. 次生林经营基础研究进展[J]. 应用生态学报，13(12)：1689-1694.

朱教君，刘世荣，2007. 森林干扰生态研究[M]. 北京：中国林业出版社：166-168.

朱凯月，王庆成，吴文娟，2017. 林隙大小对蒙古栎和水曲柳人工更新幼树生长和形态的影响[J]. 林业科学，53(4)：150-157.

邹西和，丁建武，张胜纯，2008. "08.1"黄石市低温雨雪冰冻天气成因分析[J]. 科协论坛(下半月)

（9）：97-98.

Aguilera M O, Lauenroth W K, 1993. Seedling establishment in adult neighborhoods - intraspecific constrains in the regeneration of the bunchgrass *Bouteloua gracili*[J]. Journal of Ecology, 81：253-261

Aldrich M, Billington C, Edwards M, et al, 1997. Tropical montane cloud forests：an urgent priority for conservation[J]. WCMC Biodiversity Bulletin 2 WCMC, Cambridge, UK.

Alexander H D, Mack M C, 2017. Gap regeneration within mature deciduous forests of Interior Alaska：Implications for future forest change[J]. Forest Ecology and Management. 396：35-43.

Barnes B V, Zak D R, Denton S R, et al, 1997. Forest Ecology[M]. 4th ed. John Wiley and Sons. New York.

Belanger R P, Godbee J F, Anderson R L, et al, 1996. Ice Damage in Thinned and Nonthinned Loblolly Pine Plantations Infected with Fusiform Rust [J]. Southern Journal of Applied Forestry, 20（3）：136-142.

Bellingham P J, Healey E V J T R, 1994. Sprouting of Trees in Jamaican Montane Forests, after a Hurricane[J]. Journal of Ecology, 82(4)：747-758.

Bellingham, P J and Sparrow, A D, 2000. Resprouting as a life history strategy in woody plant communities[J]. Oikos 89, 409-416

Bellingham P J, Sparrow A D, 2009. Multi-stemmed trees in montane rain forests：their frequency and demography in relation to elevation, soil nutrients and disturbance [J]. Journal of Ecology, 97（3）：472-483.

Boerner R E J, Runge S D, Cho D S, et al, 1988. Localized glaze storm damage in a Appalachian plateau watershed[J]. The Amer. Midland Nat. 119：199-208.

Bond W J, Midgley J J, 2001. Ecology of sprouting in woody plants：The persistence niche[J]. Trends Ecol Evol, 16（1）：45-51

Bond W J, Wilgen B W V, 1996. Fire and plants[J]. Biological Conservation, 14(2)：231-232.

Brett R B, Kilnka K, 1989. A transition from gap to tree-island regeneration patterns in the subalpine forest of south-coastal British Columbia[J]. Canadian Journal of Forest Research, 28：1825-1831.

Brokaw N V L, 1987. Gap-phase regeneration of three pioneer tree species in a tropical forest[J]. Journal of Ecology, 75：9-20.

Brokaw NVL, 1982. The definition of treefall gap and its effect on measures of forest dynamics[J]. Biotropica.

Brokaw N V L, Scheiner S M, 1989. Species composition in gaps and structure of a tropical forest[J]. Ecology, 70：538-541.

Brommit A G, Charbonneau N, Fahrig C L, 2004. Crown Loss and Subsequent Branch Sprouting of Forest Trees in Response to a Major Ice Storm[J]. Journal of the Torrey Botanical Society, 131(2)：169-176.

Bruederle L P, and E W. Stearns, 1985. Ice storm damage to a southwestern Wisconsinmesic forest[J]. Bull torrey bot club, 112：167-175.

Canham C D and P L, 1985. Marks. The reponse of woody plants to disturbance：patterns of establishment and growth. in Pickett S T A and P S White(eds)[M]. The ecology of natural disturbance and patch dynmics. Academic Press, New York, 198-216

Cecília G. Simões, Márcia C. M. Marques, 2010. The Role of Sprouts in the Restoration of Atlantic Rainforest in Southern Brazil[J]. Restoration Ecology, 15(1)：53-59.

Chapin F S, Matson P A, Mooney H A, 2011. Principles of Terrestrial Ecosystem Ecology[M]. Springer：164-166.

Chazdon R L, Fetcher N, 1984. Photosynthetic light environments in a lowland tropical rainforest in Costa Rica[J]. Journal of Ecology, 72：553-564.

Chazdon RL, Pearcy RW, 1991. The importance of sunflecks for forest understory plants[J]. Bioence, 41

（11）：760-766.

Chen P M, Stout G D G, 1978. Changes in membrane permeability of winter wheat cells following freeze-thaw injury as determined by nuclear magnetic resonance[J]. Plant Physiology, 61(6)：878-882.

Cheng Y S, Yang Q, Hideaki O, et al, 2007. Flora of China (13rd volume), 71-111. http：// flora. huh. harvard. edu/china/mss/volume13/Violaceae. pdf

Chiba Y, 2000. Modelling stem breakage caused by tyhoons in plantation *Cryptomeria japonica* forests[J]. Forest Ecology and Management, 135：123-131.

Collins B S, et al, 1985. Response of forest herbs to canopy gaps. in Pickett S T A and P S White(eds). The ecology of natural disturbance and patch dynamics[J]. Acsdemic Press, New York, 218-234.

Connell J H, 1978. Diversity in tropical rain forests and coral reefs. Science, 199, 1302-1310.

Corlett R T, Xing F W, Ng S C, 2000. Hong Kong vascular plants：distribution and status[J]. Mem Hong Kong Nat Hist Soc, 23：1-3.

Cruz A, Pérez, Beatriz, Quintana, José R, et al, 2002. Resprouting in the Mediterranean-type shrub Erica australis afffected by soil resource availability[J]. Journal of Vegetation Science, 13(5)：641-652.

Dale V H, Joyce L A, Mcnulty S, et al, 2001. Climate change and forest disturbances[J]. BioScience, 51 (9)：723-734.

Denslow J S, Schultz J C, Vitousek P M, et al, 1990. Growth Responses of Tropical Shrubs to Treefall Gap Environments[J]. Ecology, 71(1)：165-179.

Deuber, C G, 1949. Glaze storm of 1940[J]. Amer. Forests. 46：210.

Dobbertin M, 2002. Influence of stand structure and site factors on wind damage comparing the storms Vivian and Lothar[J]. Forest Snow Landscape Research, 77：187-204.

Downs A A, 1938. Glaze Damage in the Birch-Beech-Maple-Hemlock Type of Pennsylvania and New York [J]. Journal of Forestry -Washington, 36(1)：63-70.

Duguay S M, Arii K, Hooper M, et al. 2001. Ice storm damage and early recovery in an old-growth forest [J]. Environmeneal Monitoring and Assess ment, 67(1)：97-108.

Edward, E C, Richard T B, 1989. Secondary succession, gap dynamics, and community structure in a southern appalachian cove forest[J]. Ecology, 70(3)：728-735.

Espelta J M, Retana J, Habrouk A, 2003. Resprouting patterns after fire and response to stool cleaning of two coexisting Mediterranean oaks with contrasting leaf habits on two different sites[J]. Forest Ecology & Management, 179(1-3)：401-414.

Edwin M. E, Nicholas V L, 1996. Brokaw. Forest Damage and Recovery from Catastrophic Wind[J]. Botanical Review, 62(2)：113-185.

Forman TT, Iverson L, 1995. Land mosaics：The ecology of landscapes and regions[M]. Cambridge：Cambridge University Press：148.

Gardiner B A, Stacey G R, Belcher R E, et al, 1997. Field and wind tunnel assessments of the implications of respacing and thinning for tree stability[J]. Forestry, 70(3)：233-252.

Glitzenstein, J. S. & Harcombe, P A, 1988. Effects of the December 1983 tornado on forest vegetation of the Big Thicket, southeast Texas, U. S. A[J]. Forest Ecology and Management, 25：269-290.

Gragg S. and Kenneth A, 2004. Effects of an ice storm on fuel loadings and potential fire behavior in a Pine Barren of Northeastern New York[J]. Scientia dicipulornm. 1：17-25.

Gray A N, Spies T A, Easter M J, 2002. Microclimatic and soil moisture responses to gap formation in coastal Douglas-fir forests[J]. Canadian Journal of Forest Research, 32(2)：332-343.

Gray W M, 1990. Strong association between West African rainfall and US landfall of intense hurricanes [J]. Science, (249)：1251-1256.

Grogan N P, 2007. Deeper snow enhances winter respiration from both plant-associated and bulk soil carbon pools in Birch Hummock Tundra[J]. Ecosystems, 10(3)：419-431.

Gu L H, Hanson P J, Post W M, et al, 2008. The 2007eastern US spriong freeze: increased cold damage in a warming world? [J]. Bioscience, 58(3): 253-262.

Guleda O G, Ibrahim D, Halil H, 2004. Assessment of urban air quality in Istanbul using fuzzy synthetic e-valuation[J]. Atmospheric Environment, 38: 3809-3815.

Hansson P, 2006. Effects of small tree retention and logging slash on snow blight growth on Scots pine regeneration[J]. Forest Ecology and Management, 236(2-3): 368-374.

Hart J L, Grissino-Mayer H D, 2009. Gap-scale disturbance processes in secondary hardwood stands on the Cumberland Plateau, Tennessee, USA[J]. Plant Ecology, 201(1): 131-146.

Hobi ML, Ginzler C, Commarmot B, et al, 2016. Gap pattern of the largest primeval beech forest of Europe revealed by remote sensing[J]. Ecosphere, 6(5): 1-15.

Hobbs R J, Huenneke L F, 1992. Disturbance, diversity, and invasion: implications for conservation[J]. Conservation Biology, 6 (3) : 324-337

Hodgkinson K C, 1998. Sprouting success of shrubs after fire: height-dependent relationships for different strategies[J]. Oecologia , 115 : 64-72.

Huang R, Jia X, Ou Y, et al, 2019. Monitoring canopy recovery in a subtropical forest following a huge ice storm using hemispherical photography[J]. Environmental Monitoring and Assessment, 191: 355.

Hubbell S P and Foster R B, 1986. Canopy gaps and the dynamics of a neotropical forest in Crawly[M]// M. J. (ed). Plant ecology. Blackwell Scientific Pubications, London: 77-96.

Huddle J A, Pallardy S G, 1999. Effect of fire on survival and growth of *Acer rubrum* and *Quercus* seedlings [J]. Forest Ecology & Management, 118(1-3): 49-56.

IPCC, 2011. Summary for Policymakers// Field CB, Barros V, Stocker TF, et al. , eds. Intergovernmental Panel on Climate Change Special Report on Managing the Risks of Extreme Events and Disasters to Advance Climate Change Adaptation[M]. Cambridge, United Kingdom and New York, NY, USA: Cambridge University Press.

Irland LC, 1998. Ice storm 1998 and the forests of the Northeast: A preliminary assessment[J]. Journal of Forestry, 96: 32-40.

Jentsch A, Beierkuhnlein C, White P S, 2002. Scale, the dynamic stability of Forest ecosystems, and the persistence of biodiversity[J]. Silva Fennica, 36, 393-400.

Kabeya D, Sakai A, Matsui K, et al, 2003. Resprouting ability of *Quercus crispula* seedlings depends on the vegetation cover of their microhabitats[J]. Journal of Plant Research, 116(3): 207.

Kammesheidt L, 1998. The role of tree sprouts in the restoration of stand structure and specie diversity in tropical moist after slash-and-burn agriculture in Eastern Paraguay[J]. Plant Ecology, 139: 155-165

Kanmesheirlt L, 1999. Forest recovery by mot suckers and above-ground sprouts after slash-and-bum agriculture. fire and logging in Paraguay and Venezuela[J]. Joural of Tropical Ecology, 15: 143-157.

Katarzyna Z, Petra A, Michaela E, et al, 2016. Automated detection of forest gaps in spruce dominated stands using canopy height models derived from stereo aerial imagery[J]. Remote Sensing, 8(3): 1-21.

Kathke S, Bruelheide H, 2010. Gap dynamics in a near-natural spruce forest at Mt. Brocken, Germany [J]. Forest Ecology & Management, 259(3): 624-632.

Kato A, Nakatani H, 2000. An approach for estimating resistance of Japanese cedar to snow accretion damage[J]. Forest Ecology & Management, 135(1-3): 83-96.

Kauffman, J B, 1991. Survival by sprouting following fire in tropical forests of the eastern Amazon[J]. Biotropica, 23, 219-224.

Klimeĺov Á J, Klime Í L, 2003. Resprouting of herbs in disturbed habitats: Is it adequately described by Bellingham-Sparrow's model ? [J]. *Oikos* , 103 (1) : 225-229.

Klinka RBBK, 1998. A transition from gap to tree-island regeneration patterns in the subalpine forest of south-coastal British Columbia[J]. Canadian Journal of Forest Research, 28(28): 1825-1831.

Kitayama K, 1992. An altitudinal transect study of the vegetation of Mount Kinabalu, Borneo[J]. Vegetation, 102: 149-171.

Kitayama K, 1996. Patterns of species diversity on an oceanic versus a continental island mountain: a Hypothesis on species diversification[J]. veget Sci, 7: 879-888.

Kneeshaw D D, 1999. Canopy gap characteristic and tree replacement in the southeastern boreal forest[J]. Journal of Ecology, 79: 783-794.

Kohnle U, Gauck ler S, 2003. Vulnerability of forests to storm damage in a forest district of south-western Germany situated in the periphery of the 1999 storm (Lothar). In: Ruck B, Ko ttmeier C, M attheck C, et al. eds. Proceedings of the International Conference of Wind Effects on Trees[M]. Published by Lab Building, Environment Aerodynamics, Institute of Hydrology, University of Karlsruhe, Germany, 151-157.

Kruger L M, Midgley J J, Cowling R M, 1997. Resprouters vs reseeders in South African forest trees: a model based on forest canopy height[J]. Functional Ecology, 11(1): 101-105.

Kruger L M, Midgley J J. 2001, The influence of resprouting forest canopy species on richness in Southern Cape forests, South Africa[J]. Global Ecology and Biogeography, 10. : 567-572.

Lafon W C, 2006. Forest disturbance by ice storms in *Quercus* forests of the southern Appalachian Mountain, USA[J]. Ecoscience. 13(1): 30-43.

Lafon, Charles W, 2004. Ice - storm disturbance and long - term forest dynamics in the Adirondack Mountains[J]. Journal of Vegetation Science, 15(2): 267-276.

Lemon, P C, 1961. Forest ecology of ice storms[J]. Bull. Torrey Bot. Club 88: 21-29.

Levitt J, 1977. Responses of plants to environmental stresses[M]. New York : Academic Press: 697.

Lloyd C I, 2000. Ice storms and forest impacts[J]. The science of the total environment, 262: 231-242.

Lomolino MV, 2001. Elevation gradients of species-density: historical and prospective views[J]. Global Ecology & Biogeography, 10: 3-13.

Luoga E J, Witkowski E T F, Balkwill K, 2004. Regeneration by coppicing (resprouting) of miombo (African savanna) trees in relation to land use[J]. Forest Ecology & Management, 189(1-3): 23-35.

Marod D, Kutintara U, Tanaka H, et al, 2002. The effects of drought and fire on seed and seedling dynamics in a tropical seasonal forest in Thailand[J]. Plant Ecology, 161(1): 41-57.

Mccarthy L B C, 2001. Biomass allocation and resprouting ability of princess tree (*Paulownia tomentosa*: Scrophulariaceae) across a light gradient[J]. American midland naturalist, 146(2): 388-403.

McLeod K W, 2000. Species selection trials and silvicultural techniques for the restoration of bottomland hardwood forests[J]. Ecological Engineering, 15: 35-46.

MegahanW F., Steele R, 1987. An approach for predicting snow damage to ponderosa pine plantations[J]. Forest Science, 33 (2) : 485-503.

Meloni F, Lingua E, Castagneri D, et al, 2008. Structure of an old-growth stand (Reserve of Lom, Republic of Bosnia Herzegovina) and two over-mature forest stands from the Italian eastern Alps (Ludrin, TN, and Val Navarza, UD)[J]. Forest, 5(1).

Miami F, Boucher D H, Vandermeer J H, et al, 1991. Recovery of the rain forest of southeastern Nicaragua after destruction by Hurricane Joan[J]. Biotropica, 23(2): 106-113.

Michaels R, Pablol R, Jayp S, et al, 2009. Chilling damage in a changing climate in coastal landscapes of the subtropical zone: a case study from south Florida[J]. Global Change Biology, 15: 1817-1832.

Miles J, 1974. Effect of experimental interference with stand structure on extablishment of seedling in callunetum[J]. Journal of Ecology, 62: 675-687.

Miller P M, Kauffman J B, 1998. Seedling and Sprout Response to Slash-and-Burn Agriculture in a Tropical Deciduous Forest1[J]. Biotropica, 30(4): 538-546.

Morgan, J W, 1998. Importance of Canopy Gaps for Recruitment of some Forbs in Themeda triandra-dominated Grasslands in South—eastern Australia[J]. Australian Journal of Botany, 46(6): 609–627.

Moser G, Hertel D, Leuschner C, 2007. Altitudinal change in LAI and stand leaf biomass in tropical montane forests: a transect study in Ecuador and a pan–tropical meta–analysis [J]. Ecosystem, 10: 924–935.

Muscolo A, Bagnato S, Sidari M, et al, 2014. A review of the roles of forest canopy gaps[J]. Journal of Forestry Research.

Nadrowski K, Pietsch K, Baruffol M, et al, 2014. Tree species traits but not diversity mitigate stem breakage in a subtropical forest following a rare and extreme ice storm[J]. PLoS ONE, 9, DOI: 10. 1371/journal. pone.

Naidu S L. and E. H. Delicia, 1997. Growth, allocation and water relations of shade–grown *Quercus rubra* L. saplings exposed to a late–season canopy gap[J]. Annals of Botany 80: 335–344.

Nanami S, Kawaguchi H, Tateno R, et al, 2004. Sprouting traits and population structure of co–occurring *Castanopsis* species in an evergreen broad–leaved forest in southern China[J]. Ecological Research, 19: 341–348.

Nyknen M L, Peltola H, Quine C, et al. 1997. Factors affecting snow damage of tree with particular reference to European conditions[J]. Silva Fennica, 31(2): 193–213.

Omari B E, Aranda X, Verdaguer D, et al, 2003. Resource remobilization in *Quercus ilex* L. resprouts [J]. Plant Oil, 252 : 349–357.

Paciorek C J, Condit R, Hubbell S P, et al, 2000. The demographics of resprouting in tree and shrub species of a moist tropical forest[J]. Journal of Ecology 88: 765–777.

Pascarella J B, Aide T M, Serrano M I. et al, 2000. Land–use history and forest regeneration in the Cayey mountaions[J]. Puerto Rico. Ecosystems, 3: 217–228.

Peltola H and Kellomki S, 1993. A mechanistic model for calculating windth row and stem breakage of Scots pines at stand edge[J]. Silva Fennica, 27 (2) : 99–111.

Peltola H, Kellomki S and Visnen H, 1997. Model computations on the impacts of climatic change on soil frost with implications for windthrow risk of trees[J]. Climate Change, 41: 17–36.

Peltola H, Nyknen M L. and Kellomki S, 1997. Model computations on the critical combination of snow loading and windspeed for snow damage of Scots pine, Norway spruce and birch spatst and edge[J]. Forest Ecology and Management, 95: 229–241.

Peltola H, Kellomki S and Hassinen A, 2000. Mechanical stability of Scots pine, Norway spruce and birch: an analysis of tree pulling experiments in Finland[J]. Forest Ecology and Management, 135: 143–153.

Peter A, Vesk, David I Warton, Mark Westoby, 2004. Sprouting by semi–arid plants: testing a dichotomy and predictive traits[J]. Oikos 107: 72–89.

Peterson C J, Rebertus A J, 1997. Tornado damage and initial recovery in three adjacent, lowland temperate forests in Missouri[J]. Journal of Vegetation Science, 8: 559–564.

Petty J A, Swain C, 1985. Factors influencing stem break–age of conifers in high winds[J]. Forestry, 58 (1) : 75–85.

Petty J A, Worrell R, 1981. Stability of coniferous tree stems in relation to damage by snow[J]. Forestry, 54 (2) : 115–128.

Pichetts, S T A. andWhite P S, 1985. The Ecology of Natural Disturbance and Patch Dynamics[M]. Academic Press, Inc. New York.

Proulx O J, Greene D F, 2001. The relationship between ice thickness and northern hardwood tree damage during ice storms [J]. Canadian Journal of Forest Research, 31: 1758–1767.

Ptalo M L, Peltola H, Kellomki S, 1999. Modelling the risk of snow damage to forests under short–term snow loading[J]. Forest Ecology and Management, 116: 51–70.

Pu Mou and Michael P. Warrillow, 2000. Ice storm damage to a mixed hardwood forest and its impacts on forest regeneration in the ridge and valley region of southwestern Virginia[J]. J Torrey Bot. 127(1): 66-82.

Qhkawara K, Higashi S, 1994. Relatice importance of ballistic and ant dispersal in two diplochorows Viola species(Violaceae)[J]. Qecologia, 100(1): 135-140.

Raunkiaer C, 1934. The Life forms of Plants and Staisical Plant Geography[M]. Oxford: Clarendon Press, 632.

Rebertus A J, Shifley S R, Roovers R L M, 1997. Ice Storm Damage to an Old-growth Oak-hickory Forest in Missouri[J]. American Midland Naturalist, 137(1): 48-61.

Rhoades, R W, 1995. Succession in a mature oak forest in southwest Virginia[J]. Castanea, 60(2): 98-106.

Rijks M H, Malta E J, Zagt R J, 1998. Regeneration through sprout formation in Chlorocardnon rodiei (Lauraceae) in Guyana[J]. Journal of Tropical Ecology, 14: 463-475.

Ritter E, Dalsgaard L, Einhorn K S, 2005. Light, temperature and soil moisture regimes following gap formation in a semi-natural beech-dominated forest in Denmark[J]. Forest Ecology & Management, 206 (1-3): 15-33.

Rhoads A G, Hamburg S P, Fahey T J, et al, 2002. Effects of an intense ice storm on the structure of a northern hardwood forest[J]. Canadian Journal of Forest Research, 32: 1763-1775.

Robert BB, Karel K, 1998. A transition from gap to tree-island regeneration patterns in the subalpine forest of south-coastal British Columbia[J]. Canadian Journal of Forest Research, 28(12): 1825-1831.

Runkle J R, 1981. Gap regeneration in some old-growth forests of the eastern United States[J]. Ecology, 62(4): 1041-1051.

Runkle J R, 1982. Patterns of disturbance in some old-growth mesic forests of eastern north America[J]. Ecology, 63(5): 1533-1546.

Runkle J R, 1998. Changes in southern appalachian canopy tree gaps sampled thrice[J]. Ecology, 79(5): 1768-1780.

Sampaio E V S B, Salcedo I H, Kauman J B, 1993. Effect of different fire severities on coppicing of caatinga vegetation in Serra Talhada, PE[J]. Brazil. Biotropica, 25: 452-460.

Satoshi N, Hideyuki K, Ryunosuke T, et al, 2004. Sprouting traits and population structure of co-occurring Castanopsis species in an evergreen broad-leaved forest in southern China[J]. Ecological research, 19: 341-348.

Schliemann S A, Bockheim J G, 2011. Methods for studying treefall gaps: A review[J]. Forest Ecology & Management, 261(7): 1143-1151.

Schroeder L M, Eidmann H H, 1993. Attacks of bark and wood-boring Coleoptera on snow-broken conifers over a two-year period[J]. Scandinavian Journal of Forestry, 69 (12): 857-860.

Seischab F K, Bernard J M, Eberle M D, 1993. Glaze storm damage to western New York forest communities[J]. Bull. Torrey Bot. Club 120: 64-72.

Shao Q, Huang L, Liu J, et al, 2011. Analysis of forest damage caused by the snow and ice chaos along a transect across southern China in spring 2008[J]. Journal of Geographical Sciences, 21(2): 219-234.

Shi J P, Zhu H, 2009. Tree species composition and diversity of tropical mountain cloud forest in the Yunnan, southwestern China[J]. Ecological Research, 24(1): 83-92.

Shozo H, Kazuo I, 1998. Comparison of growth habits under various light conditions between two climax species, *Castanopsis sieboldii* and *Castanopsis cuspidata*, with special reference to their shade tolerance [J]. Ecological research, 13: 65-72.

Shugart H H, West D C, 1977. Development of an Appalachian Deciduous Forest Succession Model and its application to assessment of the impact of the chestnut blight[J]. Journal of Environmental Management, 5: 161-179.

Slodick M, 1995. Thinning regime in stands of Norway spruce subjected to snow and w ind damage[M]. In: Couttsn M P and Grace J, eds. *Wind and trees*. Cambridge: Cambridge University Press, 436-557.

Smith, D M, Larson B C, Kelty M J, et al, 1997. The Practice of Silviculture: Applied Forest Ecology [M]. John Wiley and Sons. New York.

Solantie R, 1994. Effect of weather and climatological background on snow damage of forests in southern Finland in November 1991[J]. Silva Fennica, 28(3): 203-211.

Spies T A, Franklin J F, 1989. Gap characteristics and vegetation response in coniferous forests of the Pacific Northwest[J]. Ecology, 70(3): 543-545.

Stanturf J A, Conner W H, Gardiner E S, et al, 2004. Recognizing and overcoming difficult site conditions for afforestation of bottomland hardwoods[J]. Ecological Restoration, 33: 183-194.

Stephanie A, Foré, Schaefer V R L, 2010. Temporal variation in the woody understory of an old-growth Fagus-Acer forest and implications for overstory recruitment[J]. Journal of Vegetation Science, 8(5): 607-614.

Stéphanie M. Duguay, Arii K, Hooper M, et al, 2001. Ice storm damage and early recovery in an old-growth forest[J]. Environmental Monitoring & Assessment, 67(1-2): 97-108.

Steponkus P L, Uemura M, Webb M S, 1993. Membrane destabilization during freezing 2 induced dehydration[J]. Curr Topics Plant Physiol, 10: 37-47

Steponkus P L, Wiest S C, 1978. Plasma membrane alterations following cold acclimation and freezing Department of Agronomy Series Paper[J]. Plant Cold Hardiness and Freezing Stress: 75-91.

Steponkus P L, 1984. Role of plasma membrane in freezing injury and cold acclimation[J]. Annu Rev Plant Physiol, 35: 543-584.

Steven D D, Matthiae K P E, 1991. Long-term changes in a Wisconsin Fagus-Acer forest in relation to glaze storm disturbance[J]. Journal of Vegetation Science, 2(2): 201-208.

Steven D F, 2002. Effects of the 1998 ice storm on Forest bird populations in Central Vermont. (no publice)

Stone R, 2008. Ecologists report huge storm losses in China's forests[J]. Science, 319: 1318-1319.

Stout D G, Majak W, Reaney M, 1980. Invivo detection of membrane injury at freezing temperatures [J]. Plant Physiol, 66: 74-77.

Sun Y, Gu L, Dickinson RE, et al, 2012. Forest greenness after the massive 2008 Chinese ice storm: integrated effects of natural processes and human intervention [J]. Environmental Research Letters, 7 (3): 35702.

Thomas A S, Jerry F F, 1989. Gap characteristic and vegetation response in coniferous forests of the patch northwest[J]. Ecology, 70(3): 543-545.

Tilman D, 1996. The benefits of natural disasters[J]. Science, 273, 1518.

Turner M G, 1998. Landscape ecology: the effect of pattern on process[J]. Annual Review of Ecology and Systematics, 20: 171-197.

Valinger E, Lundqvist L, 1992. The influence of thinning and nitrogen fertilization on the frequency of snow and wind induced stand damage in forests[J]. Scottish Forestry, 46: 311-320.

Valinger E, Lundqvist L, Brandel G, 1994. Wind and snow damage in a thinning and fertilization experiment in *Pinus sylvestris*[J]. Scandinavian Journal of Forest Research, 9: 129-134.

Wang X, Huang S, Li J, et al, 2016. Sprouting response of an evergreen broad-leaved forest to a 2008 winter storm in Nanling Mountains, southern China[J]. Ecosphere, 7(9): e1395.

Wang X, Yang F, Gao X, et al, 2019. Evaluation of forest damaged area and severity caused by ice-snow frozen disasters over southern china with remote sensing[J]. Chinese Geographical Science, 29(3): 405-416.

Walker, L R, 1991. Tree damage and recovery from Hurricane Hugo in Luquillo Experimental Forest, Puerto Rico[J]. Biotropica, 23: 379-385.

Watt A S, 1947. Pattern and procedss in the plant community[J]. Ecology, 35: 1-22

Wen M, Yang S, Kumar A, et al, 2009. An Analysis of the Large-Scale Climate Anomalies Associated with the Snowstorms Affecting China in January 2008 [J]. Monthly Weather Review, 137 (3): 1111-1131.

Whitmore T C, 1989. Changes over twenty-one yesrs in the Kolombangara rain forest[J]. Joural of Ecology, 77: 469-483.

Whittaker R H, 1972. Evolution and meaurement of species diversity[J]. Taxon, 21: 213-251.

Whitney, HE, Johnson W C, 1984. Ice storms and forest succession in southwestern Virginia[J]. Bull Torrey Bot Club. 111: 429-437.

Williamson G B, Schatz G E, Avlarado A, et al. 1986. Effects of repeated fires on tropical paramo vegetation[J]. Tropical Ecology, 27: 62-69.

Wu Z Y, Wu S G, 1996. A proposal for a new floristic kimgdom (realm)—the E. Asiatic kingdom, Its delineation and characteristics[A].

Yu G, Zhao H, Chen J, et al, 2020. Soil microbial community dynamics mediate the priming effects caused by in situ decomposition of fresh plant residues[J]. Science of The Total Environment. 737: 139708.

Yuehua V F, Lisa S F, 1998. Seasonal fluctuations of starch in root and stem tissues of coppiced *Salix viminalis* plants grown under two nitrogen regimes[J]. Tree Physiology, (4): 243-249.

Zadeh LA. 1965. Information and control[J]. Fuzzy Set, 8: 338-353.

Zedaker N S, Zedaker S M, 1989. Ice damage in spruce-fir forests of the Black Mountains, North Carolina [J]. Canadian Journal of Forest Research, 19(11): 1487-1491.

Zhang A L, Wu S G (Eds.), 1998. Floristic characteristics and Diversity of East Asian plants. Proceedings of the IFCD[C]. Beijing: China Higher Education Press and New York: Springer-Verlag Berlin Heidelberg. 3-42.

Zhao H, Wu Z, Qiu Z, et al, 2018. Effects of stump characteristics and soil fertility on stump resprouting of *Schima superba*[J]. Cerne, 24(3): 249-258.

Zhao HB, Li ZJ, Zhou GY, et al, 2020. Aboveground biomass allometric models for evergreen broad-leaved forest damaged by a serious ice storm in southern China[J]. Forests, 11(3): 320.

Zhou B Z, Gu L H, Ding Y H, et al, 2011. The Great 2008 Chinese Ice Storm: Its Socioeconomic——Ecological Impact and Sustainability Lessons Learned[J]. Bulletin of the American Meteorological Society, 92(1): 47-60.

Zhou B, Li Z, Wang X, et al, 2011. Impact of the 2008 ice storm on moso bamboo plantations in southeast China[J]. Journal of Geophysical Research, 116(G3): G6H.

Zhou B, Wang X, Cao Y, et al, 2017. Damage assessment to subtropical forests following the 2008 Chinese ice storm[J]. iForest-Biogeosciences and Forestry, 10(2): 406-415.

Zhou G, Liu S, Li Z, et al, 2016. Old-Growth Forests Can Accumulate Carbon in Soils[J]. Science, 314 (5804): 1417.